プラズマ半導体プロセス工学
−成膜とエッチング入門−

市川　幸美・佐々木敏明・堤井　信力
共著

内田老鶴圃

本書の全部あるいは一部を断わりなく転載または
複写(コピー)することは，著作権および出版権の
侵害となる場合がありますのでご注意下さい．

序　　言

　プラズマのもつ性質を利用して薄膜の生成や材料の加工を行う手法をプラズマプロセスと呼ぶ．現代のエレクトロニクス社会を担う半導体デバイスの作製は，このプラズマプロセスを抜きにして論ずることはできない．シリコンウェーハの超微細加工が要求されるマイクロプロセッサなどのULSI作製に使われるだけでなく，メーターサイズの大面積化が実現しつつある液晶ディスプレイや太陽電池などの薄膜デバイスにおいてもその膜堆積に用いられるなど，プラズマプロセスは半導体デバイス作製のキーテクノロジーである．

　今後の半導体デバイスの一層の微細化，高性能化，大面積化などに応えるためには，プラズマプロセスの制御性をさらに改善することが必要不可欠であり，この分野に従事する開発者にとってプラズマに対する基礎的な理解がますます重要になってくる．ところが，プラズマに馴染みのない半導体プロセスのエンジニアやデバイス開発者は意外なほど多く，プラズマプロセスやプラズマ装置はブラックボックスになりやすい．その理由はプラズマについて学ぶ機会が少ないのと，半導体プロセスを中心にしたプラズマの入門書がほとんど見あたらないためと考えられる．一般的なプラズマの入門書は，直流グロー放電までを詳しく扱ったものか，核融合に関するものが多く，例えば，半導体のプラズマプロセスに日常的に用いられる高周波放電プラズマに関しては，簡単に文章で触れる程度である．一方，これらについての詳細な記述があるものは，高度な専門書に限られているなど，半導体関係のエンジニアが，プラズマに関しておいそれと手を出せないのも無理はない．

　本書は以上の状況をふまえ，プラズマプロセスの基礎を学ぼうとする大学生や大学院生，あるいは企業や研究機関において半導体プロセスに携わる開発者や研究者を対象に，プラズマCVDとエッチング技術の基礎を整理，解説したものである．プラズマを専門とし，かつ実際に企業において日夜，半導体プロセスやデバイスの開発に携わっている者が，そうした経験を踏まえてプラズマ

プロセスの本を書くのも意味があるのではないかと考え，浅学菲才を顧みず，筆をとった次第である．

　実用的な入門書となることを目指し，本書ではプラズマプロセスを理解する上で必要となるプラズマの基礎とプロセスの原理に加え，具体的な装置構成，操作方法や薄膜の物性評価方法にかなりのページを割いた．これらの記述に，これからこの分野の研究や実験を始めようとする初学者だけでなく，現在第一線で活躍されている研究者の方々にとっても役に立つものと確信している．

　また，第7章（付章）において本書を通じて共通的に用いられるプラズマの基礎的な概念，基礎方程式を簡潔にまとめて記述したのも特徴の1つである．随所でこれらの基礎方程式を引用した解説を行っているので，何が書いてあるかを一読しておいていただき，必要に応じて精読していただければ幸いである．

　本書の主な執筆分担は以下のとおりである．
　　第1章：堤井，市川　　　第2章：市川　　　第3章：佐々木
　　第4章：市川，佐々木　　第5章：佐々木　　第6章：市川
　　第7章：堤井，市川

執筆に当たっては，多くの論文や書籍を参照させていただいた．引用個所にはそれぞれ出典を明記したが，ここにあらためて原著者の方々に深く感謝する．また，本書の内容の一部は著者ら（市川，佐々木）がかつて苦楽を共にした㈱富士電機総合研究所アモルファス太陽電池Grにて研究開発に従事していた頃の成果をまとめたものであり，関係者，取り分け自由な研究環境を与えていただいた内田喜之博士，酒井博博士に深く感謝する．また，第6章の内容については富士電機(株)半導体基盤技術開発部の皆さんからのご教示によるところが大きく，感謝したい．

　最後に，日常業務に追われてなかなか筆の進まない著者らを暖かく見守っていただいた出版社の内田悟氏に深く感謝する．

2003年6月

著　者

目　　次

序　　言 ……………………………………………………………………… i

第1章　プラズマと半導体プロセス
§1.1　半導体デバイス作製へのプラズマの応用 ……………………… 1
§1.2　プラズマを用いた成膜とエッチングの基礎 …………………… 2
　1.2.1　非平衡プラズマとプラズマプロセス ……………………… 2
　1.2.2　プラズマプロセスにおける衝突反応基礎過程 …………… 5
　　1　励起と電離 ……………………………………………………… 6
　　2　解　　離 ………………………………………………………… 9
参 考 文 献 ………………………………………………………………… 11

第2章　半導体プロセス用プラズマの基礎
§2.1　直 流 放 電 ……………………………………………………… 13
　2.1.1　グロー放電の構造 …………………………………………… 13
　2.1.2　陽光柱プラズマ中の電子温度 ……………………………… 17
　2.1.3　混合ガス陽光柱プラズマの理論 …………………………… 21
§2.2　高周波放電 ………………………………………………………… 25
　2.2.1　容量結合形プラズマ ………………………………………… 26
　2.2.2　電子の加熱機構 ……………………………………………… 27
　　1　バルクプラズマ中でのRF電界による電離 ………………… 28
　　2　電極からの二次電子放出 ……………………………………… 30
　　3　統計的加熱 ……………………………………………………… 31
　2.2.3　容量結合形RF放電の等価回路と電位分布 ………………… 34
　2.2.4　インピーダンス整合回路 …………………………………… 41

2.2.5　誘導結合形プラズマ ……………………………………… 45
　　　　1　表皮効果 ……………………………………………………… 46
　　　　2　放電機構 ……………………………………………………… 50
　参考文献 …………………………………………………………………… 54

第3章　半導体プロセス装置の概要

§3.1　真空系統 ……………………………………………………………… 55
　　3.1.1　単位換算 …………………………………………………… 55
　　3.1.2　ポンプ ……………………………………………………… 59
　　3.1.3　真空計 ……………………………………………………… 63
　　3.1.4　コンダクタンス …………………………………………… 66
　　　　1　コンダクタンス …………………………………………… 66
　　　　2　排気速度 …………………………………………………… 68
　　　　3　粘性流と分子流 …………………………………………… 68
　　　　4　円筒配管のコンダクタンス ……………………………… 69
　　　　5　排気時間 …………………………………………………… 73
§3.2　反応室 ………………………………………………………………… 75
　　3.2.1　反応室構成例 ……………………………………………… 75
　　3.2.2　電極構造による分類 ……………………………………… 77
　　3.2.3　真空搬送 …………………………………………………… 80
　　　　1　真空搬送の必要性 ………………………………………… 80
　　　　2　真空搬送方法 ……………………………………………… 81
§3.3　基板温度の制御 ……………………………………………………… 84
§3.4　ガス系統とガスの安全対策 ………………………………………… 88
　　3.4.1　ガス系統の構成 …………………………………………… 88
　　3.4.2　安全対策 …………………………………………………… 89
　　　　1　ガスの取扱い ……………………………………………… 90
　　　　2　ガスの分類 ………………………………………………… 91
　参考文献 …………………………………………………………………… 94

第4章 プラズマCVD技術

§4.1 原　理 …………………………………………………………… *95*
  4.1.1　プラズマCVDの反応過程 ……………………………… *95*
    1　ラジカルの発生 ………………………………………… *97*
    2　ラジカルの輸送 ………………………………………… *98*
    3　堆　積 …………………………………………………… *99*
  4.1.2　成膜条件の基本的な考え方 ……………………………… *100*
    1　プラズマCVDにおける過渡現象 …………………… *100*
    2　原料ガス供給法と膜形成の関係 ……………………… *105*
      (a)原料ガスに一方向の流れがある場合，(b)ガスの流れが無視できる場合
    3　成膜速度，膜組成比の基礎 …………………………… *111*
      (a)基板への入射粒束，(b)成膜速度

§4.2 実験例―シリコン系薄膜の堆積― ………………………… *116*
  4.2.1　成膜技術の基礎 …………………………………………… *116*
    1　成膜の基本的な流れ …………………………………… *116*
      (a)基板の前処理，(b)起動，(c)プレデポジション，
      (d)搬入，(e)基板加熱，(f)成膜，(g)搬出，(h)停止
    2　成膜条件の最適化 ……………………………………… *122*
      (a)粉がない条件，(b)剥離しない条件，(c)均一な条件，
      (d)成膜速度の速い条件，(e)物性のよい条件

参　考　文　献 ……………………………………………………… *144*

第5章 薄膜の評価方法

§5.1 評価項目と測定方法 ………………………………………… *147*
§5.2 膜　厚 …………………………………………………………… *149*
  5.2.1　触針段差計 ………………………………………………… *150*
  5.2.2　透過スペクトル，反射スペクトル ……………………… *151*
  5.2.3　エリプソメトリ …………………………………………… *155*

§5.3 屈折率 ·· 158
§5.4 吸収係数 ·· 159
§5.5 バンドギャップ ·· 160
§5.6 導電率 ··· 163
 5.6.1 光導電率 ·· 163
 5.6.2 暗導電率，活性化エネルギー ······························ 165
 5.6.3 光感度 ··· 166
§5.7 FTIR ·· 166
§5.8 ラマン散乱 ·· 172
 5.8.1 測定方法 ·· 172
 5.8.2 アモルファスシリコンの乱れの度合い ··················· 175
 5.8.3 微結晶シリコンの結晶体積分率 ···························· 176
 5.8.4 シリコンゲルマニウムの結合状態の評価 ················ 179
§5.9 X線回折 ·· 183
 5.9.1 測定方法 ·· 183
 5.9.2 結晶化度，配向性，粒径 ···································· 185
 5.9.3 膜応力 ··· 187
§5.10 欠陥密度 ·· 188
 5.10.1 アモルファスシリコンの欠陥 ······························ 188
 5.10.2 ESR ·· 191
 5.10.3 CPM ··· 194
 5.10.4 PDS ·· 198
参考文献 ·· 206

第6章　プラズマエッチング技術

§6.1 化学的なエッチングと物理的なエッチング ························· 209
§6.2 エッチングに要求される特性 ··· 212
§6.3 エッチング装置とエッチングガス ··································· 215
 6.3.1 CDE ·· 216

目次

- 6.3.2 バレル形プラズマエッチング ……………………… 217
- 6.3.3 平行平板形プラズマエッチングと RIE ……………… 218
- 6.3.4 高密度プラズマエッチング ……………………… 220
- 6.3.5 エッチングに用いられるガス ……………………… 221
- §6.4 エッチング機構 ……………………………………… 224
  - 6.4.1 化学的エッチング ……………………………… 224
  - 6.4.2 イオンアシスト効果 …………………………… 228
  - 6.4.3 トレンチエッチング …………………………… 229
- §6.5 エッチングの制御パラメータ ……………………… 232
- §6.6 プラズマによるダメージ …………………………… 234
- §6.7 エッチング終点検出 ………………………………… 238
- 参考文献 …………………………………………………… 242

第7章 付章―プロセシングプラズマを理解するための基礎理論―

- §7.1 気体の状態方程式と分子数密度 …………………… 243
- §7.2 処理表面への中性粒子の入射粒束 ………………… 244
- §7.3 ポテンシャル曲線と Franck–Condon の原理 ……… 246
- §7.4 Boltzmann 輸送方程式 ……………………………… 252
  - 7.4.1 Boltzmann 方程式 ……………………………… 252
  - 7.4.2 Boltzmann 輸送方程式 ………………………… 254
  - 7.4.3 輸送方程式から導出される基礎方程式 ………… 257
    1. 粒束の式 ………………………………………… 258
    2. Langevin 方程式 ………………………………… 259
    3. 拡散方程式 ……………………………………… 260
    4. レート方程式 …………………………………… 260
    5. Boltzmann 分布 ………………………………… 261
- §7.5 衝突断面積と平均自由行程,衝突周波数,反応速度定数 ……… 262
  - 7.5.1 平均自由行程 …………………………………… 263
  - 7.5.2 衝突周波数 ……………………………………… 264

7.5.3　電子衝突による電離周波数の計算 …………………………… 265
7.5.4　反応速度定数と衝突周波数 ………………………………… 269
§7.6　両極性拡散 ……………………………………………………………… 272
§7.7　デバイ長とプラズマ周波数 …………………………………………… 274
7.7.1　デ バ イ 長 ……………………………………………………… 274
7.7.2　プラズマ周波数 ………………………………………………… 276
§7.8　プラズマ電位と浮動電位 ……………………………………………… 278
参 考 文 献 ………………………………………………………………………… 280

索　　　引 ……………………………………………………………………………… 281
本書で用いた主な記号一覧 …………………………………………………………… 287

第1章
プラズマと半導体プロセス

§1.1 半導体デバイス作製へのプラズマの応用

　戦後のプラズマ研究は，核融合の制御を目指して始められたが，その後のプラズマ研究のさらなる発展は，半導体プロセスへの応用によってもたらされたものであるといっても過言ではない．人類の大きな夢である制御熱核融合反応の実現は，まだかなり先のことであると思われるが，核融合研究によって，プラズマに対する知識と技術が大きく進歩し，結果として応用の分野が盛んになってきた．その中でも特に半導体プロセスへの応用は重要である．

　プラズマは，古くからアーク溶接や照明など，熱源，光源として使われていたが，近代的応用としては，まず1960年代に始まった各種気体レーザの励起，発振があげられる．その後1970年代からは，半導体ICを中心とした材料プロセスに使われ，大きく脚光を浴びるようになった．

　半導体デバイスの基本的構成である**集積回路**（intergrated circuit，略してIC）の製造は，マイクロメータ以下の微細空間で，基板上に必要な物質を**成膜**（deposition）する工程と，不要な部分を取り除く**エッチング**（etching）の工程を繰り返すことによって行われる．しかし，これらの工程の多くは，従来の薬液，溶剤などによる化学的処理法にとって代わって，プラズマを用いた**ドライプロセス**（dry process）法によって行うことができるようになってきた．

　プラズマ法は，プラズマ中の高速電子が，衝突によって気体分子を励起，解離または電離して，まず多くのラジカル粒子やイオン種を発生させる．成膜の場合，これらの粒子が基板に堆積し，各種表面反応を経て膜を形成する．逆にエッチングの場合には，不要部分はラジカル粒子と反応して揮発性物質に変化

し，熱または入射イオンのエネルギーによって気化，蒸発し，取り除かれる．これらの方法は，湿式の化学処理法に対して，ドライプロセス法と呼ばれているが，湿式に比べて反応が迅速かつ緻密である．一般に化学処理法は等方性であるため，微細構造の処理には不向きであるが，プラズマ法はイオンを制御することによって異方性を持たせることが可能である．特に**イオンアシストエッチング**（ion-assisted etching）法は，$0.1\,\mu\mathrm{m}$以下の線幅が要求される今後の大容量集積回路の製造に絶対欠かせない技術となるであろう．

プラズマの応用はすでに材料プロセスから，さらには環境工学へと広がりを見せている．まだコスト高のものが多い中で，プラズマによる半導体プロセスは，付加価値の高い半導体デバイスの製造が対象であり，かつ湿式のような廃液処理の費用を必要としないことなどから，比較的経済性に優れており，多くの実用化されているプラズマの応用技術の中でも中心的な存在であり，今後ともこの立場は変わらないものと思われる．また，これらの優位を維持するためにも，技術的な面で，今後さらなる改良と発展が必要である．

本書では，半導体ドライプロセスの中でも特に成膜とエッチングに的を絞り，初心者のための基礎知識を提供する．すなわち，プロセス用プラズマの発生法，プラズマCVDおよびドライエッチング技術について，その原理，装置，結果例や評価法などを，理論よりも技術的な観点から，多くの経験をもとに具体的に記述する．

§1.2 プラズマを用いた成膜とエッチングの基礎
1.2.1 非平衡プラズマとプラズマプロセス

半導体プロセスに用いるプラズマは**弱電離プラズマ**（weakly ionized plasma）に分類され，核融合を目的とした**強電離プラズマ**（strongly ionized plasma）と異なる主な点は，電子やイオンなどの荷電粒子密度が中性分子や原子の密度に比べてはるかに小さい点にある．例えば，ガス圧が$100\,\mathrm{Pa}$の場合には$1\,\mathrm{cm}^3$の中に約3×10^{16}個の分子が存在する（§7.1参照）のに対して，荷電粒子の密度は高々$10^{11}\,\mathrm{cm}^{-3}$程度である．したがって弱電離プラズマにお

§1.2 プラズマを用いた成膜とエッチングの基礎

いては，荷電粒子の衝突相手としては中性分子のみを考えれば十分であり，その他の衝突（電子-電子や電子-イオンなど）は無視できることが特徴となる．また，こうした弱電離プラズマではこれから説明する理由により，電子温度が分子やイオンの温度に比べてはるかに高く，非平衡な状態が実現される．そこで**非平衡プラズマ**（nonequilibrium plasma）とも呼ばれる．

最も単純な直流放電を例に取って説明すると，プラズマ中に存在する直流電界によって電子と正イオン（ここでは1価のイオンを考える）は反対方向に加速されるが，同じ距離を移動する間に電界から得るエネルギーは同じである．一方，これらの荷電粒子は中性分子と衝突を繰り返し，その度に運動エネルギーの一部を相手に与えていく．簡単のために弾性衝突しか起こらない場合を考えてみよう（実際，弱電離プラズマ中の衝突は弾性衝突が支配的であると考えるのは無理な仮定ではない）．粒子を剛体球と考え，質量 m_1，速度 v の荷電粒子が質量 m_2 の静止している中性粒子に衝突し，衝突後にそれぞれ v_1, v_2 になったとする（**図1.1**参照）．この場合，運動量保存則とエネルギー保存則を連立して解くことにより，荷電粒子の持っていた運動エネルギーが衝突によりどれだけ失われるか（中性粒子にどれだけ与えられるか）を計算することができる．衝突には正面衝突から微かに触れ合う程度のものまで，色々な場合がある．そこで荷電粒子が1回の衝突で失うエネルギーの割合をそれらに対して平均した値を求め，これを**衝突損失係数**（collision loss factor）f と定義すると，結果は次式のようになる[1.2]．

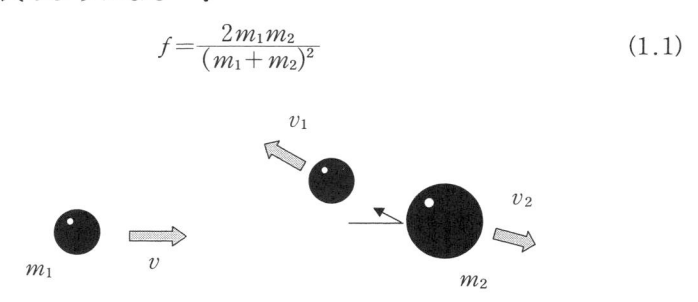

$$f = \frac{2m_1 m_2}{(m_1 + m_2)^2} \tag{1.1}$$

図1.1 剛体球の衝突モデル．

電子と中性分子の衝突の場合には，電子の質量 m_e が中性分子の質量 m_n に比べてはるかに小さい（最も軽い H 原子に対して考えても約 1/2000 となる）ため，(1.1)式は $f=2m_e/m_n$ となる．すなわち，電子と分子の質量比を考えると，電子は1回の衝突で持っているエネルギーの数千から数十万分の1のエネルギーを損失するにすぎない．一方，イオンの場合にはその質量を m_i とすると，$f=2m_im_n/(m_i+m_n)^2$ となるので，$m_i\approx m_n$ とすれば1回の衝突でイオンはほぼ半分のエネルギーを失い，中性分子に与えることになる．その結果，電子のみが電界により効率よく加熱され，電子温度 T_e がイオン温度 T_i や中性分子（ガス）温度 T_g に比べて非常に高くなる，いわゆる非平衡な状態が実現される．

以上のことを簡単な解析で定式化してみよう．電子温度が T_e のプラズマでは個々の電子は異なる運動エネルギーを持ち，それらの電子の持つエネルギーの平均値は Boltzmann 定数を k_B で表すと，よく知られているように $\frac{3}{2}k_BT_e$ で与えられる．そこですべての電子がこの平均エネルギーを持つと単純化してエネルギーの収支を計算してみよう．まず1秒間に電界から得るエネルギーは力×電界方向の移動距離（ドリフト速度）で求まるから，電界強度を E，移動度を μ_e とすると速度は $\mu_e E$ で与えられ（§7.4 参照），電子の電荷を e とすると電子は $eE\times\mu_e E$ のエネルギーを得る．一方，1秒間に衝突で失うエネルギーは衝突回数×衝突当たりのエネルギー損失の平均値で与えられるから，$\frac{v_e}{\lambda_e}\times f\frac{3}{2}k_BT_e$ で表される．ただし，v_e は電子の熱速度，λ_e は電子の平均自由行程を表し，$\frac{v_e}{\lambda_e}$ で1秒間の衝突回数が求まる（§7.5 参照）．

定常状態では収支がバランスするはずであるから，これらを等しいとおき，次式を得る．

$$e\mu_e E^2 = \frac{v_e}{\lambda_e} f \frac{3}{2} k_B T_e \tag{1.2}$$

この式に $\mu_e=e/m_e\nu_m=e\lambda_e/m_ev_e$（(7.31)式参照），および $f=2m_e/m_n$ を代入

し，$\frac{1}{2}m_e v_e^2 = \frac{3}{2}k_B T_e$ の関係を用いて整理すると次式を得る．

$$\frac{k_B T_e}{e} = E_e = \frac{1}{3}\left(\frac{m_n}{m_e}\right)^{1/2} \lambda_e E \tag{1.3}$$

この式は，左辺が電子ボルトで表した電子温度（(7.47)式参照）であり，これが電界と関係付けられている．具体的に数値を入れてみよう．ガス圧が100 Pa での λ_e の代表的な値は 0.01 cm 程度である．ガスとして SiH_4 を取ると $E_e[\text{eV}] = 0.84 E \text{ [V/cm]}$ となる．電界が 10 V/cm とすれば電子温度は約 8 eV となり，1 eV が 11,600 K であることを考慮すると 10 万度近い温度に相当する．同様の議論は正イオンに対しても成り立ち，この場合には(1.3)式で添字 e を i に変えた式が得られる．$m_n \simeq m_i$ であるため，λ_i が 0.01 cm ではイオン温度は数百 K にしかならず，電子温度に比べてはるかに小さいことが確認される．

このように，電子の持つ運動エネルギーが中性分子のそれに比べて 2 桁以上高いことが，弱電離プラズマにより種々のプラズマプロセスが可能になる最も重要なポイントである．すなわち，通常の状態では，ガス温度を数百～千度以上まで上げなければ分解（解離）反応が起こらない分子でも，放電プラズマ中では高速電子との衝突により容易に解離し，ガス温度そのものは低温に保った状態で反応性の高い活性種（主にフリーラジカル）が発生することになる．これらのラジカルが CVD では成膜前駆体，またエッチングではエッチャントとして主要な役割を果たす．

具体的なプラズマの生成機構や成膜，エッチングの原理は次章以降で詳細に論ずることにし，次節では今後の議論の基礎となるプラズマ中での高速電子と原子，分子の衝突反応について簡単に説明しよう．

1.2.2 プラズマプロセスにおける衝突反応基礎過程

プラズマ中では，電子やイオン，原料ガス分子の間で様ざまな衝突反応が起こっている．その中でもプラズマプロセスで重要なのは成膜やエッチングを起こす**活性種**（active species）の生成反応である．活性化とは，これらのプロ

セスを行うために必要な**フリーラジカル**（遊離基，free radical）やイオンなどの活性な種を生成する過程を総称する言葉であり，プラズマ中では様ざまな反応がこうした活性種を作る過程に関与している．プラズマプロセスで重要と思われるこれらの反応を反応名とともに以下に列挙しよう．ここで，X は中性原子，XY は分子，e は電子，また添字＋は正イオン，＊は励起状態を表す．

（**1**）　電子衝突反応
　　（a）　原子
　　　　$X + e$（高速）$\longrightarrow$　$X^* + e$（低速）　　　　〔励起〕
　　　　　　　　　　　$\longrightarrow$　$X^+ + e + e$（低速）　〔電離〕
　　（b）　分子
　　　　$XY + e$（高速）$\longrightarrow$　$XY^* + e$　　　　　　〔励起〕
　　　　　　　　　　　　$\longrightarrow$　$XY^+ + e + e$　　　　〔電離〕
　　　　　　　　　　　　$\longrightarrow$　$X + Y + e$　　　　　〔解離〕
　　　　　　　　　　　　$\longrightarrow$　$X^+ + Y + e + e$　　〔解離性電離〕
　　（c）　分子イオン
　　　　$XY^+ + e \longrightarrow X^* + Y + e$　　　　　　　　　〔解離再結合〕

（**2**）　イオン-分子衝突反応
　　　　$X^+ + Y \longrightarrow X + Y^+$　　　　　　　　　　　〔電荷転移〕
　　　　$X^+ + YZ \longrightarrow X + Y^+ + Z$　　　　　　　　〔解離性電荷転移〕

これらの衝突反応の詳細については，例えば文献(1.1)を参照いただくこととし，ここでは，特に重要な反応である励起，電離，解離について以下に簡単に説明する．

1　励起と電離

原子内に存在する電子は，原子核の周囲をまわっているが，電子は任意に自由な軌道を取れるわけではなく，離散的な特定の軌道のみを取ることが許されている．原子核は正の電荷を持っているので，原子核に近い軌道ほどポテンシャルが高い．中性原子はその原子固有の数の電子を持つが，電子は負の電荷を

持つので内側の軌道ほどエネルギーが低いことになり，一般に内側の軌道から順番に埋まっていく．一番外側にある電子を最外殻電子と呼び，この電子がエネルギー的には一番高いため，プラズマ中の電子が原子と衝突したときに相互作用するのは主にこの電子である．したがってプロセシングプラズマで考えなければならないのはこの電子との衝突反応である．

この最外殻電子に着目しよう．この電子は離散的なエネルギーを持つ種々の軌道を取ることができ，このエネルギー値のことを**エネルギー準位**（energy level）と呼ぶ．**図1.2**に水素原子の代表的なエネルギー準位を示す．室温ではほぼ100%の原子において，最外殻電子はそれが取りうる最も低いエネルギー値の軌道にいる．これを**基底準位**（ground state level）と呼び，その状態にある原子を基底状態にあるという．エネルギー準位を表す場合には基底準位を零に取って電子ボルトの単位で表すのが一般的である．

プラズマ中で大きな運動エネルギーを持った電子が原子に衝突する場合を考えよう．その電子のエネルギーがあるエネルギー準位より大きければ，衝突に

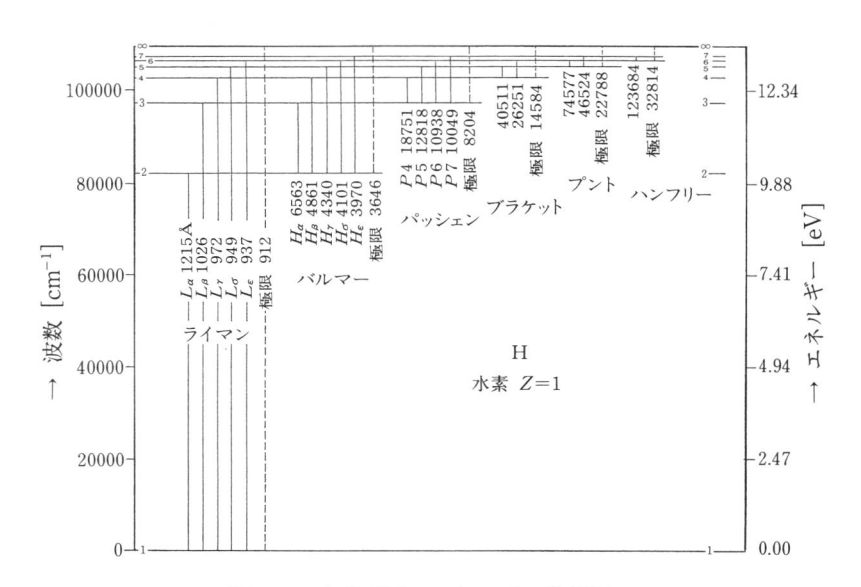

図1.2 水素原子のエネルギー準位図．

よって最外殻電子はエネルギーをもらい，その準位に跳び上がることがある．このような現象を**励起**（excitation）と呼び，原子は**励起状態**（excitation state）にあるという．また，これらのエネルギー準位のことを励起準位と呼ぶ．励起された電子は，通常はその準位に非常に短い時間（10^{-8}秒程度）しか留まることができず，基底準位もしくは他の下位準位に落ちる（遷移する）．このとき，そのエネルギー差に相当する波長の光を外部に放射する．エネルギー差 ΔE と放射光の周波数 ν の間にはよく知られた次の比例関係がある．

$$\Delta E = h\nu \quad (1.4)$$

ここで，比例定数 h は Planck 定数（6.63×10^{-34} [Js]）である．光の場合には周波数より波長 λ で表す方が一般的であるため，実用的には次の関係を覚えておくと便利である．

$$\Delta E = h\nu = h\frac{c}{\lambda} \quad (c \text{ は光の速度}) \quad \text{より} \quad \Delta E\,[\mathrm{eV}] = \frac{1240}{\lambda\,[\mathrm{nm}]} \quad (1.5)$$

プラズマからの発光はこうした**遷移**（transition）によるものが大半を占める．しかし，エネルギー準位の中には発光して下位準位に落ちることができない励起準位が存在する．これを**準安定準位**（metastable level）と呼び，こうした励起状態にある原子や分子のことを**準安定原子**（metastable atom）や**準安定分子**（metastable molecule）あるいは総称して準安定粒子と呼ぶ．こうした準安定粒子はその励起エネルギーに等しい内部エネルギーを持ち，しかも他の粒子や器壁との衝突によってしかそのエネルギーを失うことがないため，後で述べるように衝突反応で重要な役割を果たすことがある．

さて，最外殻電子は十分なエネルギーを持った電子と衝突すると，励起されるだけでなく，ときには原子核の拘束を離れて自由空間に飛び出すことが起こる．こうして原子がイオン化する現象を電離という．この電離衝突がなければ，プラズマを生成，維持させることはできない．基底状態にある原子が電離を起こすためには，衝突する電子はある一定値以上のエネルギーを持つ必要がある．この電離に必要な最小エネルギーを電子ボルト単位で表したものを**電離電圧**（ionization potential）という．ただし，電離電圧以上のエネルギーを持った電子が衝突した場合に原子は必ず電離するわけではなく，ある確率で電離

反応が起こる。この確率は衝突電子の運動エネルギーが電離電圧に等しくなったところから立ち上がり、次第に増加して特定のエネルギー値で最大となり、それ以上では低下する傾向を示す。この確率を表すのには衝突断面積という概念が用いられる（詳細は§7.5参照）。

衝突する相手が準安定原子の場合には、すでに大きな内部エネルギーを持つため、電離に要するエネルギーは小さくてすむ（最小は（電離電圧-準安定準位）のエネルギーでよい）。このような電離を**累積電離**（cumulative ionization）と呼び、基底状態からの電離（これは**直接電離**（direct ionization）と呼ばれる）と並んで重要な電離機構になることもある。

この他に電離電圧以上のエネルギーを持った光（光子；(1.5)式参照）との衝突で電離する**光電離**（photo-ionization）や、高温ガス中での高速原子同士の衝突による**熱電離**（thermal ionization）などがある。また、同様の現象は励起に対しても起こり、その場合には光励起、熱励起などと呼ばれる。

分子と電子の衝突に対しても、励起や電離が起こり、プラズマ中での重要な衝突反応であることはいうまでもない。ただし、分子では電子のエネルギー準位だけでなく、原子核間の振動や回転などの準位も存在し、原子の場合のような単純なエネルギー準位では表されないことに注意する必要がある（詳細は§7.3や文献(1.1)を参照）。

2 解 離

複数の原子から構成される分子については、電子との衝突に際して電離や励起に加えて**解離**（dissociation）と呼ばれる反応が起こる。この反応はプラズマプロセスにおいて主役となるフリーラジカル発生の重要な過程の1つである。例えばシラン（SiH_4）と高速電子の衝突においては次のような反応が起こる。

（**1**） $SiH_4 + e$（高速）

$\longrightarrow SiH_m + (4-m)H + e$（低速） （a）

$\longrightarrow SiH_n^+ + (4-n)H + e + e$（低速） （b）

（ただし、$m = 0 \sim 3$, $n = 0 \sim 4$ の整数値を取る）

このように，ある分子が電子衝突により十分なエネルギーを与えられ，いくつかの分子や原子に分解される反応は解離と呼ばれ，（b）の反応のように電離を伴う場合には特に**解離性電離**（dissociative ionization）と呼ばれている．これらの反応で生成されるラジカル SiH_m（$m=0〜3$）やイオン SiH_n^+（$n=0〜4$）は非常に強い反応性を持った活性種であるため，基板に到達すると次々に基板上の分子と結びついて，a-Si：H 膜を生成する（第 4 章参照）．

こうした解離反応は高速電子との衝突だけでなく，分子を解離させるのに十分な内部エネルギーを持ったイオン（X^+）や先に述べた準安定粒子（X^*）との衝突によっても起こる．

（2）　$X^+ + SiH_4 \longrightarrow X + SiH_n^+ + (4-n)H + e$

（3）　$X^* + SiH_4$

$\longrightarrow X + SiH_m + (4-m)H$ 　　　　　　（a）

$\longrightarrow X + SiH_n^+ + (4-n)H + e$ 　　　　（b）

（2）の反応は**解離性電荷転移**（dissociative charge transfer）反応，（3）の（a）は**解離性励起転移**（dissociative excitation transfer），（b）は**解離性ペニング電離**（dissociative Penning ionization）と呼ばれている．これらの反応は X^+，あるいは X^* の内部エネルギーが SiH_4 を解離するのに要するエネルギーより大きい場合にのみ起こることはいうまでもない．

以上のようにプロセシングプラズマ中で材料ガスが起こす反応は実に複雑であり，またこれらの反応により多くの種類の励起粒子，イオン，ラジカルなどが生成される．これらの粒子が成膜やエッチングなどに関与するので，こうした反応が起こる反応確率やこれらの粒子の物理的な性質（例えばプラズマ中での拡散係数やイオンの移動度）を用いてプロセスの主要な反応を理解するのがプロセシングプラズマの重要な研究の 1 つとなる．

参 考 文 献

1.1 チャン, ホブソン, 市川, 金田, "電離気体の原子分子過程", 東京電機大学出版局 (1982).
1.2 八田, "気体放電 (第 2 版)", 近代科学社 (1997).

第2章
半導体プロセス用プラズマの基礎

　前章では，弱電離プラズマ中では電子の持つ運動エネルギーが中性分子のそれに比べて2桁ほど高くなり，その結果高速電子の衝突によりガスは低温に保った状態で反応性の高いフリーラジカルが発生することを説明した．この章ではプラズマプロセスにおいて最もよく利用される直流放電と高周波放電について，プラズマの構造，発生原理を理解し，具体的に電子温度や電位分布が放電条件によりどのように変化するのかを説明する．

§2.1　直 流 放 電
2.1.1　グロー放電の構造

　図 2.1 に示すように，ガス圧を数 Pa～数百 Pa にした容器内においた電極に直列抵抗（安定化抵抗と呼ばれる）を介して直流電源を接続し，電圧を増加

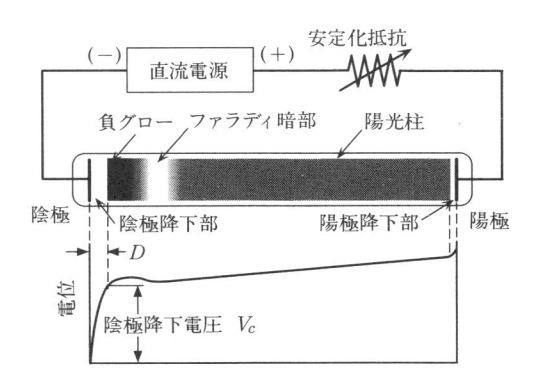

図 2.1　直流グロー放電の回路と放電構造.

させていくと，ある時点で絶縁破壊を起こし，放電が起こる．直列抵抗を変化させて電流-電圧特性を取ると，図2.2に示すように電流の広範な範囲にわたり定電圧特性を示す領域とそれに続く電流とともに電圧が増加する領域が現れる．この範囲の放電を**グロー放電**（glow discharge）と呼ぶ．前者は**正規グロー**（normal glow）と呼ばれる領域であり，陰極面上で放電はまだ全面には広がっておらず，電流密度を一定に保ったまま電流の増加とともに放電面積が増加する領域である．放電が陰極全面に広がると電流密度が増加し始め，それ以降は電圧が増加し始める．この領域を**異常グロー**（abnormal glow）**放電**と名付けている．直流グロー放電ではイオンが陰極をたたいて電子を放出する二次電子放出作用が放電を維持するための重要な役割を担う．しかし，電流密度がさらに増加すると，陰極は加熱されて，ついには熱電子放出を伴う**アーク放電**（arc discharge）に移行し，電圧は急速に低下する．

グロー放電は古くから蛍光灯やネオンサイン，ガスレーザに応用されてきた．管内の発光状態を詳細に観察すると，図2.1のように，発光の強弱が観察され，その発光状態をもとに陰極から順に**陰極降下部**（cathode fall），**負グロー**（negative glow），**ファラディ暗部**（Faraday dark space），**陽光柱**（positive column），**陽極降下部**（anode fall）に区別される．

図2.1の放電内の電位分布に示すように陰極近傍では陰極に向かって急激に

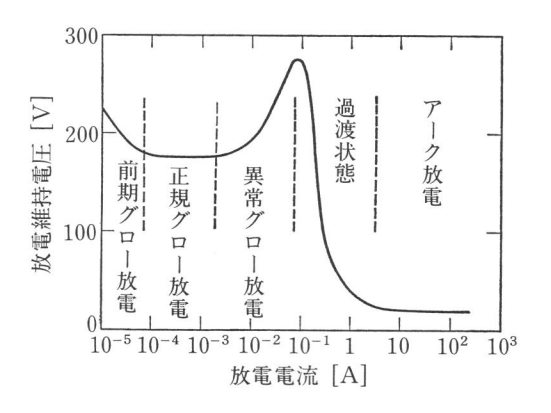

図2.2 放電の電流-電圧特性．

電位が降下するため,陰極降下部と呼ばれる.この領域では高速イオンの衝突で陰極から放出された二次電子がこの電位差によって加速され,中性ガス分子を電離する.電離で発生したイオンは再び陰極に向けて加速され,陰極をたたいて二次電子を発生させ,放電を自続させる.陰極降下部に加わる電圧 V_c や幅 D は使用するガスや電極材料だけでなく,電流密度 i やガス圧 p などにより変化する.この領域の理論としては,電界が直線的に変化すると仮定した Engel-Steenbeck のモデルが有名である[2.1].しかし,より厳密な取り扱いとして,モンテカルロシミュレーションによるもの,あるいは電界の直線性を仮定せずに数値解によるものなどがある.図 2.3,図 2.4 に数値解により得られたシラン(SiH_4)ガスの場合の計算例を示す[2.2].V_c と pD はともに i/p^2 の関数となる.パラメータである γ は γ 係数とも呼ばれ,イオン衝突による陰極からの二次電子放出係数(入射イオン数に対する放出電子数の割合)であり,電極材料により異なる.また,ここでは一様電界中の電離係数[注1]と非平衡電界

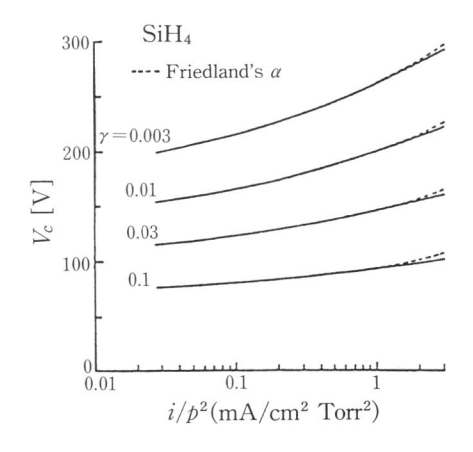

図 2.3 シラン(SiH_4)放電の陰極暗部における降下電圧の電流密度依存性.

[注1] 電離係数は α 係数とも呼ばれ,1 個の電子が電界中を 1 cm 進む間に起こす電離衝突の回数である.したがって,電子のドリフト速度を u_e とおけば電離周波数 ν_i((7.56)式)との間には $\alpha = \nu_i/u_e$ の関係がある.

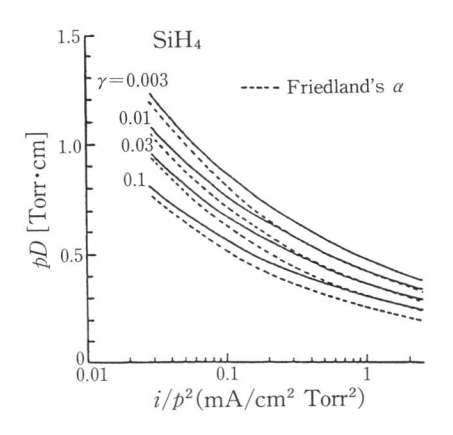

図 2.4 シラン放電の陰極暗部における暗部長の電流密度依存性．

中での電離係数（図中，Friedland's α）の両方で計算した結果が示されている．このような解析から，基板に衝突するイオンのエネルギーや粒束などが評価でき，基板への衝突ダメージを推定することなどが可能になる．

陰極降下部が終わると，そこから陽極までの間には負グロー，ファラディ暗部，陽光柱と呼ばれる領域が続く．負グロー領域は，陰極降下部で十分加速された電子がガス分子を電離あるいは励起し，荷電粒子の発生と励起粒子からの発光が盛んに起こる空間である．したがって，この領域は管内で一番明るい．それに続くファラディ暗部では，電子は負グロー領域でエネルギーを使い果たしてしまうため，励起も行うことができず，発光を伴わない．

ファラディ暗部の末端から再び加速された電子は陽光柱に入る．陽光柱内では，前章で述べたように，電界によって得るエネルギーと中性ガス分子との衝突によって失うエネルギーとが釣り合い，電子温度は高温に保たれる．その結果，電離や励起が領域内で均一に起こり，一様に発光する．陽極-陰極間の距離を増加させると陽光柱の長さが変わるだけで他はほとんど変化を生じない．すなわち，陽光柱は電気回路における抵抗の小さなリード線のような役割を果たしている．蛍光灯やネオンサインは，この領域の発光を利用したものである．また，プラズマプロセスにおいても，活性種の発生領域として重要な役割

を担う．

　直流放電は古くから研究されており，その機構も比較的よく分かっている．また，放電の制御が放電電流によりほぼ一義的に行えるなどの利点がある．一方，ガラスなどの絶縁物基板上では電流が流れず，放電が起こらないため，大面積の基板やウェーハ上で均一な処理を行うことができないなどの欠点がある．そこで，均一な成膜が要求されるプラズマプロセスでは，現在では高周波グロー放電が主流になっている．しかしプラズマ CVD においては，この欠点を補うために，陽極をメッシュ電極にして陰極との間に均一な放電を生成し，陽極の外側の近傍に置いた基板に陽極を透過してくるラジカルを堆積させる方法がとられることもある．

　また，直流放電では上で述べたように，陰極近傍に電圧降下の大きな領域を持つため，高速の正イオンが陰極にぶつかることになる．その結果，陰極材料をたたき出すスパッタリング現象を引き起こす．飛び出した材料は対向して置かれたウェーハなどに付着し，薄膜を形成することができる．これがスパッタ装置の原理であり，金属電極などの形成に用いるスパッタ装置には直流放電が用いられる．ただし，スパッタについては本書では取り扱わないので，例えば文献(2.3)などの参考書を参照されたい．

2.1.2　陽光柱プラズマ中の電子温度

　陽光柱では電子密度と正イオン密度がほぼ等しく，デバイ長も十分に小さな状態が実現できるので，一様なプラズマと見なすことができ（§7.7参照），陽光柱プラズマとも呼ばれる．プラズマ CVD やエッチングにおけるラジカルの発生は主としてこの領域で起こるため，プラズマプロセスを理解するためには，この領域について調べることが重要である．そこで，陽光柱プラズマ中の電子温度や密度分布を求める方法について概説しよう．ここで紹介する解析手法はこうしたプラズマを取り扱う場合の手本になり，また入門にもなる．

　直流放電の陽光柱プラズマ内では 1.2.1 で説明したように，放電管軸方向の電界により加速されて得る電子のエネルギーが，中性分子との衝突により失うエネルギーと釣り合い，定常状態を保っている．厳密に電子温度を求めようと

すれば，Boltzmann 輸送方程式（粒子，運動量，エネルギー保存則，§7.4 参照）と Poisson 方程式を連立して解かなければならないが，両極性拡散（§7.6 参照）が仮定できる領域では以下のような **Schottky 理論**（Schottky's theory）と呼ばれる近似理論で現象をよく説明できる．この理論について以下に簡単に紹介しよう．

陽光柱プラズマは電気的にほぼ中性であるから，電子密度 N_e と正イオン密度 N_+ は等しく，それをプラズマ密度 $N(=N_e=N_+)$ と表す．いま断面形状が一様な細長い放電容器を考え，直流電圧をその両端にかけて陽光柱プラズマを生成する場合を考える．このとき，直流電源によって生成される軸方向電界は陽光柱内では一定となり，軸方向に一様なプラズマが形成される．したがって，定常状態ではプラズマ密度は断面方向だけの関数となり，その変化は電子の平均自由行程が断面の大きさ（例えば円筒放電管では管径）に比べて十分小さい場合には，両極性拡散により次式で表されることになる（(7.77)式）．

$$D_a \nabla^2 N + G = 0 \tag{2.1}$$

ここで，D_a は両極性拡散係数であり，単位時間，単位体積当たりの電子の発生数 G は，直接電離（X+e → X$^+$+e+e）のみを考慮すると，電離周波数を ν_i として $\nu_i N$ で表される（(7.66)式）から，(2.1)式は，

$$D_a \nabla^2 N + \nu_i N = 0 \tag{2.2}$$

となる．

この式を解くためには境界条件が必要であるが，Schottky 理論では以下の境界条件を適用する．

ⅰ) 容器の中心軸上では N はなめらかにつながる（$\nabla N = 0$）．
ⅱ) 容器壁では電子と正イオンが再結合して電荷が消滅する（$N=0$）．

以下に半径 R の円筒放電管の場合について，具体的な解析例を示そう．**図 2.5** のような円筒座標系を用いて(2.2)式を書き下すと，

$$\frac{\partial^2 N}{\partial r^2} + \frac{1}{r}\frac{\partial N}{\partial r} + \frac{1}{r^2}\frac{\partial^2 N}{\partial \theta^2} + \frac{\partial^2 N}{\partial z^2} + \frac{\nu_i}{D_a}N = 0 \tag{2.3}$$

円筒陽光柱ではプラズマ密度は z 軸方向には一定であり，かつ中心軸に対して対称（θ 依存性なし）と考えられるから，z と θ の項は零となり，結局次式

§2.1 直流放電

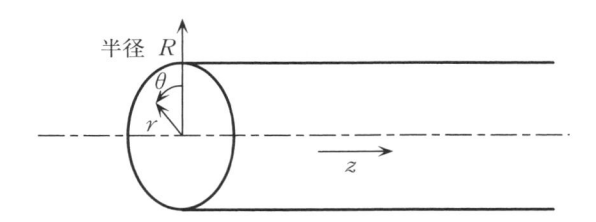

図2.5 円筒放電管の座標系．

を得る．
$$\frac{d^2N}{dr^2}+\frac{1}{r}\frac{dN}{dr}+\frac{\nu_i}{D_a}N=0 \tag{2.4}$$

ここで，$\xi=\sqrt{\frac{\nu_i}{D_a}}r$ と変数変換すると，上式は，
$$\frac{d^2N}{d\xi^2}+\frac{1}{\xi}\frac{dN}{d\xi}+N=0 \tag{2.5}$$

境界条件は上の仮定より，

ⅰ) $\xi=0$ で $N=N_0$, $\frac{dN}{d\xi}=0$,

ⅱ) $\xi=\sqrt{\frac{\nu_i}{D_a}}R$ で $N=0$

である．

(2.5)式は零次の Bessel 微分方程式と呼ばれるものであり，その解は零次 Bessel 関数として知られる級数になる．零次 Bessel 関数は慣習的に $J_0(\xi)$ で表され，$J_0(0)=1$ であり，ξ の増加とともに減少して $\xi=2.405$ で零を横切る．したがって，解は次式となる．
$$N=N_0J_0(\xi)=N_0J_0\left(\sqrt{\frac{\nu_i}{D_a}}r\right) \tag{2.6}$$

ただし，$r=R$ で $N=0$ の境界条件を満足するためには，
$$\sqrt{\frac{\nu_i}{D_a}}R=2.405 \tag{2.7}$$

の関係を満足しなければならない．第7章に述べるように ν_i はガス圧 p に比例し，D_a は反比例するから，例えば1 Torr での電離周波数，両極性拡散係数

をそれぞれ ν_{i1}, D_{a1} とおけば，$\nu_i = \nu_{i1} p$, $D_a = D_{a1}/p$ と表され，(2.7)式は以下のように変形できる．

$$\frac{\nu_{i1}}{D_{a1}} = \left(\frac{2.405}{pR}\right)^2 \qquad (2.8)$$

電子のエネルギー分布として Maxwell 分布を仮定すると，ν_{i1}, D_{a1} は第7章で示すように，ガスの種類が決まれば電子温度だけの関数である．ν_{i1} として(7.60)式，D_{a1} として(7.79)式を用い，(2.8)式を整理すると，

$$6.69 \times 10^7 a_0 \left(\frac{273}{T_g}\right) E_i^{3/2} \left(\frac{E_e}{E_i}\right)^{1/2} \left(1 + \frac{2E_e}{E_i}\right) \exp\left(-\frac{E_i}{E_e}\right) \Big/ E_e \mu_{+1} = \left(\frac{2.405}{pR}\right)^2 \quad (2.9)$$

が得られ，電子温度 E_e が pR の関数として求まることになる．ただし，p は [Torr]，R は [cm]，E_e と E_i は [eV]，T_g は [K]，μ_{+1}（1 Torr でのイオンの移動度）は [V/cm·s] で与えるものとする．

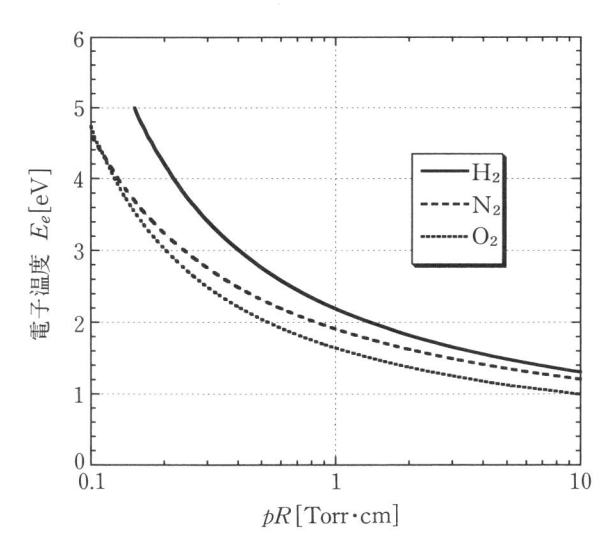

図 2.6　Schottky 理論で得られる電子温度の計算結果．

図 2.6 にいくつかのガスについての計算例を示す．計算に必要な定数は**表 2.1** に示す．pR が小さくなると，電子温度が上昇するのは以下の理由による．

§2.1 直流放電

表 2.1 種々のガスに対する電離電圧 E_i, a_0, 1 Torr でのイオン移動度 μ_{+1} の値.

ガス	電離電圧 E_i [eV]	電離断面積傾き a_0 [cm^{-1}V^{-1}Torr^{-1}]	μ_{+1} [cm^{2}V^{-1}s^{-1}Torr]
He	24.59	0.046	8.2 E+03
Ne	21.56	0.056	3.2 E+03
Ar	15.76	0.71	1.2 E+03
H$_2$	15.43	0.21	4.5 E+03
N$_2$	15.58	0.26	1.9 E+03
O$_2$	12.07	0.15	2.1 E+03
SiH$_4$	11.65	1.16	—
CH$_4$	14.25	0.67	—
GeH$_4$	11.33	1.10	—
NH$_3$	10.85	0.37	—
CF$_4$	16.20	0.21	—

p が減少すると拡散係数が増加し，また R が小さくなると密度勾配が大きくなるので，p, R のどちらが減少しても管壁へ跳び込む荷電粒子数が増大する．荷電粒子は壁面上で再結合して消滅するので，その結果荷電粒子の損失が増え，それを補って放電を維持するためにはそれらの発生を増やす必要がある．すなわち，電子温度が上昇してそれらが釣り合う必要がある．

このようにエネルギー保存則を用いることなく，プラズマ密度の境界値問題として電子温度を求める方法はかなり大胆な理論であるが，得られる電子温度は実験結果とよく一致する．この理論を拡張し，半導体プロセス用プラズマの解析に必要となる複数種のイオンとそれらの間の衝突反応を考慮した解析方法も報告されているが，詳細は文献を参照していただきたい[2.2, 2.4, 2.5]．また，断面形状が矩形のような円筒以外の放電管への理論の拡張も容易である[2.6]．

2.1.3 混合ガス陽光柱プラズマの理論

プラズマプロセスでは単体のガスよりも複数種のガスを混合して用いることが多い．したがって実用上は混合ガスプラズマの解析が重要になる．Schottkyの理論を混合ガスに拡張することはそれほど難しくないので，それについて簡単に説明しておこう．

いま2種類のガスAとBを混合した円筒陽光柱プラズマを考えることにしよう．先の単体ガスの場合と同様に，以下のような最も単純な直接電離反応のみを考える．

$$A + e \longrightarrow A^+ + e + e$$
$$B + e \longrightarrow B^+ + e + e$$

全ガス圧を p とし，ガスAとBの分圧をそれぞれ $f_A p$, $f_B p$（すなわち，$f_A + f_B = 1$）と表すことにすれば，ガスの全数密度 $N_g (= p/k_B T)$ を用いて各ガスの数密度はそれぞれ $N_{gA} = f_A N_g$ と $N_{gB} = f_B N_g$ と書ける．したがって，各イオンに対する電離周波数はその定義から明らかなように(7.60)式で与えられる表式に f_A あるいは f_B をかけることにより与えられる．そこで，(2.4)式の導出方法を参考にして A^+ と B^+ に対する両極性拡散を仮定した密度方程式を書き下すと，次式のようになる．

$$\frac{d^2 N_{+A}}{dr^2} + \frac{1}{r}\frac{dN_{+A}}{dr} + \frac{f_A \nu_{iA}}{D_{aA}} N_e = 0 \tag{2.10}$$

$$\frac{d^2 N_{+B}}{dr^2} + \frac{1}{r}\frac{dN_{+B}}{dr} + \frac{f_B \nu_{iB}}{D_{aB}} N_e = 0 \tag{2.11}$$

$$(N_{+A} + N_{+B})/N_e = 1 \tag{2.12}$$

ここで，N_{+A}, N_{+B} および D_{aA}, D_{aB} はそれぞれ A^+，B^+ の密度と両極性拡散係数を表し，$f_A \nu_{iA}$ と $f_B \nu_{iB}$ はそれぞれのイオンを生成する電離周波数である．(2.12)式はプラズマが電気的に中性であることによる．

これらの式を解析的に解くために，電子とイオンの密度分布の形が等しいという仮定をおく．その結果 N_e/N_{+A} と N_e/N_{+B} は定数となり，例えば(2.10)式は，

$$\frac{d^2 N_{+A}}{dr^2} + \frac{1}{r}\frac{dN_{+A}}{dr} + \frac{f_A \nu_{iA}}{D_{aA}} \frac{N_e}{N_{+A}} N_{+A} = 0 \tag{2.13}$$

となる．この式は形式的には(2.4)式と同じであり，N_{+A} は J_0 分布となる．また，境界条件を満足するためには，(2.8)式との類比から分かるように，

§2.1 直流放電

$$\frac{f_A \nu_{i1A}}{D_{a1A}} \frac{N_e}{N_{+A}} = \left(\frac{2.405}{pR}\right)^2 \tag{2.14}$$

の関係式が得られる．ここで，ν_{i1A}，D_{a1A} は各々1 Torr での ν_{iA} と D_{aA} の値を表す．イオンBについても同様の演繹を行い，

$$\frac{f_B \nu_{i1B}}{D_{a1B}} \frac{N_e}{N_{+B}} = \left(\frac{2.405}{pR}\right)^2 \tag{2.15}$$

が得られる．(2.14)式，(2.15)式から，

$$\frac{N_{+A}}{N_e} = \frac{f_A \nu_{i1A}}{D_{a1A}\left(\frac{2.405}{pR}\right)^2}, \quad \frac{N_{+B}}{N_e} = \frac{f_B \nu_{i1B}}{D_{a1B}\left(\frac{2.405}{pR}\right)^2} \tag{2.16}$$

となり，これらを(2.12)式に代入することにより，次式が得られる．

$$\frac{f_A \nu_{i1A}}{D_{a1A}\left(\frac{2.405}{pR}\right)^2} + \frac{f_B \nu_{i1B}}{D_{a1B}\left(\frac{2.405}{pR}\right)^2} = 1 \tag{2.17}$$

ここに(7.60)式や(7.79)式を代入すると，これが電子温度と pR，およびガスの混合比の間の関係を与える式となる．

HeとNeの混合ガスはHe-Neレーザに使われることで知られているが，これについて(2.17)式から電子温度を計算した例を**図2.7**に示す．ここで注意しなければならないのは両極性拡散係数((7.79)式)の計算に必要となる混合ガス中でのイオンの移動度である．移動度はガスの混合（分圧）比により変化するので，混合比の関数として移動度を求めなければならない．この場合に利用できるのは次式のような**ブランの法則**（Blanc's low）である[(2.7)]．

$$\frac{1}{\mu_+^{AB}} = \frac{f_A}{\mu_+^A} + \frac{f_B}{\mu_+^B} \tag{2.18}$$

ここで，μ_+^{AB} はAとBからなる混合ガスにおいて，混合比が $f_A:f_B$ の場合のあるイオンの移動度であり，μ_+^A，μ_+^B は各々ガスAおよびガスB中でのそのイオンの移動度である．

この式は移動度が(7.31)式で与えられることから，容易に導くことができる．混合ガス中でのイオンの衝突周波数を ν_+^{AB} とすれば，その中での移動度 μ_+^{AB} は，

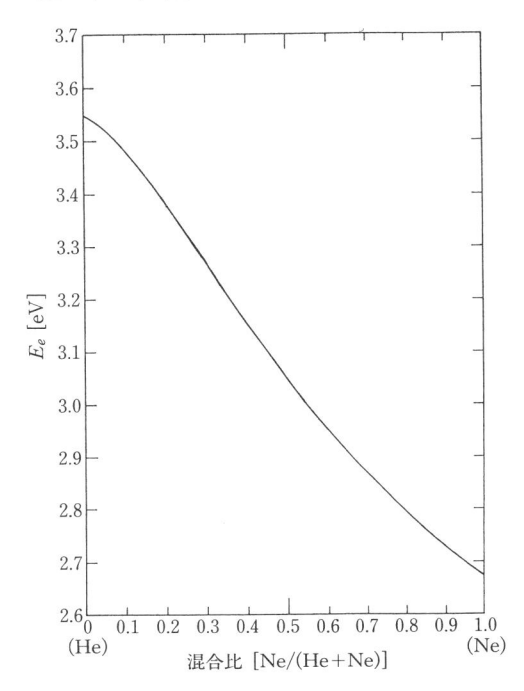

図 2.7 $pR=1$ [Torr·cm] としたときの He-Ne 混合比に対する電子温度特性.

$$\mu_+^{AB} = \frac{e}{m_+ \nu_+^{AB}} \tag{2.19}$$

で与えられる．一方，ν_+^{AB} はそれぞれのガス中での衝突周波数にそのガスの分圧比をかけたものを加えたものに等しい（$\nu_+^{AB} = f_A \nu_+^A + f_B \nu_+^B$）はずであるから，各々のガス中での移動度 μ_+^A, μ_+^B がそれぞれ $e/m_+\nu_+^A$, $e/m_+\nu_+^B$ であることを考慮すれば，(2.18)式が得られることが分かる．3種類以上の混合ガスに対しても同様に拡張できることはいうまでもない．なお，このブランの法則は(7.32)式の形から容易に分かるように，移動度を拡散係数に変えれば，それに対してもまったく同様に成り立つ．

以上，最も単純な混合ガスの解析手法について説明した．プラズマプロセスでは複数種の，しかも反応性のガスが用いられるため，種々の複雑な衝突反応が起こる．したがって，この方法がそのまま適用できるような単純な系ではな

いが，種々の反応を考慮した理論への拡張は可能である．詳細については参考文献を参照していただきたい[2.8]．

§2.2　高周波放電

　直流電源の代わりに高周波電源を用いると，電極上に絶縁物があっても放電が可能になり，プラズマプロセスでは重要な放電形態となる．この中でも広く用いられているのがラジオ波帯の周波数を用いた **RF**(Radio Frequency)**放電**である．周波数としては電波法による規制のため，13.56 MHz やその 2 倍，3 倍にあたる 27 MHz や 40 MHz の RF 波が通常用いられる．

　RF 放電の発生法には**容量結合形プラズマ**（Capacitively Coupled Plasma；略して CCP）と**誘導結合形プラズマ**（Inductively Coupled Plasma；略して ICP）がある．平行平板電極を持った容量結合形の例は**図 2.8** に示すが，このほかにも**図 2.9**(a)に示すような反応槽内に電極を持たない無極放電の例もある．また，同図(b)には誘導結合形の例を示す．CCP は広い面積にわたって一様な放電が得られやすいことから，液晶ディスプレイや太陽電池など大面積基板への成膜に用いられるのに対し，ICP は高密度プラズマを比較的低いガス圧で得られることから，エッチングへの応用が進められている．

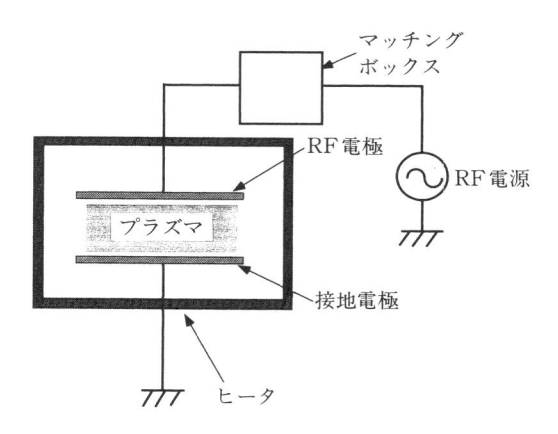

図 2.8　平行平板電極容量結合形放電．

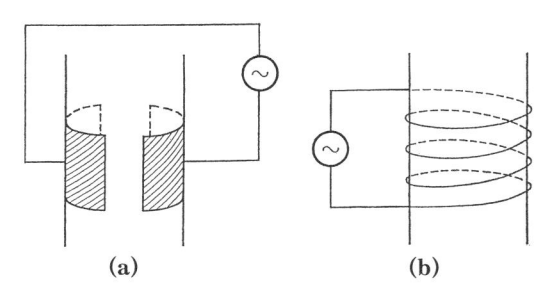

図 2.9 外部電極形 RF 放電の電極．
（a）容量結合形，（b）誘導結合形．

2.2.1 容量結合形プラズマ

 代表的な平行平板電極の場合を例に取って説明しよう．高周波放電は用いる電源周波数によってその放電機構が異なる．イオンならびに電子のプラズマ周波数はその粒子が応答できる上限の周波数に対応するため（§7.7参照），電源周波数とそれらのプラズマ周波数に応じて**表2.2**に示すような3つの場合に分けられる．

表 2.2 電源周波数による高周波放電の特徴．

周波数条件	記　述
① $f < f_{pi}, f_{pe}$	電子もイオンも電界に追従できるため，基本的には半周期ごとに極性が変わる直流放電と同じであり，直流放電のモデルを適用可能．
② $f_{pi} < f < f_{pe}$	一般に用いられる RF 放電はこの領域に入り，電子は RF 電界に追従できるが，イオンは追従できないため平均電界に対する運動になる．
③ $f_{pi}, f_{pe} < f$	電子，イオン共に集団としては電界の変化に追従できない．この場合は，電界は波動としてプラズマ中を伝播し，共鳴吸収などにより電子を加熱することが可能．

（f：電源周波数，f_{pi}：イオンのプラズマ周波数，f_{pe}：電子のプラズマ周波数）

 ①は半周期毎に交互に陰極と陽極が入れ替わりながら直流放電を行うため，原理的には直流放電と同じである．②は最も一般的に用いられる RF 放電の場合に相当する．③はマイクロ波帯の GHz 以上の場合に対応し，電磁波としてプラズマ中を伝播していく過程で電子を加熱し，プラズマを維持する．磁界と

§2.2 高周波放電

組合せて用いることも多く電子サイクロトロン共鳴（ECR）などがその代表的な例である．③については現時点ではプラズマ CVD やエッチングの主要なプラズマ源とはなっておらず，ここでは取り扱わない．現在の主流の技術となっている②について，以下その原理を説明する．

2.2.2 電子の加熱機構

平行平板電極を用いた RF 放電を観察すると，図 2.10 に模式的に示すように，接地電極と電圧印加電極の間に特徴的な構造が見られる．どちらの電極側にも暗部があり，それに続いて明るい発光部がある．発光部はガスの種類やガス圧によって，一様に光っている場合もあれば，両端に強い発光部がありそれらの間はそれほど明るくない領域で埋められている場合もある．通常，電極近傍の暗部をシース（sheath），発光部をバルクプラズマ部，あるいは直流放電との類似性から陽光柱と呼ぶ．

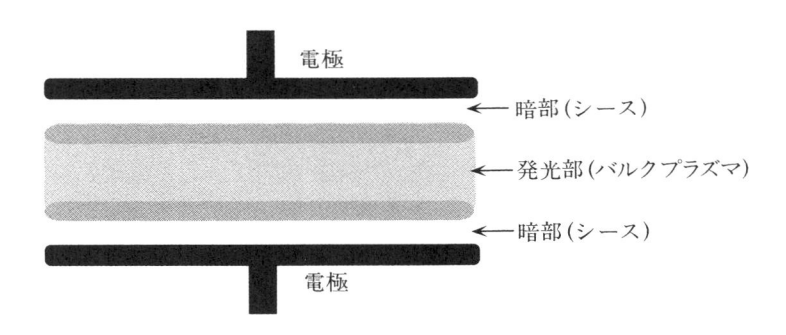

図 2.10　容量結合形 RF 放電の構造．

さて放電を維持するためには，RF 電界により電子を加速して中性分子との電離衝突を起こし続ける必要がある．RF 放電ではこうした電子の加熱機構として，次の 3 つの機構が考えられる．
（ⅰ）バルクプラズマ部での RF 電界による電子加速．
（ⅱ）電極近傍の平均電界により加速された正イオンが電極に衝突し，二次電子を発生させ，その二次電子が電界で加速されてプラズマ中に撃ち

込まれる（直流放電の陰極降下部と負グロー部に類似）．
(iii) RF 電界によるシースの振動による電子加熱（**統計的加熱**：stochastic heating）．

これらについて以下順次説明しよう．

1 バルクプラズマ中での RF 電界による電離

第1章で説明したように，数 V/cm の電界があると，電子温度は数 eV に達し，原料ガスを解離，あるいは電離するのに十分なエネルギーを持つことを示した．バルクプラズマも電気的には有限の抵抗を持つ導体と見なせるから，RF 電源から供給される電圧により内部に電位差が発生し，その電界で電子は加速される．しかし，電界は直流放電と異なり時間的に極性も含めて変化するため，電子の加速は衝突頻度に加えて電源周波数にも依存する．こうした RF 電界の効果を理解し，直流電界との類比を行うためには，**実効電界**（effective electric field）の概念を導入すると分かりやすい．

実効電界とは，ある強さの RF 電界が電子に与えるエネルギーと同じだけのエネルギーを直流電界で与えるとすれば，どれだけの強さの電界になるかを表す．この概念を用いれば，放電管の軸方向に RF 電界を印加して陽光柱プラズマを生成させる場合は，実効電界に等しい直流電界をかけた放電と等価になる．したがって，Schottky 理論のような直流放電の理論がそのまま使える．実効電界の導出は Langevin 方程式からスタートする．磁界がないときの方程式は(7.36)式より，

$$m_e \frac{d\boldsymbol{u}}{dt} = -e\boldsymbol{E} - m\boldsymbol{u}\nu_{me} \qquad (2.20)$$

ここで，m_e は電子の質量，u は平均速度，ν_{me} は電子の運動量伝達衝突周波数である．さて周波数 f の正弦波で変化する RF 電界を $\boldsymbol{E} = E_0 e^{j\omega t}$ で表す（ただし，$\omega = 2\pi f$ は角周波数）ことにする．衝突周波数が f に比べて大きい場合を考えると，電界の1周期の間に電子は何回も分子と衝突を繰り返し，近似的には電界に対してドリフトで決まる平均速度 u を持つと考えられるから，u はやはり時間的に正弦波で変化する．そこで $\boldsymbol{u} = \boldsymbol{u}_0 e^{j\omega t}$ とおき，(2.20)式に

代入すると,
$$\boldsymbol{u}_0 = \frac{-e\boldsymbol{E}_0}{m_e(\nu_{me}+j\omega)} = \frac{-e\boldsymbol{E}_0}{m_e(\nu_{me}^2+\omega^2)}(\nu_{me}-j\omega) \tag{2.21}$$
が得られる.

これを実関数に書き直すと,
$$u = -\frac{e}{m_e}\frac{E_0}{\sqrt{\nu_{me}^2+\omega^2}}\sin(\omega t-\theta) \tag{2.22}$$
ただし,$\theta = \tan^{-1}\left(\frac{\omega}{\nu_{me}}\right) \tag{2.23}$

この式の意味するところは,**図 2.11** にベクトル図を示すように電子の速度は電界の位相より $\pi+\theta$ だけ遅れて(あるいは $\pi-\theta$ だけ進んで)時間的に振動するということである.もし衝突が無視($\nu_{me}=0$)できれば $\theta=\pi/2$ になり,$\boldsymbol{E}$ と電子の速度は $\pi/2$ だけ位相がずれることになる.

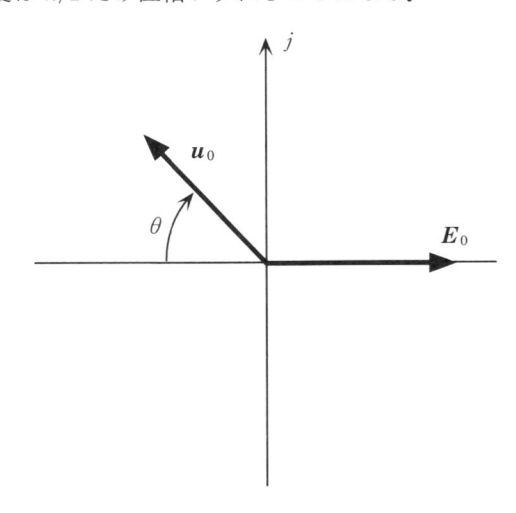

図 2.11 高周波電界中における電界と電子速度のベクトル図.

この電子が1周期の間に吸収する(すなわち,電源が消費する)エネルギーを求めてみよう.電子は dt 秒間に udt だけ移動し,電界から $eEudt$ のエネルギーをもらう.したがって,1周期の間にもらうエネルギーを E_T とおくと,上式より,

$$E_T = \int_0^T eEu\,dt = \frac{e^2 E_0^2}{m_e \sqrt{\nu_{me}^2 + \omega^2}} \int_0^T \sin(\omega t)\sin(\omega t - \theta)\,dt = \frac{e^2 E_0^2 T}{2m_e \sqrt{\nu_{me}^2 + \omega^2}} \cos\theta \tag{2.24}$$

で与えられる．したがって，1秒間に吸収するエネルギー，すなわちパワー P は(2.24)式に周波数 $f(=1/T)$ をかければ求まるから，$\cos\theta = \nu_{me}/\sqrt{\nu_{me}^2 + \omega^2}$ であることを考慮して整理すると，

$$P = \frac{e^2 E_0^2 \nu_{me}}{2m_e(\nu_{me}^2 + \omega^2)} \tag{2.25}$$

が得られる．

一方，直流電界 E_{dc} 中で電子が吸収するパワーは，移動度が $e/m_e\nu_{me}$ で与えられることを考慮すると，

$$P = \frac{e^2 E_{dc}^2}{m_e \nu_{me}} \tag{2.26}$$

となる．(2.25)式で，

$$E_{eff} = \frac{\nu_{me}}{\sqrt{\nu_{me}^2 + \omega^2}} \frac{E_0}{\sqrt{2}} \tag{2.27}$$

とおけば，形式的に(2.25)式は(2.26)式と同じ形になる．RF電界の振幅と直流電界が(2.27)式の関係を満足するときには，両者で電子が電界から得るパワーは等しくなることから，E_{eff} を実効（直流）電界と呼ぶ．

この結果から分かるように，同じ振幅のRF電界に対する実効電界は，周波数が大きくなるほど小さくなる．また，ガス圧が低く ν_{me} が小さくなると，位相差が $\pi/2$ に近づくため，やはり実効電界も減少する．したがって，周波数がそれほど高くなくガス圧も比較的高い場合にこの機構による電子加熱が重要になる．

2　電極からの二次電子放出

次節で説明するように（図2.16参照），CCP内の時間平均した電位分布はバルクプラズマ部が最も高くほぼフラットであり，電極との電位差はシース間にかかる．そのため平均電界に応答する正イオンは，直流放電における陰極降下部と同様に電極（あるいは電極上におかれたウェーハなどの基板）に向かっ

§2.2 高周波放電

て加速され，電極との衝突により二次電子を発生する．これらの電子は電界で加速されてプラズマ中に撃ち込まれ，電離衝突を繰り返してエネルギーを失う．したがって，この機構による電離が重要になるのは，

① ガス圧が比較的低い（イオンや電子のシース内での衝突が少なくなり，シース内を横切る間に得るエネルギーが大きい）．
② RF電力が大きい（プラズマ密度が高くなり，電極に入射するイオン粒束が増え，かつシースにかかる電位差も増加するため衝突イオンエネルギーも増加し，二次電子の発生数が増大する）．

の場合である．

3 統計的加熱

　ガス圧が低く，RF電力が小さいときには二次電子の効果よりも，以下に説明する統計的加熱が重要な機構になってくる．この加熱機構を厳密に説明しようとすると複雑な演繹が必要となるので，ここではその原理を理解するために単純化したモデルを用いて説明しよう．RF放電では次節で説明するようにプラズマ中の大多数の電子はシース内の電界により弾き返され，シースとバルクプラズマとの境界は電子にとって壁のような役割を担っている．一方，シースの厚さは電極に印加されるRF電圧により周期的に変化する（図2.16参照）．この状況を模式的に示したのが**図2.12**であり，電子のボールが電源周波数で振動している壁にぶつかる場合をイメージすればよい．

　まず，壁が速度v_sで電極側から飛び出してくるところに速度vの電子が正面衝突する場合を考えよう．壁と一緒に移動する座標系で考えれば，電子は相対速度$(v+v_s)$で壁に向かって入射してくることになる．運動量の保存則から弾性衝突後の電子は$(v+v_s)$の速度で反対方向に弾き返されるから，静止座標系から見れば衝突により$(v+2v_s)$の速度で弾き返されることに対応する．一方，壁が電極方向に速度v_sで運動しているときに速度vで飛び込んでくる電子は，同様に衝突後は$(v-2v_s)$で弾き返されることになる．したがって，壁が電子に向かってくる場合には，1個の電子は衝突により$\frac{1}{2}m_e((v+2v_s)^2$

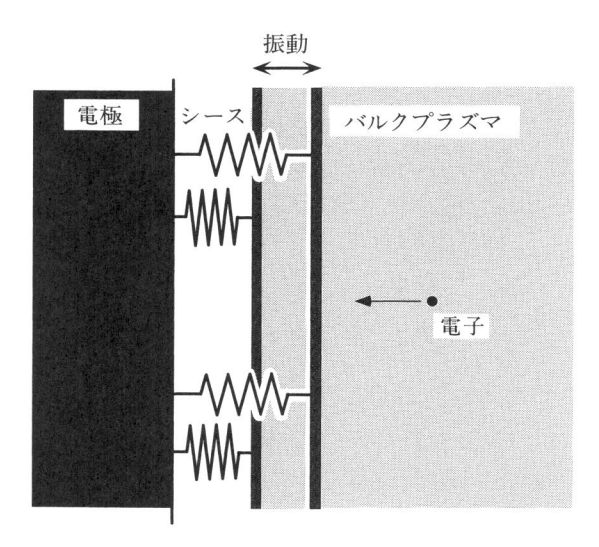

図 2.12 統計的加熱のモデル．

$-v^2)$ のエネルギーを得る．また逆の場合には $\frac{1}{2}m_e(v^2-(v-2v_s)^2)$ だけエネルギーを失うことになる．

さて，ランダムに運動している電子が1秒間にある単位面積当たりに飛び込む電子数は，平均熱速度を v_e，電子密度を N_e とすれば $\frac{1}{4}N_e v_e$ で与えられるので((7.7)式参照)，すべての電子が v_e に等しい速度を持ち，N_e 個の内の1/4がシース方向に向かうという粗いモデルを用いることにしよう．すると壁が速度 v_s で電子に向かってくる場合の単位面積当たりの衝突電子数は $\frac{1}{4}N_e(v_e+v_s)$ となり，1秒間に得るエネルギー（すなわち，パワー）P_G は，

$$P_G = \frac{1}{4}N_e(v_e+v_s) \times \frac{1}{2}m_e((v_e+2v_s)^2 - v_e^2)$$
$$= \frac{1}{8}m_e N_e((v_e+2v_s)^2 - v_e^2)(v_e+v_s) \qquad (2.28)$$

同様に壁が速度 v_s で遠ざかっていく場合の損失パワー P_L は，

$$P_L = \frac{1}{4} N_e (v_e - v_s) \times \frac{1}{2} m_e (v_e{}^2 - (v_e - 2v_s)^2)$$
$$= \frac{1}{8} m_e N_e (v_e{}^2 - (v_e - 2v_s)^2)(v_e - v_s) \tag{2.29}$$

で与えられる．

　実際のプラズマでは，シース速度は時間的にほぼ正弦波で変化すると仮定できるので，$v_s = v_{s0} \sin \omega t$ とおき，上式にこれを代入して時間平均を取ることで各々のパワーが求まる．ここではさらに問題を単純化し，v_s の半周期の平均値は $\frac{2}{\pi} v_{s0}$ であるから，シースの速度が半周期毎に $+\frac{2}{\pi} v_{s0}$ と $-\frac{2}{\pi} v_{s0}$ に反転するという粗い近似を適用しよう．その場合は 1 秒間の内の 0.5 秒間は $\frac{2}{\pi} v_{s0}$ で近づき，残りの 0.5 秒間は同じ速度で遠ざかることになるから，結果的にシースの振動で電子が得る正味のパワー P_s は (2.28)，(2.29) 式より，

$$P_s = 0.5 P_G - 0.5 P_L = \left(\frac{2}{\pi}\right)^2 m_e N_e v_e v_{s0}^2 = 0.41 m_e N_e v_e v_{s0}^2 \tag{2.30}$$

となる．この式は以上のような大胆な近似の下で求めたものではあるが，電子の速度分布を考慮してより厳密に求めた式と大きくは違わない．(2.30) 式の係数 0.41 を 0.5 に変えると厳密な式と一致する[2.9]．

　以上，RF 電源の電圧変動によって引き起こされるシースの振動が電子を加熱することを定性的に説明した．この統計的加熱が重要な加熱機構となるのは，これまでの説明からも分かるようにシース近傍で電子と中性分子との衝突が頻繁に起こらない，ガス圧の低い場合である．すなわち，平均自由時間が RF 電源の周期より大きくなければならない．例えば，温度が 1 eV の電子の平均速度は約 10^8 cm/s である．一方，電子の平均自由行程は 1 Pa で約 1～10 cm であるから，平均自由時間は 10^{-7}～10^{-8} s となる．したがって，RF 電源周波数が 10～100 MHz 以上のときに重要な加熱機構になることが分かる．

　周波数の影響については，RF 電圧の振幅を変えないで周波数を上げると，シースの速度 v_{s0} も周波数に比例して大きくなるため，(2.30) 式から加熱パワーは周波数の 2 乗に比例して増加し，周波数が高いほど主要な加熱機構とな

る．

以上，RF 放電における 3 つの代表的な電子加熱機構について説明してきた．実際の放電では電源周波数やガス圧によりこれらのどれが主要な加熱機構になるかが決まる．

2.2.3 容量結合形 RF 放電の等価回路と電位分布

RF 放電は，上で説明した機構により加熱された電子と原料ガス分子との電離衝突反応で生成される．このようにして生成された RF 放電の電位分布など，電気的な特性について次に説明しよう．図 2.13 に示すように，一般的な RF 放電装置の回路は RF 電源，インピーダンス整合器（マッチング回路とも呼ばれる），直流電流阻止コンデンサ（ブロッキングコンデンサとも呼ばれる）と放電電極から構成される．

マッチング回路は RF 電力を効率よく放電プラズマに供給するために用いら

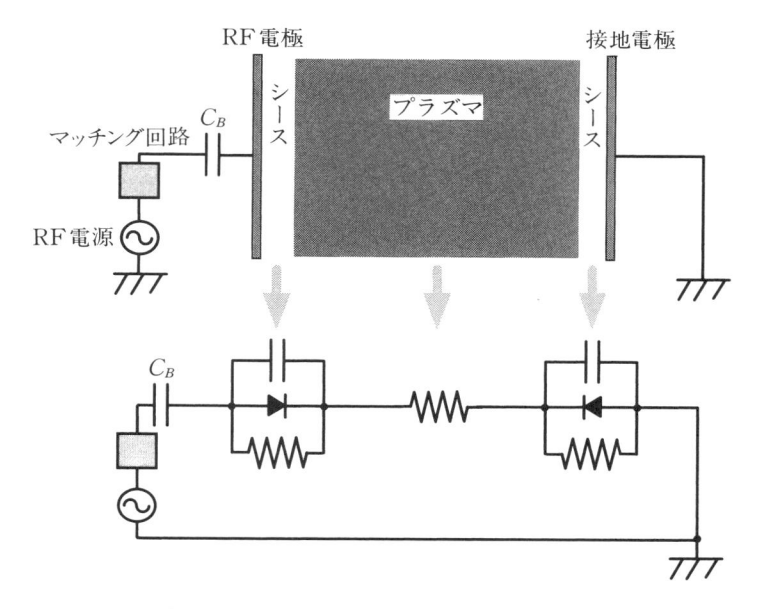

図 2.13 容量結合形の平行平板電極 RF 放電とその等価回路．

§2.2 高周波放電

れ，詳細は後で説明する．

ブロッキングコンデンサは次の2つの役割を持つ．
① バルクプラズマ部の電圧変動を抑える．
② 自己バイアスを発生させる．

これらについて説明するためには，RF放電を電気的な等価回路で表すことから始めなければならない．以下にその基本的な考え方を説明しよう．

電極をプラズマ中におかれた Langmuir プローブと見なせば，その電圧-電流特性は図 2.14 に示されたようなよく知られている特性を示す[2.5]．すなわち，電極の電位がプラズマ電位より十分小さなところではほぼすべての電子は跳ね返されて，正イオンによる一定の電流が流れ込む．しかしプラズマ電位に近づいてくると，高速の電子は電位差に打ち勝って電極に到達することができるようになり，電子電流が流れ始める．電子のエネルギーが Maxwell 分布を

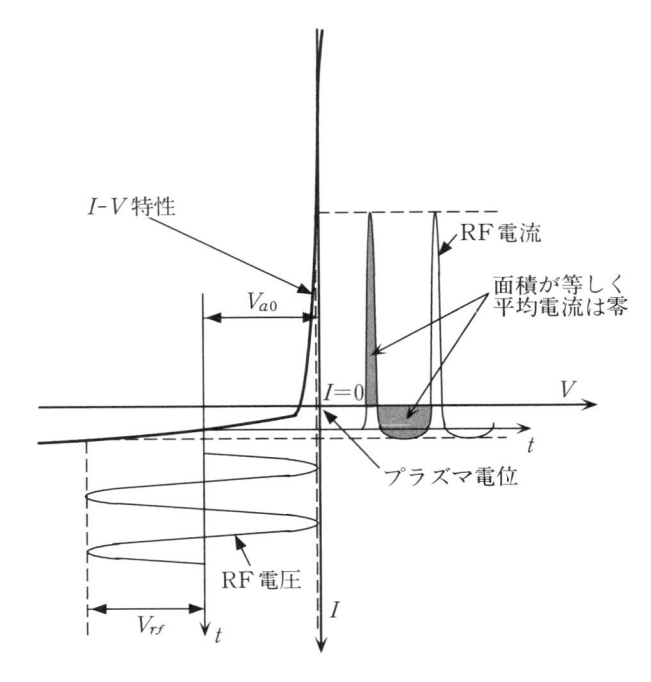

図 2.14 自己バイアスの発生原理．

していると，電子電流は電圧に対して指数関数的に増加し，イオン電流よりはるかに大きな値となる．この特性はちょうどダイオードの電圧-電流特性に類似している（§7.8 参照）．

さて RF 放電の場合，回路には直列にブロッキングコンデンサ C_B が接続されているため，伝導電流は流れることができない．したがって，RF 放電の一周期の間にプラズマから電極に流れ込む電流の平均は零にならなければならない．この様子を表したのが図 2.14 である．いま振幅が V_{rf} の正弦波を電極に印加する場合を考えると，プラズマから電極に流れ込む電流は図のような歪んだ波形となる．プラズマと電極の電位差の平均値（直流成分）が V_{a0} の場合にはこの電流の時間平均はちょうど零になり上の条件を満たす．言い換えれば，電流が零になるためには，電極はバルクプラズマに対して直流的に V_{a0} だけ低くなるようにバイアスされなければならない．そして，一周期の大半は電界の直流成分にしか応答することができないイオン電流が流れ込んでいるが，最も RF 電圧が大きくなる付近で大量の電子が飛び込んできて，それまでに流れ込んできた正イオンを中和する．このような機構で発生する平均（直流）電位差 V_{a0} を**自己バイアス**（self-bias）と呼ぶ．また，負に自己バイアスされた電極の近傍には正イオンによる空間電荷層が形成され，これが §7.8 で説明するシースに対応することから，この領域のことを CCP でも**シース**と呼ぶことが多い（図 2.10 参照）．

以上の知見を踏まえて，RF 放電部の電気的な等価回路を考えると図 2.13 下図のようになる．バルクプラズマ部は良好な導体と見なせることは先に述べた．そこで最も単純化して考えると，この部分は等価回路としては純粋な抵抗で表すことができる．一方，シース部分はコンデンサとダイオードと抵抗が並列に接続された回路で表すのが適当である．各素子の働きは以下のとおりである．

① コンデンサ

シース中では，自己バイアスにより発生する電界により，プラズマから飛び込んでくる電子は跳ね返されるため，電子に対してはシースはコンデンサとして働く．

② ダイオード

V_{rf} が最大となるところではプラズマ-電極間の電位差がほぼ零となり,膨大な数の電子が電極に流れ込む.この状態を表すためにダイオードを用いる.ダイオードの向きは電子が電極に流入する(すなわち,電流はプラズマに向かって流れる)方向を順方向に取る.

③ 抵抗

正イオンが電極に流れ込むことによる電流を模擬するための抵抗.

この等価回路を用い,RF放電内の電位分布について以下に説明しよう.問題を簡単にするために電圧,電流をRF成分と直流成分に分けて考え,後で合成することにすると,RF成分に対する等価回路は,以下のように単純化される.平行平板電極を持つコンデンサの静電容量 C は面積を A,電極間のギャップを d,誘電率を ε とおくと,

$$C = \frac{\varepsilon A}{d} \tag{2.31}$$

で与えられることは周知のとおりである.この式からシースの静電容量 C_s を見積もってみよう.シースの厚さはデバイ長(7.7.1参照)の数倍と考えて約 5 mm(実際の目視でもこの程度の厚さである)とし,真空中の誘電率を(2.31)式に代入すると,$1.8 \times 10^{-9} A$ [F] となり,例えば $A = 100 \text{ cm}^2$($= 0.01 \text{ m}^2$)のときは 18 [pF] となる.一方,ブロッキングコンデンサの静電容量(C_B)は 1000 [pF] 程度である.したがって,C_B は C_s に比べて十分大きく,そのインピーダンスは $1/(j\omega C_B) \ll 1/(j\omega C_s)$ となるので,RF成分に対して C_B のインピーダンス $1/(j\omega C_B)$ は無視できる.また,RF成分に対する等価回路を考える場合にはこれに応答できないイオン電流は考える必要がないので,シースの抵抗は交流電圧に対しては無限大と考えてよい.さらに単純化のためにバルクプラズマの抵抗を十分小さいとして無視すると,RF成分に対して図2.15の等価回路を考えればよいことになる.ここで,RF電極側のシースをシース1,接地電極側をシース2とし,それぞれの容量を C_1,C_2,ダイオードを D_1,D_2 とおく.

まずダイオードを無視して考えることにすれば,図2.15は単純なコンデン

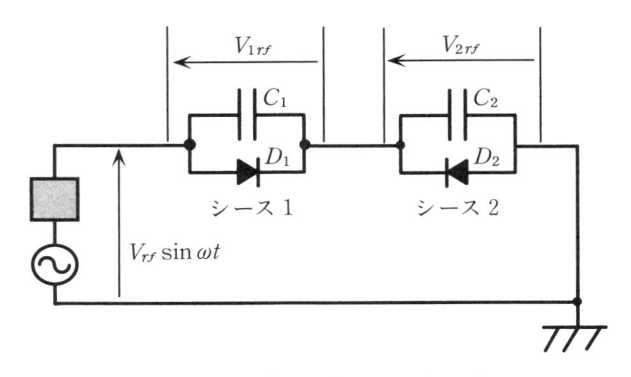

図 2.15 RF 成分に対する等価回路.

サの直列接続となる．したがって，図のように RF 電源からマッチング回路を通して電極に印加される電圧を $V=V_{rf}\sin\omega t$ とすれば，シース 1，シース 2 にかかる RF 電圧 V_{1rf}，V_{2rf} はそれぞれ次式で与えられる．

$$V_{1rf} = \frac{C_2}{C_1+C_2} V_{rf} \sin\omega t \tag{2.32}$$

$$V_{2rf} = \frac{C_1}{C_1+C_2} V_{rf} \sin\omega t \tag{2.33}$$

次に直流成分について考えよう．図 2.14 で説明したように，ブロッキングコンデンサがあると，バルクプラズマと電極の間（すなわち，シース）に自己バイアスが発生する．その値がどの位になるかはダイオードの効果を考えることにより見積もることができる．ダイオードの特性は理想的（抵抗が順方向は零，逆方向は無限大）であるとすれば，順方向に電流を流す状態ではその両端の電位差は零となる．したがって接地電極側について考えれば，D_2 があるためにプラズマの電位 V_p は最小のときに 0 V（接地電位を 0 V とおいた）になり，V_p は (2.33) 式でその振幅分だけプラス側にシフトした電圧，すなわち，

$$V_p = \frac{C_1}{C_1+C_2} V_{rf}(1+\sin\omega t) \tag{2.34}$$

となる．

一方，RF 電極には振幅 V_{rf} の RF 電圧が印加される．電圧が最大のときに電子がダイオードを通じて流れ込む状態となるためには，そのときの RF 電極

の電圧は V_p に等しくなる．したがって，RF 電極の平均電圧（直流成分）を V_{DC} とおくと，V_{DC} は図 2.16 からも分かるように，(2.34)式より，

$$V_{DC} = V_{rf} - 2\frac{C_1}{C_1+C_2}V_{rf} = \frac{C_2-C_1}{C_1+C_2}V_{rf} \tag{2.35}$$

となる．この式より，RF 電極の電圧 V_1 は

$$V_1 = V_{rf}\sin\omega t - V_{DC} = V_{rf}\left(\sin\omega t - \frac{C_2-C_1}{C_1+C_2}\right) \tag{2.36}$$

で与えられる．また，(2.34)式，(2.36)式よりプラズマ電位と RF 電極の間の電位差（すなわち，シース1にかかる電圧）を求めると，

$$V_p - V_1 = \frac{C_2}{C_1+C_2}V_{rf}(1-\sin\omega t) \tag{2.37}$$

が得られ，当然のことながらこの式の RF 成分は(2.32)式に一致する．

以上の結果から，RF 電圧が印加されている電極には $-(C_2-C_1)V_{rf}/(C_1+C_2)$ だけの直流バイアス電圧が現れることが分かる（この電圧が先に説明した自己バイアス電圧に対応する）．接地電極面積≫RF 電極面積とすれば C_2≫

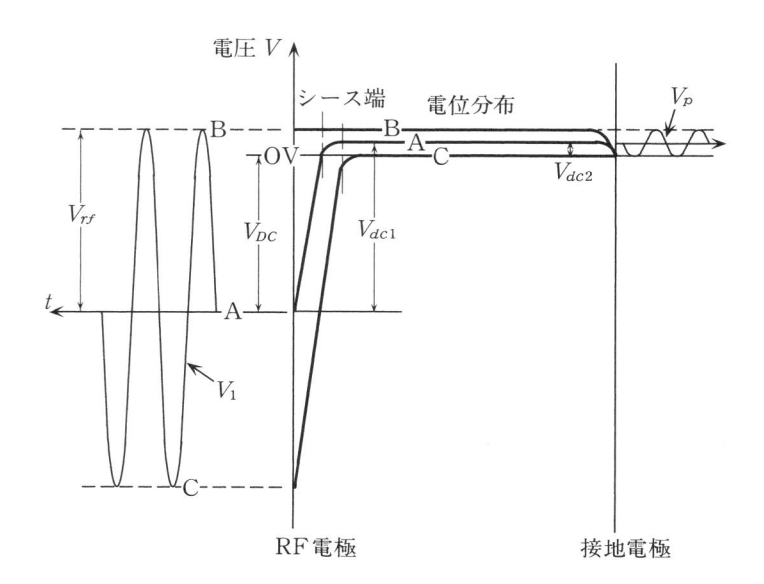

図 2.16 放電中の電位分布．

C_1 となり，自己バイアス電圧を RF 電圧の振幅にほぼ等しくすることも可能である．このようにして発生する自己バイアスは，異方性エッチングのようにウェーハへの入射イオンエネルギーを制御したい場合などに応用される（6.3.3 参照）．また，a-Si:H 成膜などで成膜面への高速イオンの照射を防ぎたい場合には，基板を接地電極側におくなどの対策が取られる．

もしブロッキングコンデンサがないとすると，自己バイアスが現れず，プラズマ電位 V_p は 1 周期の間に零から RF 電圧の振幅程度まで変動することになる．その結果，プラズマ電位のピークが高くなり接地電極をスパッタしたり，放電が不安定になるなどの問題が生ずる．

実際に平行平板電極 CCP の中での電位分布を測定した例を図 2.17 に示す[2.10~2.12]．これはプローブ法を駆使した難しい測定であるため，測定誤差は大きいが，ほぼここで予測したとおりの電圧分布になっていることが分かる．

両シースにおける電圧降下について，もう少し検討を進めよう．図 2.16 に示すように，プラズマ電位と電極との直流電圧の差をそれぞれ V_{dc1}, V_{dc2} とおくと，それらはこれまでの解析から，次のように与えられる．

$$V_{dc1} = \frac{C_2}{C_1 + C_2} V_{rf} \tag{2.38}$$

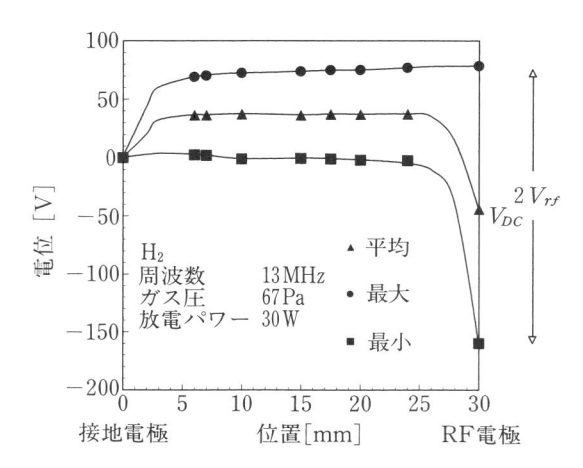

図 2.17　平行平板電極 CCP 内の電位分布（H_2 放電, 13.56 MHz, 30 W）．

$$V_{dc2} = \frac{C_1 - C_2}{C_1 + C_2} V_{rf} + V_{dc1} = \frac{C_1}{C_1 + C_2} V_{rf} \tag{2.39}$$

(2.31)式を考慮し，これらの比を取ると，

$$\frac{V_{dc1}}{V_{dc2}} = \frac{C_2}{C_1} = \frac{d_1 A_2}{d_2 A_1} \tag{2.40}$$

なる関係が得られる．ただし，d はシースの平均厚さ，A は電極面積であり，添字 1，2 はそれぞれ RF 電極側と接地電極側を意味する．ここでもし，シースの厚さが同じであれば，この比は電極面積の比だけで決まることになる．経験的にはこれらの間には次の関係があることが知られている．

$$\frac{V_{dc1}}{V_{dc2}} = \left(\frac{A_2}{A_1}\right)^n \tag{2.41}$$

ここで，n は 1.0〜2.5 程度の値となる．(2.40)式は $n=1$ の場合に対応している．この n の値を理論的に求めようとする研究は行われているが，厳密に解くことはできず，仮定したモデルにより $n=1$〜4 までの様ざまな値が得られる[2.9]．

一般には，電極面積が同じであったとしても，真空容器が接地されているために容器壁なども接地電極として寄与する．そのため，実効的な接地電極の面積は RF 電極の面積に比べて大きくなり（$A_2 > A_1$），RF 電源をつないだ電極側の電圧降下が大きくなるのが普通である．

2.2.4　インピーダンス整合回路

回路理論でよく知られているように，内部インピーダンス $R + jX$ の電源に負荷につなぐとき，負荷側のインピーダンスが $R - jX$ となるときに負荷に供給される電力は最大となり，整合がとれたという．何もしなければ放電プラズマのインピーダンスは電源の内部抵抗とは整合していないため，電源側から見たときのプラズマ側のインピーダンスを制御する目的で**整合器**（matching box）を入れる．整合器で損失するパワーを最小限に抑えるために抵抗は用いず，プラズマと電源の間に図 2.18 のような L 形，あるいは π 形と呼ばれるインダクタンス L とコンデンサ C からなる整合回路を接続し，反射波の電力が最小となるように可変コンデンサの容量を調整して整合を取る．

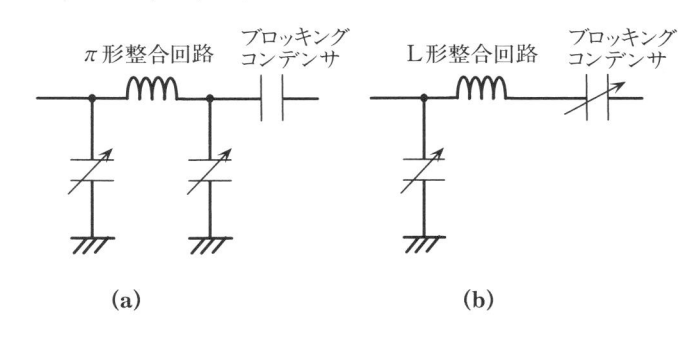

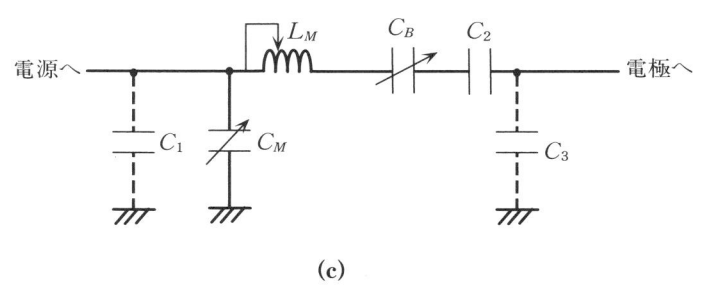

図 2.18 整合回路の構造.
（a）π形整合回路，（b）L形整合回路，（c）L形整合回路の調整.

最も単純なL形整合回路の場合を例に取り，その機能について説明しよう．電源の内部インピーダンスも抵抗 R_s だけの単純な場合を考えると，**図 2.19** に示すような回路構成となる．ここで，RF放電は前節で説明したように抵抗とコンデンサの直列接続と考えて，そのインピーダンスを $R_p + jX_p$ とおいた．L形整合器の場合，インダクタンスと直列に接続されたコンデンサ C_B はブロッキングコンデンサの役割を果たす．さて，この回路において電源側から見たインピーダンス Z_{in} を計算すると，

$$Z_{in} = \left[\frac{R_p}{R_p^2 + X^2} - j\left(\frac{1}{X_{MC}} + \frac{X}{R_p^2 + X^2} \right) \right]^{-1} \tag{2.42}$$

$$X = X_{ML} + X_B + X_p \tag{2.43}$$

となる．この例では電源の内部インピーダンスを抵抗成分のみとしているから，整合条件は実部が R_s の逆数に等しく，虚部は零になる．したがって，

§2.2 高周波放電

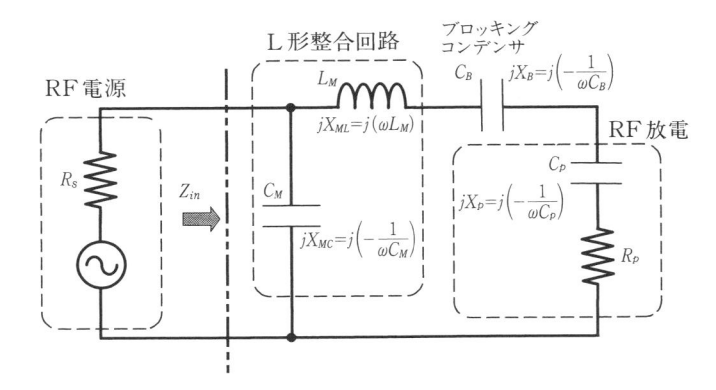

図 2.19 整合回路を含む RF 放電等価回路.

$$\frac{R_p}{R_p^2+X^2}=\frac{1}{R_s} \tag{2.44}$$

$$\frac{1}{X_{MC}}+\frac{X}{R_p^2+X^2}=0 \tag{2.45}$$

これより,

$$X_{ML}=(R_pR_s-R_p^2)^{1/2}-(X_p+X_B) \tag{2.46}$$

$$X_{MC}=-\frac{R_p^2+X^2}{X}=\frac{-R_pR_s}{(R_pR_s-R_p^2)^{1/2}} \tag{2.47}$$

代表的な放電条件ではプラズマの抵抗 R_p は R_s よりも小さいため, $(R_pR_s-R_p^2)$ は負にはならない.

　プラズマのインピーダンスは装置, 放電ガス, ガス圧などにより大きく変化するので, 整合回路の回路定数を決めるためには, プラズマのインピーダンスを仮定し, 上のような回路解析から概略値を算定する. そして通常は適当な値の L_M (すなわち, X_{ML}) を選定し, 可変コンデンサ C_M と C_B を調整することにより整合をとる. コンデンサ C_M は Tune バリコン, C_B は Match バリコンと呼ばれることが多い. 負荷インピーダンスの抵抗成分を 50 Ω, 虚数成分を 0 Ω にすると整合がとれる. この理由は, 一般に RF 電源の内部インピーダンスは約 50 Ω の抵抗成分だけであるためと, 電源と整合器の間は特性インピーダンス 50 Ω のケーブルで接続するためである. 実際には, 電力計を見なが

らプラズマからの反射パワーが最小になるように C_M と C_B を調整する．

　整合（マッチング）をとる方法を以下に具体的に説明しよう．マッチングボックスの回路素子の変更による調整が必要な場合は，図2.18(c)を参照しながら説明する．

① C_M と C_B を少しずつ交互に調整する．

　(2.46)式，(2.47)式から分かるように，X_{MC} と X_B は互いに関係しあう．したがって，反射パワーが最小になるように，C_M と C_B の最適な組合せを求める必要がある．

② C_M や C_B を調整しても，反射パワーが変化しない場合．

　ケーブルが外れている，マッチングボックスの中の銅箔が外れている，マッチングボックスのねじが緩んでいる，C_M や C_B を駆動するモータまたはシャフトが壊れている，などの原因が考えられる．

③ C_M が100％に振り切れる場合（R_p が小さい）．

　固定コンデンサ C_1 を，C_M と並列に追加する（図2.18(c)）．

④ C_B が0％に振り切れる場合（C_p が大きい）．

　L_M を小さくする（図2.18(c)）．実際には，L_M のコイルのターン数を減らすために，銅箔でコイルの一部を短絡する．

⑤ ④で L_M を最小にしても反射パワーが大きい場合（C_p が大きい，またはマッチングボックスから電極までの経路が長い）．

　固定コンデンサ C_2 を，C_B と直列に追加する（図2.18(c)）．

⑥ C_B が100％に振り切れる場合（C_p が小さい）．

　L_M を大きくする（図2.18(c)）．実際には，短絡している銅箔を外してコイルのターン数を増やす．

⑦ ⑥で L_M を最大にしても反射パワーが大きい場合（C_p が小さい）．

　固定コンデンサ C_3 を，電極と並列に追加する（図2.18(c)）．

　上記のような調整を終えて，可変コンデンサの調整だけで整合をとることができれば，整合の自動化は可能である．現在の半導体プロセス用の装置には自動整合器がついており，コンデンサの初期値が適切であればモータドライブで可変コンデンサを制御して，短時間で自動的に整合をとることができる．その

結果，放電開始時の入力パワー変動を短時間で安定させたり，放電中の入力パワーを常に一定に保つことが容易になり，プラズマの変動や第4章で説明する過渡現象を最小限に抑えることが可能になる．

2.2.5 誘導結合形プラズマ

誘導結合形 RF プラズマ（ICP）の発生方法は，図 2.20 に示されるような螺旋形のコイル電極を用いる円筒形（a）と渦巻状の電極を用いる平面形（b）が代表的なものである．この構造のプラズマ発生装置は，以下のような特徴を持つ．

（1）比較的高密度（～$10^{11}cm^{-3}$）のプラズマが広い圧力範囲で容易に発生できる．

（2）電極が放電容器内にないため，それによる汚染がない．

（3）基板やウェーハをおくサセプター（ステージ）が放電を維持するための電極とはならないので，放電とは独立に基板にバイアス電圧をかけることが可能である．

これらの特徴は異方性エッチングなどのプラズマ源に適しており，現在ではこの分野に広く用いられている．

ICP では，内部に低圧ガスが充填されたガラスなどの誘電体容器の外側に

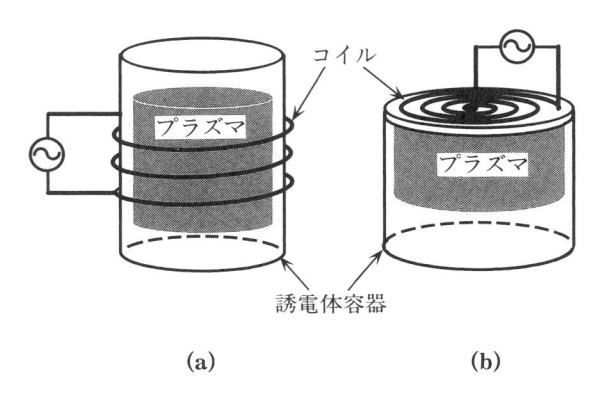

図 2.20 誘導結合形 RF 放電の発生方法．
（a）円筒形，（b）平面形．

配置されたコイルに RF 電流を流すとことにより，容器内に磁界を発生させる．電流が時間的に変化すると発生磁界も変化し，その結果，容器内には誘導電界が発生する[注2]．内部には宇宙線や放射線とガスとの電離衝突で発生したある数の電子が常に存在する．電界が十分に強くなるとそれらの電子は加速され，電離衝突を起こす．電離により発生する電子数が消滅数よりも多くなると電子は増倍していき，ついには絶縁破壊して放電が起こる．ひとたび放電が起こり，内部にプラズマが生成されると，今度はこの導体が以下で説明する表皮効果によりコイルとして機能するようになる．その結果，RF 電源が接続されたコイルがトランスの一次巻線，プラズマが二次巻線の役割を果たし，プラズマにエネルギーが伝達される．この原理を円筒形の場合を例にとり，以下に説明しよう．

1　表皮効果

まず，**表皮効果**（skin effect）について理解しよう．電子のプラズマ周波数より低い周波数の電磁波がプラズマに照射される場合を考えると，プラズマ中の電子は電磁波の電界の変化に十分に追従できる（§7.7参照）．その結果，電子は電界からエネルギーをもらい，電磁波のエネルギーを吸収する．また，吸収されたエネルギーの一部は反射電磁波として再放出される．したがって，電磁波はプラズマ表面から奥に進むに従って減衰し，ある深さまでしか到達することができない．これはちょうど金属に光を当てると，光は透過せずに反射する現象と同じである[注3]．この吸収されたエネルギーにより電子は加速され，電離衝突を起こして放電を維持することができる．すなわち，プラズマは表面からある深さまでの間で電磁波と相互作用してエネルギーをもらうことが可能であり，この表面層の深さを**表皮厚さ**（skin depth）と呼ぶ．また，この電磁波が内部に侵入できない現象を表皮効果と呼ぶ．

[注2]　Maxwell の方程式 (2.50) 式から分かるように，磁束密度の時間変化があると，電界が誘起される．

[注3]　金属中の自由電子の密度は $10^{22} cm^{-3}$ 程度であり，プラズマ周波数は $\sim 10^{15} Hz$ となるのに対し，可視光の周波数は $\sim 10^{12} Hz$ 程度である．

§2.2 高周波放電

まず，表皮厚さがプラズマの特性とどのような関係にあるかを調べてみよう．プラズマ内における電磁界の基本方程式は以下に示す Maxwell の方程式である．

$$\nabla \cdot \boldsymbol{E} = \frac{\rho}{\varepsilon_0} \approx 0 \tag{2.48}$$

$$\nabla \cdot \boldsymbol{B} = 0 \tag{2.49}$$

$$\nabla \times \boldsymbol{E} = -\frac{\partial \boldsymbol{B}}{\partial t} \tag{2.50}$$

$$\nabla \times \boldsymbol{B} = \mu_0 \boldsymbol{i} + \mu_0 \varepsilon_0 \frac{\partial \boldsymbol{E}}{\partial t} \tag{2.51}$$

ここで，$\boldsymbol{B}$ は磁束密度，$\boldsymbol{E}$ は電界，$\boldsymbol{i}$ は電流密度，ρ は電荷密度，μ_0, ε_0 はそれぞれ真空中の透磁率と誘電率である．プラズマが電気的にほぼ中性であることを考慮すると $\rho \approx 0$ となり，(2.48)式の右辺は零とおくことができる．(2.50)式の両辺にローテーション($\nabla \times$)を作用させると，左辺はベクトル解析の公式と(2.48)式より，

$$\nabla \times (\nabla \times \boldsymbol{E}) = \nabla(\nabla \cdot \boldsymbol{E}) - \nabla^2 \boldsymbol{E} \approx -\nabla^2 \boldsymbol{E} \tag{2.52}$$

また，右辺は(2.51)式を用いると，

$$\nabla \times \left(-\frac{\partial \boldsymbol{B}}{\partial t}\right) = -\frac{\partial}{\partial t}(\nabla \times \boldsymbol{B}) = -\frac{\partial}{\partial t}\left(\mu_0 \boldsymbol{i} + \mu_0 \varepsilon_0 \frac{\partial \boldsymbol{E}}{\partial t}\right) = -\left(\mu_0 \sigma \frac{\partial \boldsymbol{E}}{\partial t} + \mu_0 \varepsilon_0 \frac{\partial^2 \boldsymbol{E}}{\partial t^2}\right) \tag{2.53}$$

ここで，σ は導電率を表し，$\boldsymbol{i} = \sigma \boldsymbol{E}$（オームの法則）の関係を用いた．これらの式を等しいとおくと，

$$\nabla^2 \boldsymbol{E} = \mu_0 \sigma \frac{\partial \boldsymbol{E}}{\partial t} + \mu_0 \varepsilon_0 \frac{\partial^2 \boldsymbol{E}}{\partial t^2} \tag{2.54}$$

が得られる．

さて図 2.21 に示すように，

$$E = E_0 \exp\{j(kz - \omega t)\} \tag{2.55}$$

で表される平面波の電界が z 軸方向に進行する場合を考えよう．ここで，k は伝播定数である．この場合，(2.54)式は z と t だけの関数となり，

$$\frac{\partial^2 E}{\partial z^2} - \mu_0 \sigma \frac{\partial E}{\partial t} - \mu_0 \varepsilon_0 \frac{\partial^2 E}{\partial t^2} = 0 \tag{2.56}$$

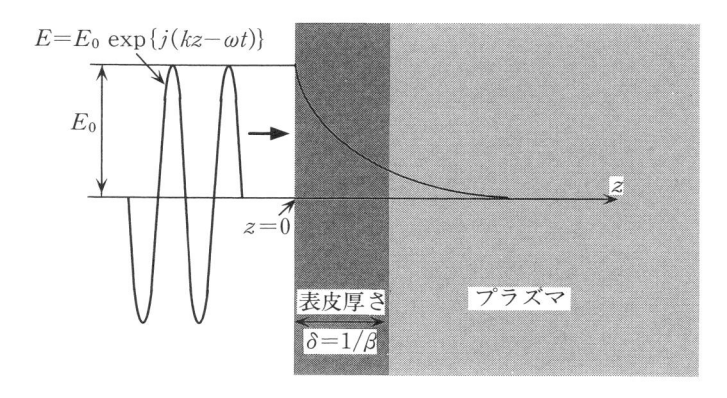

図 2.21 プラズマに入射する平面波電界．

となる．この式に(2.55)式を代入すると，

$$(-k^2 - j\omega\mu_0\sigma + \mu_0\varepsilon_0\omega^2)E = 0 \tag{2.57}$$

が得られ，これから，

$$k^2 = \mu_0\varepsilon_0\omega^2 - j\omega\mu_0\sigma = \frac{\omega^2}{c^2} - j\frac{\omega\sigma}{c^2\varepsilon_0} \tag{2.58}$$

なる k と ω の関係（これは**分散関係**（dispersion relation）と呼ばれる）が求まる．ここで，c は真空中の光速度であり，よく知られているように $c = 1/\sqrt{\varepsilon_0\mu_0}$ で与えられる．また，電子電流に比べてイオン電流は移動度が小さく無視できるため，電流のキャリアとしては電子のみを考えればよく，導電率 σ は(2.21)式を用いて，

$$\sigma = e\frac{u_0}{E_0}N_e = \frac{e^2 N_e}{m_e(\nu_{me} + j\omega)} \tag{2.59}$$

で与えられる．

さて，$k = \alpha + j\beta$ とおき，(2.58)式から α と β を求めると，計算は煩雑であるがそれぞれ次のようになる．

$$\alpha = \sqrt{\frac{\sigma\mu_0\omega}{2}}\left(\frac{\omega\varepsilon_0}{\sigma} + \sqrt{1 + \left(\frac{\omega\varepsilon_0}{\sigma}\right)^2}\right)^{1/2} \tag{2.60}$$

$$\beta = \sqrt{\frac{\sigma\mu_0\omega}{2}}\left(-\frac{\omega\varepsilon_0}{\sigma} + \sqrt{1 + \left(\frac{\omega\varepsilon_0}{\sigma}\right)^2}\right)^{1/2} \tag{2.61}$$

§2.2 高周波放電

一方，(2.55)式の k を α と β を用いて表すと，

$$E = E_0 \exp[j\{(\alpha+j\beta)z - \omega t\}] = E_0 \exp(-\beta z)\exp\{j(\alpha z - \omega t)\} \quad (2.62)$$

が得られ，電界強度は z 軸方向に対して指数関数的に減衰することが分かる．そこで，強度が $1/e$ まで減衰する $z=1/\beta$ の点までの深さを表皮厚さと名付け，δ で表すことにすると，これは電界が浸入可能な深さの目安となる．

具体的に δ がどの程度になるかを2, 3の条件のもとで調べてみよう．まず，

$$\frac{\omega \varepsilon_0}{\sigma} \ll 1 \quad (2.63)$$

が成り立つ場合を考えると，(2.61)式は単純化され，

$$\delta = \sqrt{\frac{2}{\sigma \mu_0 \omega}} \quad (2.64)$$

となる．(2.63)式の条件は，ガス圧が比較的高く(2.59)式において衝突周波数 ν_{me} が ω に比べて十分に大きい場合には，以下の条件と等価になる．

$$\frac{\omega \varepsilon_0}{\sigma} = \frac{\omega \varepsilon_0 m_e \nu_{me}}{e^2 N_e} = \frac{\omega \nu_{me}}{\omega_{pe}^2} \ll 1 \quad (2.65)$$

ここで，ω_{pe} は電子のプラズマ角周波数（§7.7参照）である．この場合の δ は

$$\delta = \sqrt{\frac{2}{\sigma \mu_0 \omega}} = \sqrt{\frac{2 m_e \nu_{me}}{e^2 N_e \mu_0 \omega}} = \sqrt{\frac{2 c^2 \nu_{me}}{\omega_{pe}^2 \omega}} = \frac{c}{\omega_{pe}} \sqrt{\frac{2\nu_{me}}{\omega}} \quad (2.66)$$

で与えられる．具体的な計算例を示そう．ガス圧が 0.1 Torr，電子密度が $10^{10} \mathrm{cm}^{-3}$ の H_2 プラズマに，13.56 MHz の電界が入射する場合の δ を求めてみる．このときの ν_{me} は $10^9 \mathrm{s}^{-1}$ 程度であり，$\omega = 8 \times 10^7 \mathrm{rad/s}$ に比べて十分に大きい．また，ω_{pe} は $6 \times 10^9 \mathrm{rad/s}$ であり，$\omega \nu_{me} \ll \omega_{pe}^2$ も満足している．そこで，これらの数値を(2.66)式に代入すると，δ は 25 cm となり，電界はかなり深くまで浸入できることが分かる．

次に，異方性エッチングの応用に用いられるような圧力が低く，電子密度が高い場合の δ を求めてみよう．(2.59)式を(2.58)式に代入すると，

$$k^2 = \frac{\omega^2}{c^2}\left(1 - j\frac{\sigma}{\omega \varepsilon_0}\right) = \frac{\omega^2}{c^2}\left\{1 - \frac{\omega_{pe}^2}{\nu_{me}^2 + \omega^2}\left(1 + j\frac{\nu_{me}}{\omega}\right)\right\} \quad (2.67)$$

圧力が低いことにより $\nu_{me} \ll \omega$ であるから，この右辺の虚数項は無視できる．

また，電子密度が高いため，$\omega \ll \omega_{pe}$ であることを考慮すると，(2.67)式より次式が得られる．

$$k = \frac{\omega}{c}\left(1 - \frac{\omega_{pe}^2}{\omega^2}\right)^{1/2} \approx j\frac{\omega_{pe}}{c} \tag{2.68}$$

このように k は純虚数となるので，δ は，

$$\delta = \frac{c}{\omega_{pe}} \tag{2.69}$$

となり，電子のプラズマ周波数（すなわち，電子密度）だけの関数となる．例えば電子密度が $10^{11} \mathrm{cm}^{-3}$ とすると，ω_{pe} は $1.9 \times 10^{10} \mathrm{rad/s}$ となり，δ は約 1.6 cm となる．

2 放電機構

RF 電源周波数として最も一般的な 13.56 MHz の電磁波の波長は 22 m となる．したがって，大きさが数十 cm の ICP を取り扱う場合，その程度の周波数ではコイル内での電流の位相変化は無視でき，通常の交流回路理論を適用することができる．そこで図 2.22 に示されるように，外部コイルに $I_c = I_{c0} \sin \omega t$ の電流が流れているとすれば，コイルの内部にはそれにより正弦波で変化する磁界が発生する．一方，内部のプラズマ表面には上で説明したように電界と相互作用が可能なリング状の表皮層が存在し，この部分は導体のコイルと見なすことができる．そこで，この表皮層からなるコイルと鎖交する磁束を Φ_p とすれば，ファラディの逆起電力の法則により

$$\oint E_p dl \approx 2\pi r_p E_p = -\frac{d\Phi_p}{dt} \tag{2.70}$$

で表される誘導電界 E_p がリングに沿って発生する．ここで，r_p は表皮層の半径，dl は表皮層に沿った周回方向の微小長さを表す．

例えば，外部コイルとして単位長さ当たりの巻数が n の無限長ソレノイドを考えれば，その内部にはソレノイドの軸に沿った一様な磁界が発生し，そのときの磁束密度は $B = \mu_0 n I_c$ で与えられることは電磁気学の教えるところである．これを (2.70) 式に代入すれば，プラズマの表皮層には，

§2.2 高周波放電

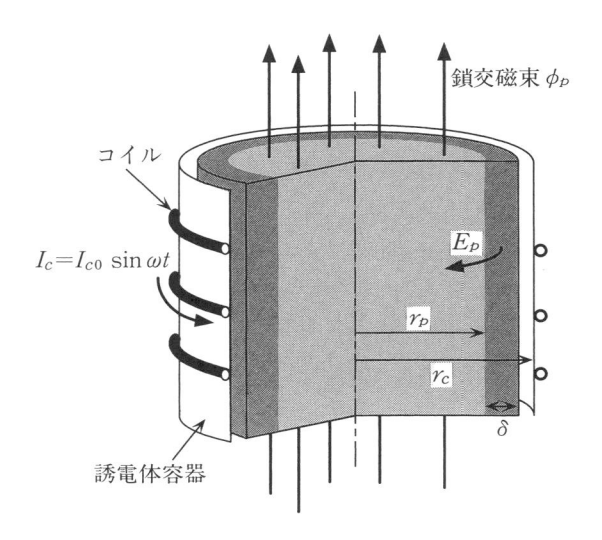

図 2.22 円筒形 ICP の放電原理．

$$E_p = \frac{\pi r_p^2 \mu_0 n}{2\pi r_p} \frac{dI_c}{dt} = \frac{r_p \mu_0 n \omega I_{c0}}{2} \cos \omega t \tag{2.71}$$

で与えられる円周方向の電界が発生する．この電界により表皮層内の電子は加速され，電離衝突を繰り返してプラズマが維持されることになる．この機構は2.2.2 で説明した RF 電界による電離機構と同じである．

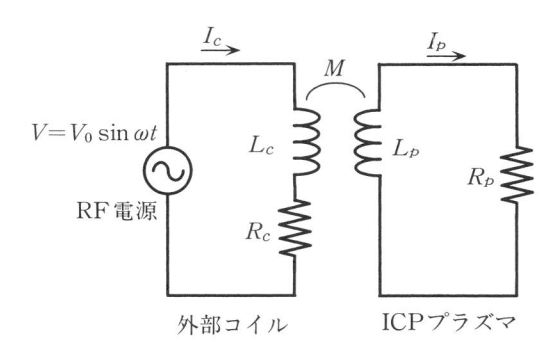

図 2.23 ICP の電気的な等価回路．

以上のことを電気回路で説明しよう．ICP の等価回路は**図 2.23** のように表すことができる．まず外部コイル側は，単純化のために電源の内部抵抗，整合回路を無視し，コイルの抵抗，自己インダクタンスをそれぞれ R_c，L_c とすると，これらの直列接続で表される．一方，プラズマ部分は表皮層部のプラズマの抵抗，自己インダクタンスを R_p，L_p とすると，やはりそれらの直列接続で表される．そして，互いの鎖交磁束による相互誘導で発生する起電力は，両者の間の相互インダクタンス M で表すことが可能である．

この等価回路から回路方程式をたてると，以下のようになる．

$$Z_c \dot{I}_c + M \dot{I}_p = \dot{V} \tag{2.72}$$

$$M \dot{I}_c + Z_p \dot{I}_p = 0 \tag{2.73}$$

ただし，$Z_c = R_c + j\omega L_c$，$Z_p = R_p + j\omega L_p$ は外部コイルとプラズマ側のインピーダンスであり，$\dot{I}_c$，$\dot{I}_p$，$\dot{V}$ はそれぞれの電流，電圧の実効値の複素数表示である．上式を連立して解くと，$\dot{I}_c$，$\dot{I}_p$ はそれぞれ次のように求まる．

$$\dot{I}_c = \frac{Z_p}{Z_c Z_p + \omega^2 M^2} \dot{V} \tag{2.74}$$

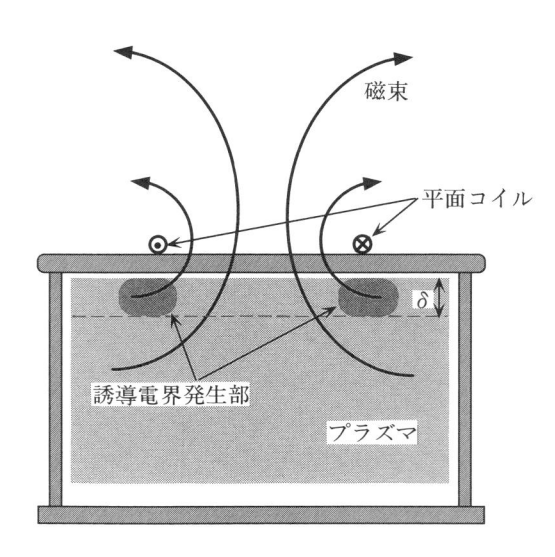

図 2.24 平面形 ICP の放電原理．

$$\dot{I}_p = \frac{-j\omega M}{Z_c Z_p + \omega^2 M^2}\dot{V} \tag{2.75}$$

これらの式から，プラズマで消費される（すなわち，電子を加速して放電を維持するのに使われる）パワー P_p を外部コイルに流れる電流で表すと，次式となる．

$$P_p = R_p|\dot{I}_p|^2 = R_p \frac{|-j\omega M|^2}{|Z_p|^2}|\dot{I}_c|^2 = \frac{R_p \omega^2 M^2}{R_p^2 + \omega^2 L_p^2}\frac{I_c^2}{2} \tag{2.76}$$

この結果から，外部コイルに流す電流を増加させるとプラズマに入るパワーもそれに伴って増加することが分かる．また，ガス圧が低くなりプラズマの表皮層の抵抗 R_p が小さくなると，分子はそれに伴って減少するが，分母は $\omega^2 L_p^2$ 以下にはならないため，プラズマに入るパワーはガス圧とともに減少することなどが分かる．

以上，円筒形 ICP の場合について説明してきたが，平面形 ICP の場合も原理は同じである．図 2.24 にその断面図を示す．この図では平面コイルの 1 ターン分だけを取り出して示しているが，このコイルに流れる電流により図のような磁束が発生し，誘電体の窓を通してプラズマの上部にコイルと平行な誘導電界を発生させる．図 2.20(b) に示したようにコイルがスパイラル状になっていると，誘導電界もプラズマ上部の表皮厚さ δ 内に一様に発生し，その中で電子が加速されて，放電が維持されることになる．

参 考 文 献

2.1 エンゲル, "電離気体", コロナ社 (1968).
2.2 市川, 酒井, 放電研究, **124**, 8 (1988).
2.3 小林, "スパッタ薄膜", 日刊工業新聞社 (1993).
2.4 Y. Ichikawa and S. Teii, *J. Phys. D : Appl. Phys.*, **13**, 2031 (1980).
2.5 堤井, "プラズマ基礎工学 (増補版)", 内田老鶴圃 (1997).
2.6 J. S. Chang, Y. Ichikawa and S. Teii, *Jpn. J. Appl. Phys.*, **18**, 847 (1979).
2.7 チャン, ホブソン, 市川, 金田, "電離気体の原子分子過程", 東京電機大学出版局 (1982).
2.8 市川, 堤井, 電気学会研究会資料, EP-78-10 (1978).
2.9 M. A. Lieberman and A. J. Lichtenberg, "Principles of Plasma Discharges and Materials Processing", John Wiley (1994).
2.10 久保田, 佐々木, 市川, 松村, プラズマ科学シンポジウム 2001, p. 371 (2001).
2.11 市川, 放電研究, **164**, 59 (2000).
2.12 K. Teii, M. Mizumura, S. Matsumura and S. Teii, *J. Appl. Phys.*, **93**, 5888 (2003).

第3章
半導体プロセス装置の概要

前章では,半導体プロセスに使用するプラズマについて,各種プラズマの特徴と生成の原理を説明した.本章では,実際にプラズマを用いて成膜やエッチングを行うための,半導体プロセス装置の概要を述べる.半導体プロセス装置を使用する,あるいは装置を製作する場合に必要となる基礎知識について具体的に説明していこう.

§3.1 真空系統

大気圧より低い圧力,すなわち減圧化で,半導体プロセス用のプラズマは生成される.したがってまず,生成装置に不可欠な**真空系統**(vacuum system)のいくつかの基礎的事項について説明する.

3.1.1 単位換算

圧力(pressure)の単位換算を**表3.1**に示す.大気圧以下の単位としては,Torr(トール)がこれまでよく使われてきた.TorrとmmHgは同じ単位である.欧米製の**真空計**(vacuum gauge)で,mbar(ミリバール)の単位のものもよく見かける.しかし,最近はSI単位系のPa(パスカル:Pascal)に圧力単位が統一されつつある.TorrとPaの単位換算はよく用いるので,覚えておくと便利である.

$$1\,\text{Torr} = 133\,\text{Pa} \tag{3.1}$$

$$1\,\text{Pa} = 7.50 \times 10^{-3}\,\text{Torr} = 7.50\,\text{mTorr} \tag{3.2}$$

大気圧以上の圧力単位として,atm(アトム,気圧),MPa(メガパスカ

表 3.1 圧力の単位と相互の換算表.

		大気圧以下でよく使われる圧力単位			大気圧以上でよく使われる圧力単位			
	Pa (N·m^{-2})	mbar (10^{-3} bar)	Torr (mmHg)	atm	MPa (10^6 Pa)	kg·cm^{-2}	psi
真空	0	0	0	0	0	-1	-14.7
	1	1.00×10^{-2}	7.50×10^{-3}				
	100	1	0.750				
	133	1.33	1				
大気圧	101325	1013	760	1	0.101	0	0
>大気圧				大気圧+1	大気圧+0.101	1.03	14.7
				大気圧+9.87	大気圧+1	10.2	145
				大気圧+0.968	大気圧+9.81×10^{-2}	1	14.2
				大気圧+6.80×10^{-2}	大気圧+6.89×10^{-3}	7.03×10^{-2}	1

注1) psi: pound per square inch
注2) MPa も大気圧を 0 MPa として表示することもある.

§3.1 真空系統

ル），kg•cm^{-2}（キログラム・パー・スクエア・センチメータ），psi（ポンド・パー・スクエア・インチ）が用いられる．これらの単位は，ガスボンベの充填圧力や**圧力調整器**（レギュレータ：regulator）などの表示によく用いられる．kg•cm^{-2} と psi は，習慣的に大気圧を0とすることに注意を要する．psi は欧米の圧力計の表示単位に限られ，日本ではあまり使われない．

流量（flow rate）の単位換算を**表3.2**に示す．ここで言う流量の単位は，単位時間当たりに通過するガスの体積（**体積流量**；volume flow rate）ではなく，単位時間当たりに通過するガス分子の数に比例した量（**質量流量**；mass flow rate）であることに注意を要する（§7.1 参照）．ガス分子の数に比例した単位を流量に用いる理由は以下の**ボイル-シャルルの法則**（Boyle-Charles' low）で理解できる．

$$\frac{p_1 V_1}{T_1} = \frac{p_2 V_2}{T_2} \propto N_g \tag{3.3}$$

ここで，p は圧力，V は体積，T は**絶対温度**（absolute temperature），N_g はガス分子数，添え字1, 2はそれぞれある状態を示す．すなわち，体積は圧

表3.2 流量の単位と相互の換算表．

流量制御でよく使われる流量単位			リーク・レートでよく使われる流量単位			
slm	sccm	ccm	Pa•m^3•s^{-1}	Torr•l•s^{-1}	atm•cm^3•s^{-1}	molecule•s^{-1}
1	1000	1092	1.69	12.7	16.7	4.48×10^{20}
1.00×10^{-3}	1	1.09	1.69×10^{-3}	1.27×10^{-2}	1.67×10^{-2}	4.48×10^{17}
9.16×10^{-4}	0.916	1	1.55×10^{-3}	1.16×10^{-2}	1.53×10^{-2}	4.10×10^{17}
0.592	592	646	1	7.50	9.87	2.65×10^{20}
7.89×10^{-2}	78.9	86.2	0.133	1	1.32	3.54×10^{19}
0.06	60	65.5	0.101	0.76	1	2.69×10^{19}
2.23×10^{-21}	2.23×10^{-18}	2.44×10^{-18}	3.77×10^{-21}	2.83×10^{-20}	3.72×10^{-20}	1

注1) slm：standard liter per minute，標準状態（0℃，1 atm）の体積に換算した流量．
注2) sccm：standard cubic centimeter per minute，標準状態（0℃，1 atm）の体積に換算した流量．
注3) ccm：cubic centimeter per minute，常温常圧（25℃，1 atm）の体積に換算した流量．

力に反比例し,絶対温度に比例して変化するので,単位時間当たりに流れる体積で流量を示すのは,はなはだ不都合な場合が多い.これに対して,分子数は圧力や温度に依存しないため,分子数に比例した単位は流量を示すのに都合がよいからである.

流量制御によく用いられる流量の単位として,slm(エス・エル・エム),sccm(エス・シー・シー・エム),ccm(シー・シー・エム)などが用いられる.これらの単位は**質量流量制御器**(mass flow controller:マス・フロー・コントローラ)でよく用いられる.slm,sccm は,**標準状態**(Normal Temperature and Pressure:NTP)すなわち 0°C,1 atm に換算した体積で毎分当たり流れる流量を示した単位である.ccm は換算する体積が常温常圧すなわち 25°C,1 atm であることが sccm とは異なる.

リークレート(leak rate:漏れ量)によく用いられる流量の単位として,$Pa \cdot m^3 \cdot s^{-1}$(パスカル・キュービック・メータ・パー・セカンド),$Torr \cdot l \cdot s^{-1}$(トール・リッタ・パー・セカンド),$atm \cdot cm^3 \cdot s^{-1}$(アトム・キュービック・センチメータ・パー・セカンド),$molecule \cdot s^{-1}$(モレキュール・パー・セカンド)があげられる.これらは,真空槽や配管の漏れ量を示したり,ヘリウム・リーク・ディテクタの表示などによく用いられる.

エネルギーの単位換算を**表3.3**に示す.J(ジュール:Jule)は SI 単位系,erg(エルグ)は cgs 単位系のエネルギーの単位である.eV(電子ボルト:electron volt)は,電子温度や,フォトンエネルギーなどによく用いられる単

表3.3 エネルギーの単位と相互の換算表.

J ($kg \cdot m^2 \cdot s^{-2}$)	erg ($g \cdot cm^2 \cdot s^{-2}$)	eV	$kcal \cdot mol^{-1}$	cm^{-1}	K
1	10^7	6.24×10^{18}	1.44×10^{20}	5.03×10^{22}	7.25×10^{22}
10^{-7}	1	6.24×10^{11}	1.44×10^{13}	5.03×10^{15}	7.25×10^{15}
1.60×10^{-19}	1.60×10^{-12}	1	23.0	8066	11604
6.95×10^{-21}	6.95×10^{-14}	4.34×10^{-2}	1	350	505
1.99×10^{-23}	1.99×10^{-16}	1.24×10^{-4}	2.86×10^{-3}	1	1.44
1.38×10^{-23}	1.38×10^{-16}	8.62×10^{-5}	1.98×10^{-3}	0.695	1

注1) $kcal \cdot mol^{-1} = 10^3 cal \cdot mol^{-1}$

位である．kcal·mol^{-1}（キロカロリー・パー・モル）は化学系でよく用いられ，結合エネルギーや活性化エネルギーを示すのに使う場合が多い．cm^{-1}（インバース・センチメータ，あるいはカイザー）は赤外線の領域のエネルギーを示すのによく用いられる．K（ケルビン）は絶対温度であり，エネルギーの単位としても用いられる．

3.1.2 ポンプ

表 3.4 に主なポンプの種類と動作圧力範囲などを示す．動作圧力範囲によって，**低真空ポンプ**（low vacuum pump），**中間真空ポンプ**（medium vacuum pump），**高真空ポンプ**（high vacuum pump）に分類される．低真空ポンプは**粗引きポンプ**（roughing pump）とも呼ばれ，大気圧から真空引きが可能なポンプで，油回転ポンプ（ロータリーポンプ），ドライポンプなどが挙げられる．高真空ポンプは，10^{-2} Pa 以下の高真空に短時間で真空引き可能なポンプで，ターボ分子ポンプ，油拡散ポンプ，クライオポンプなどが挙げられる．中間真空ポンプは，低真空ポンプと高真空ポンプの中間の圧力領域で作動し，CVD プロセスなど多量のガスを流しながら真空引きが必要な場合によく用いられる．中間真空ポンプには，メカニカルブースターポンプ（ルーツポンプ），モレキュラードラッグポンプなどがある．

真空槽における動作圧力範囲は，ポンプを接続した真空槽で測定した圧力の標準的な目安としてここでは示した．動作圧力範囲の最小値（真空槽の到達圧力）は，ポンプの到達圧力よりも 1 桁から数桁高くなる．この理由は，①意図的に真空槽へガスを流さなくても，実際にはリーク（漏れ）や脱ガスによるガス供給があること，②真空槽とポンプの間の配管のコンダクタンスによる圧力損失があることによる．動作圧力範囲の最大値は，ポンプの最大吸気口圧力と同じである．

ポンプの**到達圧力**（ultimate pressure）は，ポンプの吸気口に何も接続せず，リークや脱ガスも含めたガス供給が無視できるときに，長時間真空引きしてポンプの吸気口で測定してようやく得られる圧力である．前記のように，真空槽の到達圧力は，ポンプの到達圧力よりも 1 桁から数桁高いことに注意を要

表 3.4 真空ポンプの種類と特徴.

分類	ポンプ名	用途	真空槽における動作圧力範囲 (Pa)	ポンプの到達圧力 (Pa)	最大吸気口圧力 (Pa)	最大背圧 (Pa)	オイルフリー	補助ポンプ	備考
高真空ポンプ	ターボ分子ポンプ	高真空引き, CVDプロセス (小流量)	10^{-5}〜1	10^{-8}	1	1	○	必要	1〜2万rpmで高速回転
	油拡散ポンプ	高真空引き, スパッタ, 蒸着	10^{-4}〜1	10^{-5}	1	1	×	必要	液体窒素必要
	クライオポンプ	高真空引き, スパッタ	10^{-6}〜1	10^{-7}	1	—	○	始動時	気体ためこみ式ポンプ
中間真空ポンプ	モレキュラードラッグポンプ	高真空引き, CVDプロセス	10^{-4}〜10^2	10^{-6}	10^2	10^3	○	必要	1〜2万rpmで高速回転
	メカニカルブースターポンプ	CVDプロセス	10^{-1}〜10^4	10^{-2}	10^4	10^4	△	必要	
低真空ポンプ	油回転ポンプ	大気から真空引き, 補助ポンプ	1〜大気圧	10^{-1}	大気圧	—	×	—	
	ドライポンプ	大気から真空引き, 補助ポンプ	10〜大気圧	1	大気圧	—	○	—	軸シール不活性ガス必要

§3.1 真空系統

する．最大吸気口圧力，最大背圧は，それぞれポンプの吸気口，排気口においてこの圧力を超えると，ポンプが正常動作しなくなり，最悪の場合にはポンプが故障する圧力である．

プラズマプロセスにおいて，わずかな油（オイル）でも不純物として問題になる場合は，**オイルフリー**（oil free）なポンプを用いる．すなわち，ポンプ内のガスの流れる経路にオイルをまったく使っていないポンプを，補助ポンプを含めて用いる．メカニカルブースターポンプは，オイルフリーではないが，油の真空槽への戻りが極めて少ないので，表3.4では△の記号で示した．

補助ポンプ（backing pump）は，1段目のポンプ（高真空ポンプまたは中間真空ポンプ）の排気口の圧力が，ポンプの許容値（最大背圧）を超えないようにするために，1段目のポンプの排気口に接続して排気するポンプである．ポンプの排気口の圧力を**背圧**（backing pressureまたはforepressure）と呼ぶ．

次に，表3.4の各ポンプの特徴を述べる．

油回転ポンプ（ロータリーポンプ：oil-sealed rotary pump）は，**回転翼板**（rotary vane）とポンプ内壁が油によって気密を保ちながら，気体の圧縮を行うポンプである．回転翼板はばねによってポンプ内壁に常に押し付けられている．油が真空槽側に逆拡散するのを低減するために，吸気口に**オイルミストトラップ**（oil mist trap）を通常用いる．油回転ポンプは，安価で最もよく用いられているポンプである．

ドライポンプ（dry pump）は，オイルフリーな低真空ポンプの総称である．気体の圧縮方法として，回転形，ピストン形，ダイアフラム形など様ざまなものがある．反応性のガスを真空引きする場合は，ポンプの仕様を十分吟味する必要がある．すなわち，ドライポンプは，オイルフリーで不純物を低減できる反面，軸シール部などからわずかな気体の漏れがある．このため，反応性のガス，特に毒性ガスや爆発性ガスを真空引きする場合は，軸シール部に大気側から真空側に窒素などを常時流しながら真空引きを行う**機構**を備えたドライポンプを用いる必要がある．

メカニカルブースターポンプ（mechanical booster pump）はルーツポンプ

（Roots pump）とも呼ばれ，殻付きピーナッツのような形のロータが複数対あり，対になったロータの凸部と凹部がわずかな隙間で互いにかみ合って高速回転するポンプである．中間真空領域で，大流量のガスを流すことが可能であり，プラズマCVDプロセスなどで威力を発揮する．最大背圧以下に維持するために，排気口に補助ポンプを接続する必要がある．

ターボ分子ポンプ（turbo molecular pump）は，回転翼（ロータ）が毎分1万〜2万回転で高速に回転するポンプである．ロータの翼はプロペラ形で，同軸上に10〜20段あり，同様の形状の静翼（ステータ）の複数の翼とわずかな隙間で互い違いになっている．高速回転するロータによって，気体分子に一定方向の運動量を与えて，気体の輸送を行う．ロータを浮かせる方法によって，**オイル浮上形**（oil bearing）と**磁気浮上形**（magnetic bearing）に分かれる．オイル浮上形は，吸気口を上にして軸を鉛直にする必要があるが，磁気浮上形は吸気口を水平や下向きに取りつけることも可能である．ターボ分子ポンプは，わずかな隙間でロータが高速回転しているので，最大吸気口圧力，最大背圧を超えると容易に故障する．特に，高速回転中のターボ分子ポンプが，大気圧になるとロータがポンプ本体を突き破って飛び出す重大な事故になる可能性があるので特に注意を要する．ターボ分子ポンプは，プロセスの前後の高真空引きによく用いられている．

モレキュラードラッグポンプ（molecular drag pump）は，ターボ分子ポンプと同様にロータが高速回転して真空排気をするポンプである．ロータは，複数のプロペラ形の翼の後段に，ねじ溝形の翼を持つことにより，ターボ分子ポンプに比べて高い圧力で大流量のガスを流すことを可能にしている．プロセスによっては，ガスを流しながらのプロセス時の排気と，高真空引き用に兼用可能である．

油拡散ポンプ（oil diffusion pump）は，拡散してくる気体分子を，高速で噴出する油蒸気に巻き込むことによって運動量を与え，真空引きするポンプである．油の蒸発，凝集のサイクルを繰り返すために，加熱ヒータと，液体窒素による冷却部を持つ．長所としては機械運動がないこと，ターボ分子ポンプに比べて安価であることがあげられる反面，短所として，オイルフリーではない

§3.1 真空系統

こと，液体窒素の供給が必要であることがあげられる．

クライオポンプ（cryo-pump）は，気体分子を極低温面に凝集あるいは収着して捕捉するポンプである．気体分子をポンプ内にため込む，**気体ため込み式ポンプ**（capture vacuum pump）の一種である．**極低温面**（cryo-surface）を作るために，液体ヘリウムが用いられる．ある程度気体がたまると排気能力が低下するので，定期的に過熱して，たまった気体を放出してやる必要があり，この作業をクライオポンプの再生と呼んでいる．クライオポンプは，大気圧から始動するときには補助ポンプが必要だが，いったん動作圧力範囲に入ると補助ポンプは不要である．

3.1.3 真　空　計

表 3.5 に，代表的な**真空計**（vacuum gauge）の種類と測定圧力範囲を示す．

ブルドン管（Bourdon tube gauge）は，10^3 Pa 程度の低真空から大気圧以上の圧力の測定に用いられる．差圧の力で金属などの筒を弾性変形させて，歯車で針の指示を回転させて表示する圧力計である．「？」字形に曲げた平たい筒を持ち，筒の中の圧力が大気圧よりも高いと，筒はまっすぐに伸び，逆に筒の中の圧力が大気圧より低くなると筒が丸まる．紙の平たい筒を丸めて笛をつけた，パーティーなどで遊ぶおもちゃを思い浮かべると，この動きが分かると思う．実際には，筒の変位は小さいので歯車で増幅して針の指示を変化させている．大まかな圧力をつかむ場合や，ボンベのレギュレータなどによく用いられている．測定子と表示が一体になっており，簡便で安価であるが，真空計としては大気圧近辺の圧力しか測定できない．

ピラニーゲージ（Pirani gauge）は，低真空の圧力の測定に適している．ピラニーゲージの測定圧力範囲は，油回転ポンプの動作圧力範囲をカバーしているので，大気圧からの粗引き状況の監視や，高真空ポンプの背圧を維持する補助ポンプの監視によく用いられる．加熱した物体を真空中におくと，気体の熱伝導による熱損失が発生する．気体の熱伝導率は圧力によって変わるので，圧力が変わると熱損失の量が変わって加熱した物体の温度が変化する．ピラニー

表3.5 真空計の種類と特徴.

真空計	別名	測定圧力範囲 (Pa)	ガス種の感度への影響	大気圧での電源 on	備考
ブルドン管		$10^3 \sim 10^7$	なし	可	大気圧付近ないし大気圧以上
ピラニーゲージ		$10^{-1} \sim 10^4$	あり	可	
ダイアフラムゲージ	キャパシタンスマノメータ, バラトロン	$10^{-4} \sim 10^5$	なし	可	ダイナミックレンジは約3桁
イオンゲージ	電離真空計	$10^{-6} \sim 10^{-1}$	あり	不可	高圧でフィラメント即断線
コールドカソードイオンゲージ	冷陰極電離真空計, ペニング真空計	$10^{-8} \sim 10^{-2}$	あり	可	

ゲージは，加熱体としてフィラメントを用い，その温度変化を抵抗値の変化として検知して，圧力を測定する．気体の熱伝導率は気体の種類によって異なるので，ピラニーゲージの感度はガスの種類に依存する．通常は空気もしくは窒素で校正されている．ただし，10^{-1}〜10^2 Pa の圧力範囲では水素を除けば 2 倍程度の誤差，水素で 2〜5 倍の誤差で実用的に圧力を測定可能である．10^2 Pa 以上では水素の感度が指数関数的に増加して 2〜3 桁上がるので，水素が主体のガスの圧力をピラニーゲージで測定する場合には注意が必要である．

　ダイアフラムゲージ（diaphragm gauge：**隔壁真空計**）は，原理的に圧力の測定値がガスの種類に依存しないので，混合ガスを用いたプラズマプロセスによく用いられる．ダイアフラムゲージは，真空と大気の間を薄い膜で隔てて，薄い膜にかかる圧力差による力を膜のたわみとして検知する．膜をコンデンサの一部に用いて，膜のたわみを静電容量の変化として圧力を検知する真空計は，**キャパシタンスマノメータ**（capacitance manometer）と呼ばれる．米国 MKS 社の商品名バラトロン（Baratron）がこのタイプのダイアフラムゲージの通称としてよく用いられる．外気温の変化や測定子の通電時間によって，0 点のドリフトがあるので，電源を入れてから 30 分から 1 時間安定させてから用いる必要がある．1 つの測定子のダイナミックレンジは約 3 桁（例えば 1〜10^3 Pa など）なので，測定したい圧力範囲に合わせて測定子を選定する必要がある．

　イオンゲージ（ionization gauge：**電離真空計**）は，高真空の圧力の測定に用いられる．気体分子をイオン化し，そのイオン電流を測定することによって，圧力を検知する．イオンゲージは，広義には後述するコールドカソードゲージも含むが，通常，イオンゲージといえば熱フィラメントを用いる**熱陰極電離真空計**（hot cathode ionization gauge）をさす場合が多い．陰極に用いる熱フィラメントから発生する熱電子の数を一定に制御し，気体をイオン化する．その結果，電離により発生するイオン数は気体の圧力に比例するので，イオン電流値から圧力を求めることができる．イオンゲージのフィラメントを高い圧力でつけると，過電流で簡単にフィラメントが切れてしまう．連続的にフィラメントをつけるのは 10^{-2} Pa 以下にしたほうが無難である．また，新しい

測定子をつけたときはフィラメント表面や電極からの脱ガスによって測定値が実際の圧力より高めに出るので，測定値が落ち着くまでフィラメントをしばらく加熱する必要がある．イオンゲージの感度は，ガスによってイオン化率や拡散係数が異なるため，ガスの種類に依存する．通常は空気もしくは窒素で校正されている．

コールドカソードゲージ（cold cathode ionization gauge：冷陰極電離真空計）は，電離真空計の一種であるが，その名のとおり陰極は加熱しない冷えた電極である．コールドカソードゲージは放電によって気体をイオン化する．高真空でもイオン化を容易にするために，磁界をかけて電子の行路が長くなるようにしている．コールドカソードゲージは，熱フィラメントを用いていないので，圧力が急に高くなっても断線の心配がない．高真空で電源を入れると放電しにくいので，比較的高い圧力で電源を入れて放電をつけてから圧力を下げると測定しやすい．

3.1.4 コンダクタンス

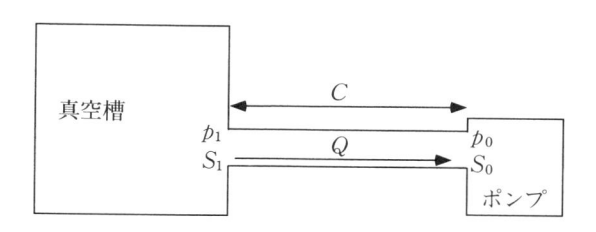

1 コンダクタンス

図3.1に示すような管にガスを流す場合に，ガスの流れやすさを表す係数をコンダクタンス（conductance）と呼ぶ．管の入り口の圧力をp_1，管の出口の圧力をp_0，質量流量をQ，コンダクタンスをCとすると，

$$Q = C(p_1 - p_0) \tag{3.4}$$

が成り立つ．SI単位系ではCの単位はm^3/sである．

図3.1 コンダクタンス概念図．

§3.1 真空系統

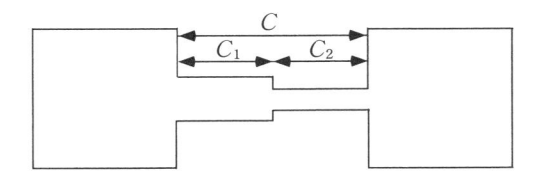

図 3.2 直列接続の合成コンダクタンス．

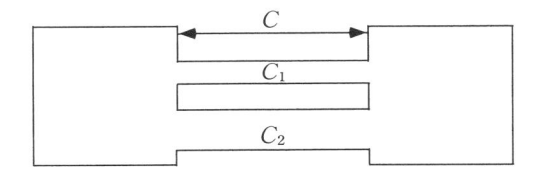

図 3.3 並列接続の合成コンダクタンス．

図 3.2 のように直列に接続された管の合成コンダクタンスは，

$$\frac{1}{C} = \frac{1}{C_1} + \frac{1}{C_2} \tag{3.5}$$

で表される．2 本以上の管が直列接続された場合も同様に，

$$\frac{1}{C} = \frac{1}{C_1} + \frac{1}{C_2} + \frac{1}{C_3} + \cdots = \sum_i \frac{1}{C_i} \tag{3.6}$$

で表される．

図 3.3 のように並列に接続された管の合成コンダクタンスは，

$$C = C_1 + C_2 \tag{3.7}$$

で表される．2 本以上の管が並列接続された場合も同様に，

$$C = C_1 + C_2 + C_3 + \cdots = \sum_i C_i \tag{3.8}$$

で表される．

電気回路になじみがある読者は，(3.5)式〜(3.8)式の合成コンダクタンスは，コンデンサの直列接続および並列接続の場合の合成キャパシタンスと同様の式になると覚えておくとよい．また，(3.4)式についても，Q を電流 I，C を電気回路のコンダクタンス G，$\Delta p = p_1 - p_0$ を電圧 V に対応させてオームの

法則，
$$I = G \cdot V \quad \left(= \frac{1}{R} \cdot V \right) \tag{3.9}$$
と対応させると理解しやすい．

2 排気速度

次に，真空槽出口の実効的な**排気速度**（pumping speed）を求めてみる．図3.1に示すように，コンダクタンス C の配管で，真空槽とポンプが接続されている．排気速度 S は，体積流量で示され，単位は m³/s である．質量流量 Q と S の関係は，
$$Q = p \cdot S \tag{3.10}$$
で示される．質量流量 Q は，配管の入口（真空槽の出口）と配管の出口（ポンプの吸気口）で連続なので，
$$Q = p_1 \cdot S_1 = p_0 \cdot S_0 \tag{3.11}$$
ただし，添え字1は真空槽出口，添え字0はポンプの吸気口を示す．(3.4)式と(3.11)式を用いて p_0，p_1 を消去すると，
$$\frac{1}{S_1} = \frac{1}{S_0} + \frac{1}{C} \tag{3.12}$$
となる．あるいは，
$$S_1 = \frac{CS_0}{C + S_0} \tag{3.13}$$
となる．真空槽の出口の実効的な排気速度 S_1 は，ポンプの排気速度 S_0 より小さくなることが分かる．C が無限大のとき，$S_1 = S_0$ となる．また，$C \ll S_0$ のとき $S_1 \fallingdotseq C$ となる．

3 粘性流と分子流

コンダクタンスは，ガスの流れが**粘性流**（viscous flow）の場合と，**分子流**（molecular flow）の場合で異なる．配管内径 D がガスの平均自由行程 λ（7.5.1参照）より十分大きい場合には，ガス分子同士の衝突が主体となって粘性流となる．D が λ よりも十分小さい場合，ガスは壁との衝突が主体とな

§3.1 真空系統

って，分子流となる．この分類をする指標として，無次元の**クヌードセン数**（Knudsen number）が定義されている．

$$K=\frac{\lambda}{D} \tag{3.14}$$

K を用いて，

$K<0.01$	粘性流	(3.15 a)
$0.01<K<1$	中間流（クヌードセン流）	(3.15 b)
$K>1$	分子流	(3.15 c)

と表される．**中間流**（Knudsen flow）は，クヌードセン数が粘性流と分子流の中間の値の流れである．

27℃(300 K) の空気について λ を cm 単位，p を Pa 単位で示すと，

$$\lambda=\frac{0.68}{p} \tag{3.16}$$

であるので，

$pD>68$	[Pa・cm]	粘性流	(3.17 a)
$0.68<pD<68$	[Pa・cm]	中間流（クヌードセン流）	(3.17 b)
$pD<0.68$	[Pa・cm]	分子流	(3.17 c)

と表される．ただし，D の単位は cm である．例えば，$D=2.2$ cm の配管では $p>31$ Pa (0.23 Torr) で粘性流になり，$p<0.31$ Pa (0.0023 Torr) で分子流になる．

4 円筒配管のコンダクタンス

内径 D [m]，長さ L [m] の円筒形の配管のコンダクタンスを求めてみる．

粘性流の場合，円筒配管の流量 Q はポワズイユの**法則**（Poiseuille's law）によって次式で示される[3.1]．

$$Q=\frac{\pi D^4 \bar{p}}{128\eta L}(p_1-p_0) \quad [\text{Pa·m}^3/\text{s}] \tag{3.18}$$

ただし，$\bar{p}$ は平均圧力 $(p_1+p_0)/2$，η は粘性係数である．(3.4)式と(3.18)式を比較して，粘性流の円筒配管のコンダクタンス C_v は次式で示される．

$$C_v = \frac{\pi D^4 \bar{p}}{128 \eta L} \quad [\text{m}^3/\text{s}] \tag{3.19}$$

常温の空気の場合，$\eta = 1.81 \times 10^{-9}$ Pa·s を用いて，(3.19)式は，

$$C_v = 1356 \frac{D^4 \bar{p}}{L} \quad [\text{m}^3/\text{s}] \tag{3.20}$$

となる．ただし，D と L の単位は [m]，$\bar{p}$ の単位は [Pa] である．粘性流のコンダクタンスは，平均圧力 $\bar{p}$ に比例する．

分子流の場合の円筒配管のコンダクタンス C_m について結果のみを示すと，

$$C_m = \frac{\pi D^3 \bar{v}}{12 L} \quad [\text{m}^3/\text{s}] \tag{3.21}$$

ただし，$\bar{v}$ は気体分子の平均速度である．

$$\bar{v} = \sqrt{\frac{8 k_B T}{\pi m}} = 145.5 \sqrt{\frac{T}{M}} \quad [\text{m/s}] \tag{3.22}$$

である．ただし，k_B はボルツマン定数，T は気体の温度 [K]，m は気体分子の質量，M は気体分子の分子量である．(3.22)式を(3.21)式に代入すると，

$$C_m = 38.1 \frac{D^3}{L} \sqrt{\frac{T}{M}} \quad [\text{m}^3/\text{s}] \tag{3.23}$$

$T = 300$ K の空気の場合の分子流のコンダクタンス C_m は，空気の平均分子量 $M = 29$ を用いて，

$$C_m = 122 \frac{D^3}{L} \quad [\text{m}^3/\text{s}] \tag{3.24}$$

と示される．ただし，D と L の単位は [m] である．分子流のコンダクタンスは，圧力に依存しない．

中間流におけるコンダクタンスには解析解がないので，一般に以下に示す Knudsen の近似式が中間流の円筒配管のコンダクタンスに用いられる．

$$C_k = C_v + C_m \frac{1 + \sqrt{\frac{M}{1000 RT}} \frac{D \bar{p}}{\eta}}{1 + 1.48 \sqrt{\frac{M}{1000 RT}} \frac{D \bar{p}}{\eta}} \tag{3.25}$$

ただし，R は気体定数（8.314 J·K^{-1}·mol^{-1}）である．(3.25)式は，粘性流のコンダクタンス C_v と，分子流のコンダクタンス C_m をなめらかにつなぐ形になっている．$T = 300$ K の空気の場合の中間流のコンダクタンス C_k は，次式

のようになる．

$$C_k = 122 \frac{D^3}{L}\left(\frac{1+200D\bar{p}+3100(D\bar{p})^2}{1+280D\bar{p}}\right) \quad (3.26)$$

以上から円筒形配管のコンダクタンスは，粘性流の場合（$pD>68$ Pa・cm）は(3.19)式，中間流の場合（$0.68<pD<68$ Pa・cm）は(3.25)式，分子流の場合（$pD<0.68$ Pa・cm）は(3.23)式から求められる．表3.6に，コンダクタンスの計算に必要な粘性係数（η）と分子量（M）を主なガスについて示す．

図3.4に円筒配管の圧力（p）に対するコンダクタンス（C）の値を示す．配管の外径1/4インチ（6.35 mm）で肉厚は1 mmとして内径4.35 mm，長さ1 m，常温（25℃）の場合について(3.19)式，(3.25)式，(3.23)式から計算した．コンダクタンスは長さに反比例するので，例えば10 mの配管のコンダクタンスは図3.4の値を10で割れば求まる．図3.4で圧力1 Pa以下では分子流になり，コンダクタンスが圧力に対して一定であることが分かる．また，圧力1 Pa以下では，コンダクタンスが$\sqrt{M}$に反比例し，SiH_4のコンダクタンス

表3.6 主なガスの粘性係数 η，分子量 M．

記号	粘性係数（常温）η	分子量 M
単位	10^{-7} Pa・s	
H_2	89.2	2.01
He	199	4.00
N_2	178	28.01
O_2	206	32.00
CH_4	111	16.04
H_2O	96	18.00
CO_2	150	44.01
SiH_4	118	32.12
GeH_4	148	76.62
空気	181	28.97

1 Pa・s=10 P（ポアズ）=10 dyn・s・cm^{-2}．

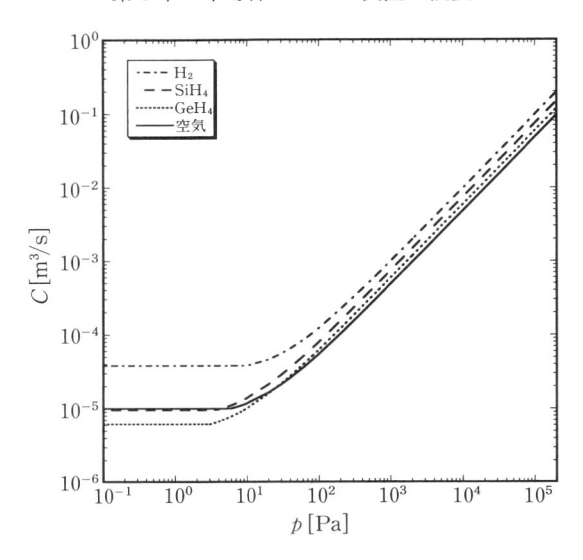

図 3.4 1/4 inch 円筒配管の圧力 (p) に対するコンダクタンス (C). 外径 6.35 mm, 内径 4.35 mm, 長さ 1 m, 25°C.

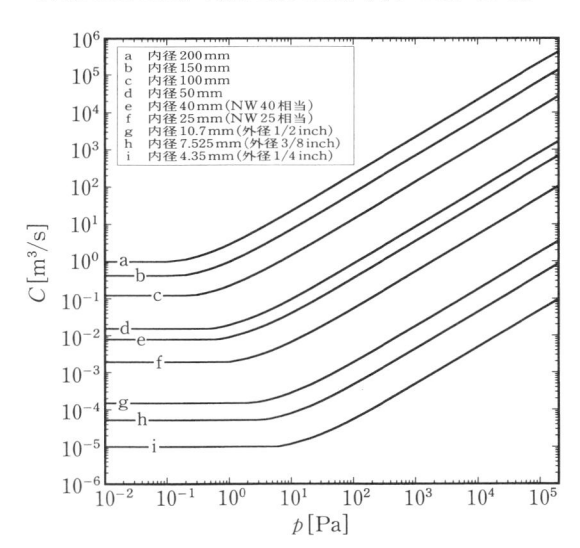

図 3.5 円筒配管の圧力 (p) に対するコンダクタンス (C). 空気, 25°C, 長さ 1 m.

は空気とほぼ同じ，H_2 では空気の約 4 倍，GeH_4 では空気の約 0.6 倍である．200 Pa 以上ではいずれのガスも粘性流になり，コンダクタンスは圧力に比例する．

図 3.5 に円筒配管の内径を変えた場合の圧力 (p) に対するコンダクタンス (C) を示す．常温の空気，長さ 1 m の円筒配管のコンダクタンスについて示している．内径が大きいほど，低い圧力までコンダクタンスが圧力に比例しており，低い圧力まで粘性流であることが分かる．

円筒以外のコンダクタンスについては，文献 (3.2) またはバルブなどのカタログを参照されたい．ただし，カタログではコンダクタンスを CV 値 (Coefficient of flow) で表記している場合が多い．CV 値の定義は，60 度 F (15.6°C) の水が，差圧 1 psi (6890 Pa) のときに流れる流量を US ガロン/min (3.785 l/min) で表した無次元量である．差圧が 2 倍以上あるときのガスの場合，CV 値から m³/s 単位のコンダクタンス (C) への換算は次式で求められる．

$$C = \frac{0.364}{\sqrt{MT}} \times CV \text{ 値} \tag{3.27}$$

ただし，M はガスの分子量，T は絶対温度である．

5 排気時間

目的の圧力まで真空槽を排気するのにかかる時間（**排気時間**：evacuation time）を求めてみる．

真空槽を排気する場合の圧力変化は粒子連続の式（(7.23)式）から次式で表される．

$$-V\frac{dp}{dt} = pS - Q = pS - (Q_s + Q_l + Q_w) \tag{3.28}$$

ただし，V は真空槽の体積 [m³]，p は圧力 [Pa]，S は排気速度 [m³/s]，Q は真空槽に流れ込む総ガス流量 [Pa·m³/s] である．Q_s は意図的にマスフローコントローラなどから供給するガス流量，Q_l はリークや透過によるガス流量（リークレート），Q_w は真空槽の壁からの脱ガスによるガス流量である．

低真空においては，リークや脱ガスが無視できる．さらに，意図的なガス供給がない場合には，(3.28)式で $Q=0$ とおいて解くと，圧力の時間変化 $p(t)$ は，

$$p(t)=p_i e^{-\frac{S}{V}t} \tag{3.29}$$

となり，指数関数的に減少する．ただし，p_i は初期圧力である．初期圧力（p_i）から目的の圧力（p）までの排気時間（t）は，

$$t=\frac{V}{S}\ln\frac{p_i}{p}=2.3\frac{V}{S}\log_{10}\frac{p_i}{p} \tag{3.30}$$

となる．(3.30)式を用いて，$S=200 l/\min=3.33\times10^{-3}$ m³/s の油回転ポンプを用いて，$V=30 l=0.03$ m³ の真空槽を大気圧から 1 Pa まで排気する時間を求めてみると，

$$t=2.3\frac{0.03}{3.33\times10^{-3}}\log_{10}\frac{10^5}{1}=103 \quad [\text{s}] \tag{3.31}$$

となる．ただし，実際の排気時間は，上記の計算値より 2，3 倍長くなる場合が多い．これは，①配管のコンダクタンスが粘性流領域で圧力とともに減少すること，②ポンプの排気速度 S が圧力依存性を持つことによる．

ガス流量が無視できない場合の平衡圧力，すなわち真空槽の到達圧力は，(3.28)式で $\frac{dp}{dt}=0$ とおいたものにポンプの到達圧力 p_0 を足した次式になる．

$$p=\frac{Q}{S}+p_0 \tag{3.32}$$

例えば，$Q_s=200$ sccm$=0.338$ Pa・m³/s のガスを供給しながら，$p_0=0.4$ Pa，$S=100 l/\text{s}=0.1$ m³/s のメカニカルブースターポンプで排気すると，平衡圧力は 3.8 Pa となる．

高真空（<1 Pa）の排気においては，圧力の時間変化がゆるやかになるとともに，リークレート Q_l および脱ガス速度 Q_w が無視できなくなる．Q_l は時間によらず一定とみなせる．これに対して Q_w は，壁の表面に吸着したガスの脱離による時間 t に比例して減少する成分と，壁材中に溶けているガスの拡散，脱離による時間の平方根 $\sqrt{t}$ に比例して減少する成分を持つ[3.3]．その結果，ポンプの到達圧力が p_0 で，ガス供給がないとき（$Q_s=0$），高真空で長時間真空

引きした場合の圧力の時間変化は，次式で表されることになる．

$$p(t)=\frac{Q_l}{S}+\frac{Q_w(t)}{S}+p_0=A-Bt-C\sqrt{t} \tag{3.33}$$

ただし，$\dfrac{Q_w(t)}{S}=D-Bt-C\sqrt{t}$，$A=\dfrac{Q_l}{S}+p_0+D$ である．

§3.2 反　応　室

　半導体プロセス装置の心臓部である**反応室**（reaction chamber または process chamber）について次に説明しよう．

3.2.1　反応室構成例

　反応室が満たすべき仕様として，以下が挙げられる．
①漏れのない圧力容器であること．
②高電圧を印加してプラズマを発生できること．
③ガスの供給量と圧力を制御できること．
④基板の温度を制御できること．
⑤メンテナンス，クリーニングが容易であること．

　漏れのない圧力容器にするため，反応室の壁面の材料には SUS またはガラスを用いる．エッチングの耐蝕性が必要な場合，アルミニウムを用いる．高真空にしたときに大気圧に耐えるため，反応室は圧力容器になっている．また，反応室の単位時間当たりの漏れ量（リークレート）は，1×10^{-5} Pa･m³/s 以下が望ましい．この理由は，空気の漏れによる不純物が半導体に与える影響を避けるためである．

　プラズマを発生させるために，第 2 章で説明したように直流または高周波の電源を用いる．**図 3.6** に，高周波電圧を用いたプラズマ CVD 用反応室の構成例を示す．反応室は，高周波電圧を印加する RF 電極と，接地電極を備える．RF 電極と接地電極は，外径がほぼ同じ平行平板状である．基板は，接地電極の上に載せられる．RF 電極には，RF 電源，マッチングボックスを通して，

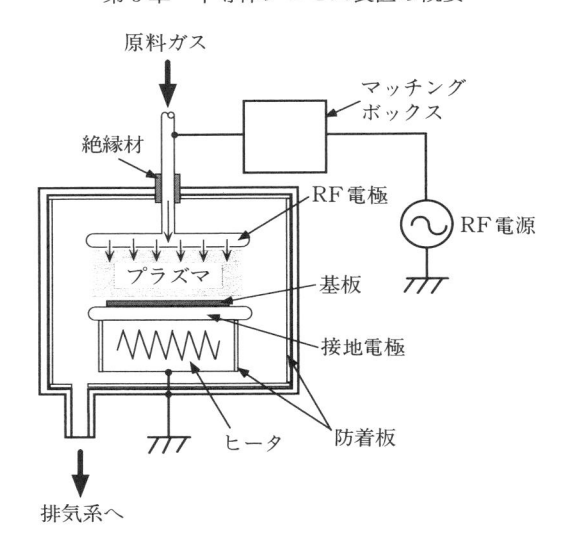

図 3.6 反応室構成例.

高周波の高電圧が印加される．その結果，RF 電極と接地電極の間にプラズマが発生して，原料ガスの分解，活性化が行われる．

　原料ガスはガス供給系により流量を制御されて，反応室に供給される．反応室内のガスは，調圧バルブにより圧力制御されて，ポンプによって排気される．

　基板の温度は，ヒータによって制御される．ヒータは接地電極を兼ねる場合が多い．

　半導体プロセスを安定して行うためには，反応室の定期的なメンテナンス，クリーニングが必要である．プラズマ CVD で成膜を行うと，膜は基板上だけでなく，壁面（反応室壁，RF 電極，接地電極，ヒータ）にも堆積する．壁面に堆積した膜が厚くなると，プラズマ状態の変化や，ピンホールの発生によって，半導体の特性が低下する．反応室のクリーニングを容易にするために，反応室壁面やヒータを覆う防着板を取り付ける．防着板を交換・クリーニングすることで，反応室を大気にさらしてクリーニングする時間を短縮することができる．

3.2.2 電極構造による分類

アモルファスSi系の成膜装置によく用いられる装置を例に取り，図3.12に電極構造による反応室の分類を示す（Siウェーハプロセスではデポダウンが基本であり，あまりバリエーションはない）．デポダウン（face down deposition）の電極構造を図3.7(a)に示す．RF電極と接地電極が水平に配置され，基板は接地電極の上におかれる．最も単純な電極構造で，基板の搬送も容易で

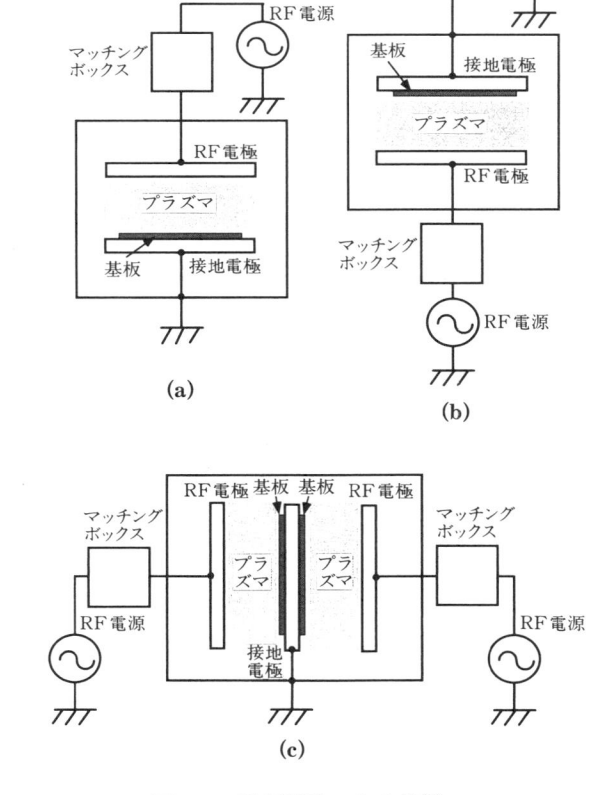

図3.7 電極構造による分類．
(a)デポダウン，(b)デポアップ，(c)IVE(Interdigital Vertical Electrodes)．

ある．その反面，繰り返しプロセスを行うと，RF電極表面に厚く付着した膜が剥がれて基板の上に落ちてきて，ピンホールの発生の原因となる．

RF電極からの膜剥がれによるピンホールの発生を抑制するために，図3.7(b)のデポアップ，図3.7(c)のIVEの電極構造が用いられる．**デポアップ**（face up deposition）は，接地電極が上にあり，基板の下の面に成膜やエッチングが行われる．このため，RF電極から剥離した膜は，基板表面に付着しにくい．**IVE**とはInterdigital Vertical Electrodes（櫛歯状鉛直電極）の略で，複数の電極を櫛歯状に鉛直に立てた構造を持つ．電極が鉛直に立っているのでRF電極から剥離した膜は，基板表面に付着しにくい．また，櫛歯状の電極によって複数領域にプラズマを発生させることにより，同時に多数の基板を処理できる構造になっている．

アースシールド（earth shield）付きのRF電極を**図3.8**に示す．アースシールドは，RF電極を薄い絶縁材を介して，接地した金属で覆う構造である．アースシールドは，RF電極と接地電極の間以外で，プラズマが発生するのを

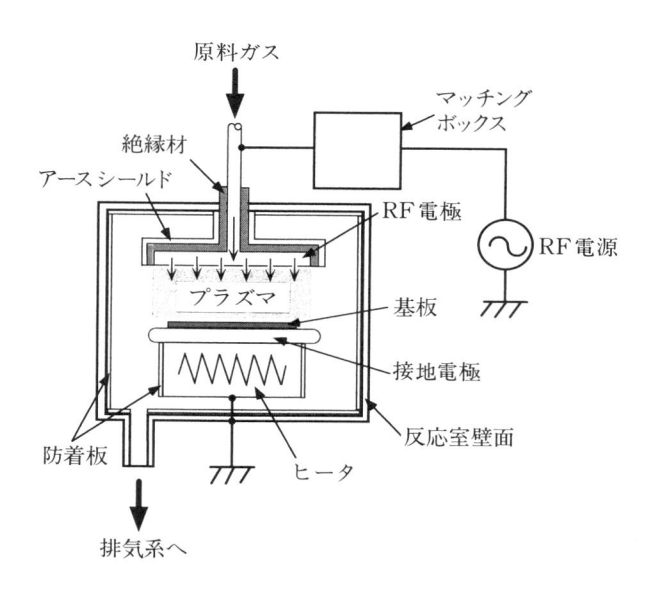

図3.8 アースシールド付きの反応室構成例．

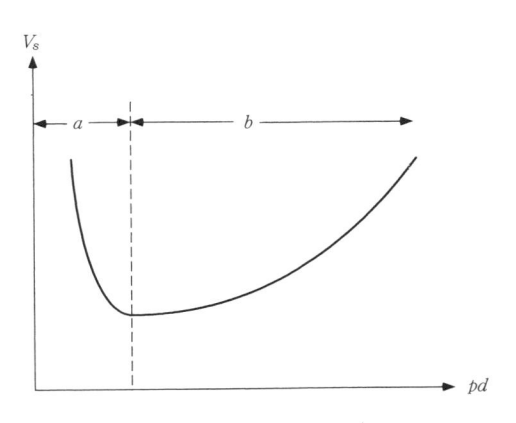

図 3.9　パッシェン則．

抑制する．図 3.9 に示すように，**パッシェンの法則**（Paschen's law）によって，放電開始電圧 V_s は，(圧力 p)×(電極間隔 d) に対して最小値を持つ．図 3.9 の b の領域では，pd が小さくなるほど V_s が小さくなるので，p が大きい場合には d が一番小さいところ，すなわち RF 電極と接地電極の間でプラズマが発生する．しかし，図の a の領域になると，pd が大きいほど V_s が小さくなり，p が小さい場合には d が大きいところでプラズマが容易に発生する．すなわち，RF 電極と反応室の壁の間でプラズマが発生しやすくなる．アースシールドと RF 電極の間隔を十分小さくすると（典型的には 1～2 mm），アースシールドと RF 電極の間には放電が発生しない．また，アースシールドと反応室壁面の間は，同じ接地電位なので放電が発生しない．結果として，RF 電極と接地電極の間だけで放電が発生する．アースシールドは $p<10$ Pa で電極間以外のプラズマの発生を抑えるのに効果的である．ただし，$p>100$ Pa では RF 電極とアースシールドの間の放電が発生するので，プラズマの均一性が悪くなる．

3.2.3 真空搬送

1 真空搬送の必要性

基板の真空中の搬送は，①反応室をなるべく大気にさらさない，②異なる条件の半導体プロセスは反応室を分ける，という理由で半導体プロセスに不可欠である．

反応室をなるべく大気にさらさないのは，基板を換えるたびに反応室を大気圧に戻すのは得策ではないからである．反応室を大気に戻して空気に触れさせると，空気や水が反応室の壁に吸着する．次に反応室を真空に引くときに，反応室の壁から吸着していた酸素や水がガスとして脱離する．この結果，高真空に引くのに数時間から数日の長時間を要し，装置の稼働率が低下する．また，十分に高真空に引かないうちにプロセスを再開すると，プロセス中に壁面から不純物が出てくることになり，作製した半導体膜の特性が低下したり，プロセスの再現性が悪くなったりする．

反応室を大気にさらさないためには，反応室とは別に，基板の出し入れをする**ロードロック室**（L/C: Loading Chamber）を設ける．基板の搬入の手順は以下のようになる．

①ロードロック室だけを大気に戻して基板を入れる．
②ロードロック室を真空に引く．
③ロードロック室と反応室の間の仕切り弁（ゲートバルブ）を開ける．
④ロードロック室から反応室へ，真空中で基板を搬送する．

異なる条件の半導体プロセスを行う場合に反応室を分けるのは，半導体デバイスの特性に影響を及ぼす不純物の相互汚染を防ぐためである．例えば，アモルファス太陽電池の作製にはp形層，i形(真性形)層，n形層と成膜する必要があり，反応室を3つに分けてそれぞれの層を作製する必要がある．1つの反応室で3つの層を続けて成膜すると，アモルファス太陽電池の変換効率は一般に低下する．このため，反応室を複数設けて，真空中で基板を搬送するほうが有利である．

2 真空搬送方法

真空中での基板の搬送が問題になるのは，ガラスのような重い基板を用いることが多い，アモルファス Si 成膜などのプラズマ CVD 装置の場合である．以下，この場合の基板搬送方法について説明しよう．方法は大きく 3 種類に分けられる．

①アーム上下形
②ステージ上下形
③台車形

アーム上下形（arm up and down type）の例を**図 3.10** に示す．図 3.10(a) の断面図と，(b) のアーム平面図を見ながら，搬送手順を見てみる．基板は，トレー（tray）と呼ぶ皿状の金属製の治具の上に載せ，トレーはアーム（arm）の先についたフック（hook：鉤）の上に載っている．ロードロック室

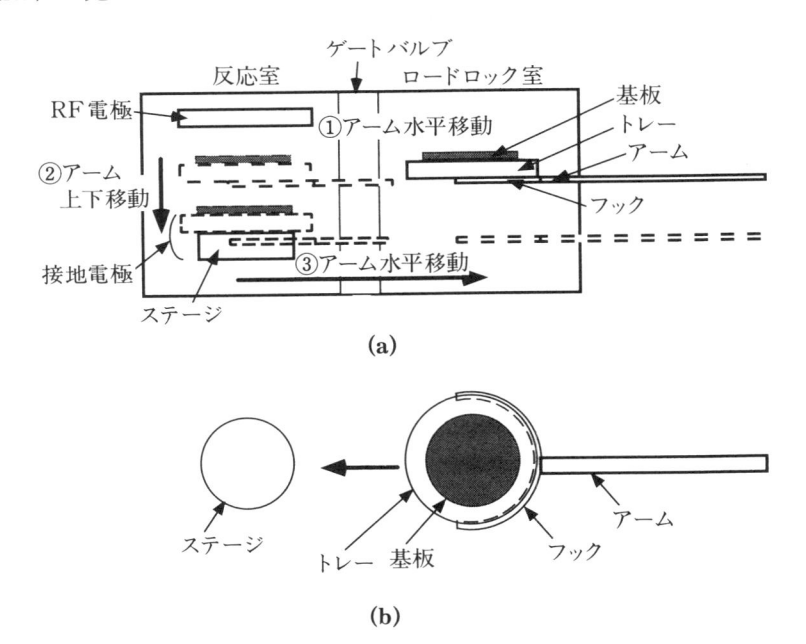

図 3.10 アーム上下形真空搬送．
(a)断面図，(b)アーム平面図．

から反応室への基板の搬入は，まず，**ゲートバルブ**（gate valve：仕切り弁）を開けて，ロードロック室から反応室に向かって，基板とトレーを載せたアームを水平に移動させる．反応室に着いたら，アームを下降させ，トレーと基板をステージの上に載せる．アームを下降させたとき，フックはステージに引っかからない形状になっている．その後，アームだけを水平移動してロードロック室に戻し，ゲートバルブを閉める．反応室からロードロック室への基板の搬出は，上記と逆の手順になる．

　金属製のトレーは，接地されたステージに触れることにより，接地電極になる．トレーは，装置メーカによって，**サセプタ**（susceptor），**ホルダ**（holder），**キャリア**（carrier）などと呼ばれることがある．また，基板がシリコンウェーハの場合には，トレーを使わずにアームの上に直接基板を載せることが多い．アーム上下形の真空搬送は，デポダウン形の電極で用いられる．

　ステージ上下形（stage up and down type）の例を**図 3.11**に示す．図3.11（a）のステージ上下形の断面図で搬送方法を説明しよう．基板の搬入は，ゲートバルブを開けて，ロードロック室から反応室に向かって，基板とトレーを載せたアームを水平に移動させる．反応室に着いたら，反応室内のステージを上昇させ，アームからトレーと基板を受け取る．アームだけを水平移動してロードロック室に戻し，ゲートバルブを閉める．アームは図3.11（b）のアーム上下形真空搬送と同じ形状である．

　フック上下形（hook up and down type）は，ステージ上下形の応用例である（図3.11（b））．トレーと基板が反応室についてから，ステージの代わりに反応室のフックを上昇させて，アームからトレーと基板を受け取る．図3.11（c）にフック上下形のアームの平面図を示す．アームの先は平板状になっており，反応室側のフックがアームの先に引っかからないようになっている．フック上下形真空搬送で，基板が上部にあるデポアップ形の電極の真空搬送を行うことができる．

　台車形（cart type）の例を**図 3.12**に示す．この例では，鉛直に立ったトレーに基板が取り付けられている．ゲートバルブを開けて，ロードロック室と反応室の搬送モータを回すと，トレーが水平に移動する．ゲートバルブを支えな

§3.2 反応室

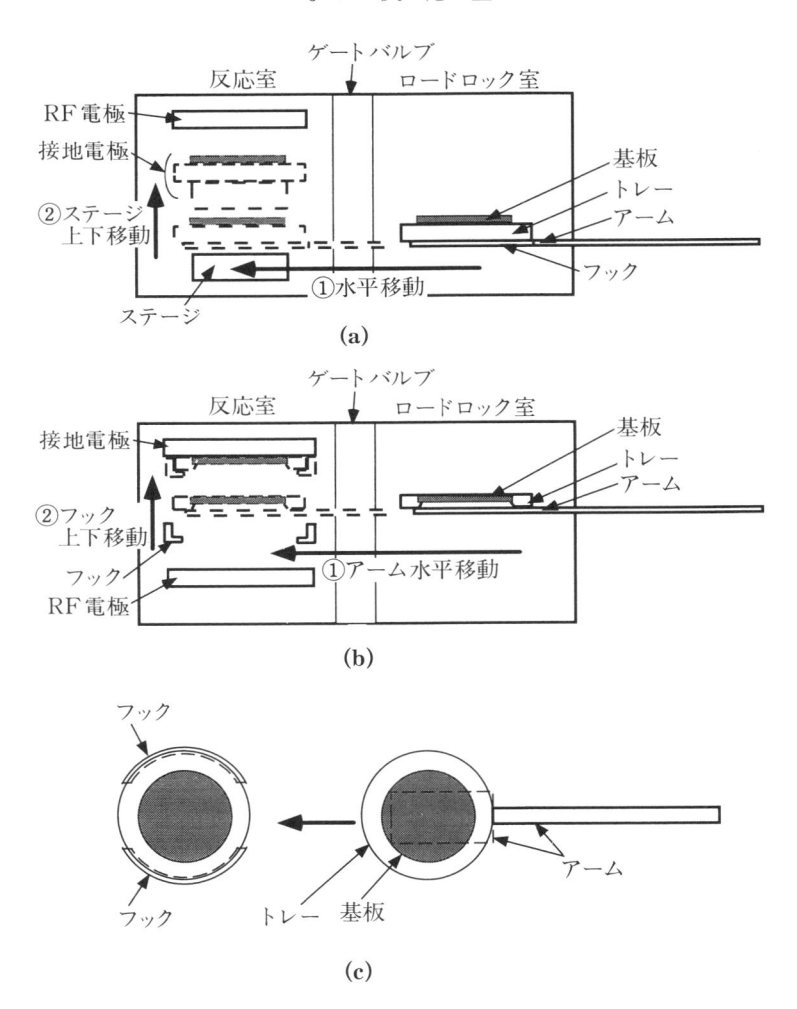

図 3.11 ステージ上下形真空搬送．
(a)ステージ上下形(断面図)，(b)フック上下形(断面図)，(c)フック上下形アーム平面図．

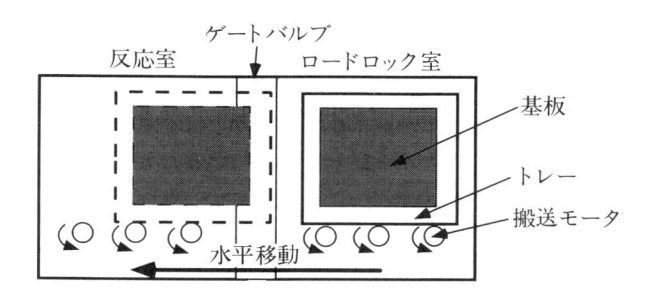

図3.12 台車形真空搬送.

しに通過する必要があるので，30 cm角〜1 m角程度の比較的大きな基板の搬送に用いられる．図3.12の例ではトレーに回転部がなく，反応室の搬送モータの上に載って移動する．この他に，トレーの下についた回転部（コロ）で重量を支えるもの，トレーの上に回転部（コロ）がありモノレール状に吊るものなどがある．また，外部からトレーへの動力の伝達も，回転モータで行うもの，反応室側が回転ギアでトレーが直線ギアのものなどがある．台車形真空搬送で，IVE形の電極の真空搬送を行うことができる．

§3.3 基板温度の制御

第4章，第6章で説明するように，プラズマプロセスにおいては基板（あるいはウェーハ）の温度は膜特性やエッチング特性に大きな影響を及ぼす．そのため，ヒータや冷却手段を備えたステージを用い，その温度を制御することにより，その上におかれた基板の温度を制御する手段が用いられる．しかし，ステージの温度と基板の表面温度は異なるのが普通である．この差を把握しておくことは，正確な実験を行うために重要であるため，以下に加熱の場合を例にとり説明しよう．

半導体プロセス装置において，ステージと基板の表面は完全な平面で密着しているわけではなく，表面の凹凸による微小な隙間が存在する．真空中ではこの隙間を無視することができず，ステージから基板への熱の供給は，微小な隙

間の気体の熱伝導によって主に行われる．気体の熱伝導は，平均自由行程 λ と，熱伝導を行う距離 d の大小関係によって異なる．基板への熱の供給はステージから行われ，基板からの熱の放出は反応室壁面への熱伝導により行われる．プラズマプロセスで用いられる典型的な圧力 10～200 Pa においては，ステージと基板の隙間 d_1（約 0.1 mm）では $\lambda \gg d_1$ が成り立ち，基板と壁面の距離 d_2（10～100 mm）では $\lambda \ll d_2$ が成り立つ．

$\lambda \gg d_1$ が成り立つときは，気体の熱伝導によってステージから基板へ供給される熱流束 $Q_{in}[\mathrm{W/m^2}]$ は次式で表せる．

$$\begin{aligned}Q_{in} &= \frac{\gamma+1}{2(\gamma-1)}\sqrt{\frac{k_B}{2\pi m T_{g1}}}p(T_h-T_s) \\ &= 18.2\frac{\gamma+1}{(\gamma-1)}\sqrt{\frac{1}{MT_{g1}}}p(T_h-T_s) = K_{in}\sqrt{\frac{1}{T_{g1}}}p(T_h-T_s) \\ &\propto \frac{p}{\sqrt{T_{g1}}}(T_h-T_s)\end{aligned} \quad (3.34)$$

ここで，γ は気体の比熱比，k_B はボルツマン定数 1.38×10^{-23} [J/K]，m は気体分子の質量 [kg]，T_{g1} はステージと基板の隙間の平均のガス温度 [K]，p は圧力 [Pa]，T_h はステージ温度 [K]，T_s は基板温度 [K]，M は分子量，K_{in} はガスの種類で決まる定数である．ただし，ステージまたは基板で反射した気体分子は，それぞれステージ温度，基板温度になって跳ね返ってくると仮定している．

$\lambda \ll d_2$ が成り立つとき，気体の熱伝導によって基板から壁面に向かって損失する熱流束 Q_{out} [W/m²] は次式で表せる．

$$\begin{aligned}Q_{out} &= \frac{k_B}{3\sigma(\gamma-1)d_2}\sqrt{\frac{4k_B T_{g2}}{\pi m}}(T_s-T_w) \\ &= \frac{6.02\times 10^{-2}}{(\gamma-1)D^2 d_2}\sqrt{\frac{T_{g2}}{M}}(T_s-T_w) = K_{out}\frac{1}{d_2}\sqrt{T_{g2}}(T_s-T_w) \\ &\propto \frac{\sqrt{T_{g2}}}{d_2}(T_s-T_w)\end{aligned} \quad (3.35)$$

ここで，σ は気体の全断面積 [m²]，T_{g2} は基板と壁面の間の平均のガス温度 [K]，T_w は壁面温度，D は剛体球を仮定した分子の直径 [Å]，K_{out} はガス

の種類で決まる定数である．

(3.34)式，(3.35)式で注目すべき点として，以下の2点が挙げられる．
- Q_{in} は圧力に比例するが，Q_{out} は圧力に依存しない．
- Q_{in} はガス温度の1/2乗に反比例するが，Q_{out} はガス温度の1/2乗に比例する．

圧力 p を減少すると，基板への熱の供給 Q_{in} は減少するが，基板からの熱の損失 Q_{out} は変わらない．すなわち，圧力 p を減少すると，ステージ温度一定で，基板温度は低下する．

ステージ温度 T_h を高くすると，ガス温度 T_{g1}, T_{g2} がそれぞれ高くなる．そのとき，Q_{in} の増加割合に対して，Q_{out} 増加割合のほうが大きいので，平衡を保つために $T_h - T_s$ が大きくなる．すなわち，ステージ温度 T_h を高くすると，ステージと基板の温度差 $T_h - T_s$ が大きくなる．

表3.7に，主なガスについて(3.34)式の K_{in} と，(3.35)式の K_{out} を示す．表の H_2 と SiH_4 を比べると，H_2 のほうが K_{in} は3.0倍，K_{out} は4.8倍になっている．反応室にガスをためて基板を加熱する場合，基板からの熱の損失が大きいために，H_2 を用いたほうが SiH_4 の場合よりも基板温度が低くなる．

以上のことを実験的に調べようとすると，ステージ表面の温度は**熱電対**で容易に測定できるが，基板温度は基板の熱容量が小さく，またプロセス中はプラズマにさらされることもあり，本当の基板温度を計測することは難しい．しかし，プロセス上はステージ温度により基板温度を制御するしか方法はないため，それらの間の温度校正がどうしても必要になる．そこで，熱電対の取付け方法を工夫したり，**サーモラベル**と呼ばれる感熱性の塗料の付いたフィルムを貼ったりして測定が試みられている．**図3.13**に，H_2 と SiH_4 の場合について，熱電対で測定した基板温度 T_s の校正例を示す．ステージ温度(T_h)の増加と共にほぼ直線的に基板温度が増加しており，よい比例関係が得られるが，絶対値では50から100℃の差が出ている．また H_2 で，圧力を13 Pa，40 Pa，106 Pa と増加するに従い，同じ T_h で T_s が高くなる．これは，(3.34)式の Q_{in} が圧力によって増加するためである．圧力40 Pa において，ガスの種類を H_2，50%SiH_4+50%H_2，SiH_4 と変えるに従って T_s が増加する．この理

§3.3 基板温度の制御

表 3.7 主なガスの比熱比 γ, 分子量 M, 分子直径 D, K_{in}, K_{out}.

	比熱比	分子量	分子直径		
記号	γ	M	D	K_{in}	K_{out}
単位			Å	W・m^{-2}・Pa^{-1}・K$^{-0.5}$	W・m^{-1}・K$^{-1.5}$
H_2	7/5	2.01	2.74	77.0	1.41 E-02
He	5/3	4.00	2.18	36.4	9.50 E-03
N_2	7/5	28.01	3.75	20.6	2.02 E-03
O_2	7/5	32.00	3.61	19.3	2.04 E-03
Ar	5/3	39.95	3.64	11.5	1.08 E-03
CH_4	9/7	16.04	4.14	36.4	3.07 E-03
SiH_4	9/7	32.12	3.54	25.7	2.97 E-03
空気	7/5	28.97	3.72	20.3	2.02 E-03

基板への供給熱流束：$Q_{in}[\text{W}\cdot\text{m}^{-2}] = K_{in}/\sqrt{T_{g1}} \cdot p(T_h - T_s)$.
基板からの放出熱流束：$Q_{out}[\text{W}\cdot\text{m}^{-2}] = K_{out}/d_2 \cdot \sqrt{T_{g2}} \cdot (T_s - T_w)$.
T_{g1}：ヒーター基板間の平均ガス温度 [K], p：圧力 [Pa], T_h：ヒータ温度 [K], T_s：基板温度 [K], T_{g2}：基板-壁面間の平均ガス温度 [K], d_2：基板-壁面間距離 [m], T_w：壁面温度 [K].

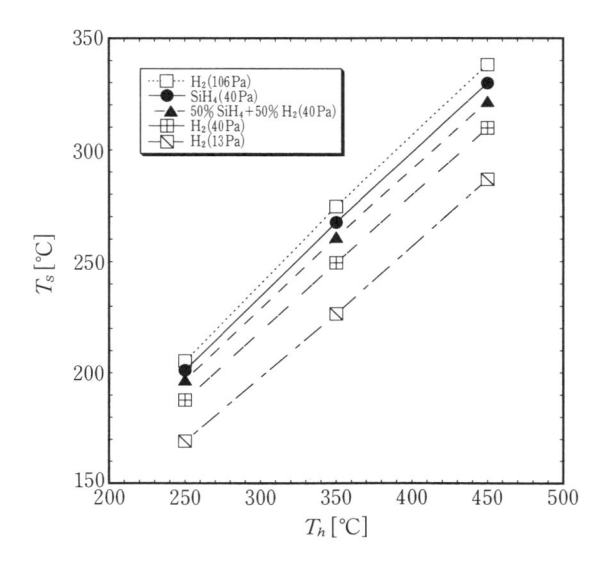

図 3.13 ステージ温度 (T_h) に対する基板温度 (T_s) の校正.

由は,表 3.7 から分かるように,SiH_4 が H_2 に比べて K_{out} が小さい,すなわち基板からの熱の放出が小さいためである.

§3.4 ガス系統とガスの安全対策

半導体プロセスでは特殊材料ガスと呼ばれる毒性や可燃性のガスを多用する.また,不注意な取扱いによりガスに不純物が微量混ざっただけでも,堆積膜の特性やエッチング特性が大きく変化する.したがって,実験を安全に,しかも正確に行うためには,これらのガスの供給方法と正しい取扱い方法を理解しておくことが重要である.

3.4.1 ガス系統の構成

ガスを利用するための「ガス系統」の構成を図 3.14 に示す.ガスが流れる上流から順に,ボンベ庫,ガス供給系,反応室,排気系,除害装置の部分に分けられる.各部分で扱う最大の圧力は,入口の圧力になり,それを右側に示し

ボンベ庫	1～20 MPa
ガス供給系	0.1～0.2 MPa
反応室	10～1000 Pa
排気系	10～1000 Pa
除害装置	0.1 MPa

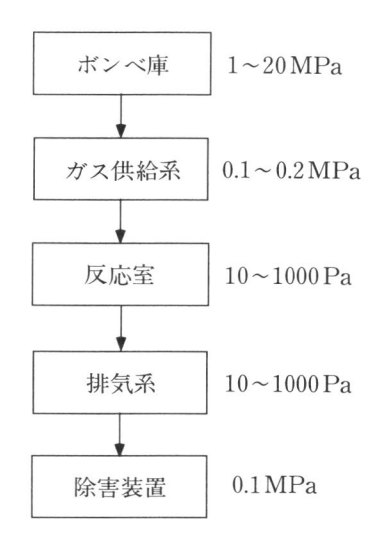

図 3.14 ガス系統全体のフロー図(右側に各部分の入口の圧力を示す).

ている.

　原料となるガスはボンベに充塡されて供給される.充塡圧力は1から20MPaまで,ガスにより様ざまである.ボンベ庫の役割は,①これらのボンベを保管し,②ボンベからのガスを0.1～0.2 MPa一定で供給できるように減圧し,③ガス供給の開始と停止を行うことである.②の目的のためには**レギュレータ**と呼ばれる圧力調整器を用いる.③のためのバルブを介してガスは供給系に接続される.ガス供給系ではガスの流量制御を行う.流量制御には**質量流量制御器**(マスフローコントローラ:mass flow controller)を用いる.これで制御するのは,体積流量ではなく,流したガスの質量である.したがって,3.1.1で説明したように,温度や圧力によらず,供給する単位時間当たりのガス分子数を制御できる.混合ガスを原料ガスとして用いるときには,種類に応じて,複数のマスフローコントローラを設け,ミキサで混合してから反応室にガスを供給する.

　反応室でプラズマにより原料ガスを分解し,成膜,エッチングなどの半導体プロセスを行った後,真空ポンプからなる排気系を介してガスは排気される.このとき,反応室内のガス圧を制御するために,ポンプとの配管の間にコンダクタンス調整バルブを入れる.反応室内の圧力を自動的に制御したい場合にはAPCバルブ(自動圧力調整弁:Auto Pressure Control Valve)を用いることにより,実現される.

　次に説明するように,半導体プラズマプロセス用のガスをポンプからそのまま大気に放出すると,火災や中毒の危険性,環境汚染の問題がある.そこで,ポンプから排気されたガスは,最後にそれらを無害化する**除害装置**(waste gas cleaner)に送り込まれ,ここで無害化して,大気に放出する.除害装置の入口圧力は,排気系の出口の圧力であり,大気圧である0.1 MPaである.

3.4.2　安全対策

　半導体プラズマプロセスで使用するガスは,可燃性や毒性を持つ場合が多く,ガスの取扱いを誤ると爆発や中毒など重大な事故につながる危険性がある.したがって,ガスの取扱いを行う際に,それらのガスの危険性について正

しい知識を持つことが重要である．以下に安全を確保する上で最低限知っておくべき対策について説明する．

1　ガスの取扱い

まず，**ガス取扱い上の心得**として，ガスを使用する者は，マニュアルなどを見なくても，以下の3点を常に頭に入れておく必要がある．

①ガスを絶対に漏らさない，また，空気に触れさせない．
②万一漏れたら，絶対に吸わない．
③万一漏れたときはどうなる，どうする．

ガスを漏らさないためには，ガス検知器，緊急遮断弁などの設備を整え，それらがきちんと動作するように日常点検を怠らないことが重要である．また，装置のガス系統をよく把握して，今どこまでガスが入っているか，漏れる可能性のある場所はどこか，万一漏れたらどのバルブでガスを遮断できるか，いつでも判断できるように習慣づける必要がある．

また，自分の身は自分で守れるように，最低限のガスの特性は覚えておく必要がある．自分が使用するガスについては，少なくとも以下の特性は覚えておくべきである．

①爆発の危険性
　　そのガスは可燃性ガスか？　爆発限界は？
②中毒の危険性
　　そのガスは毒性ガスか？　許容濃度は？
③酸欠の危険性
　　不活性ガスでも多量に吸うと酸欠に至る．100%窒素など無酸素状態では，二呼吸で意識を失い，昏倒する．
④ボンベの破裂の危険性
　　高圧ガスは，最高充塡圧力が15～20 MPa，すなわち，大気圧の150～200倍の圧力である．万一ボンベが破裂したら，破片が飛び散ったり，ボンベがロケットのように飛ぶことがある．したがって，倒したり，常温よりボンベの温度を高くしてはならない．

⑤液化ガス

　　液化ガスは，ボンベ内に十分ガスの残量があっても，ボンベの圧力は低い．しかし，ボンベの温度が上がると，急激に圧力が上がる．

⑥漏れたらどこにたまるか

　　そのガスの空気に対する比重は？　軽いガスは天井付近に，重いガスは床の上にたまる．

2　ガスの分類

ガスを取扱い上の危険性という観点から分類すると，以下の4つに分けられる．

①**可燃性ガス**（combustible gas）

　可燃性ガスは燃えるガスであって，空気と混合した場合の爆発限界の下限が10%以下のガス，および爆発限界の上限と下限の差が20%以上のガスである．また，高圧ガス保安法で特に指定したガス（アンモニアなど）も可燃性ガスとして定義される．可燃性ガスは，火災，爆発の危険性がある．可燃性ガスとして，水素，炭化水素（メタン，アセチレン，プロパン），アンモニアなどが挙げられる．

　可燃性ガスの中でも常温で自然発火するガス（自燃性ガス）は特に危険である．自燃性ガスとして，シラン，ジシラン，ジボラン，ホスフィンなどが挙げられる．ただし，シランは漏れたときに流速が速いと爆発限界に達しても発火しない．シランが速い流速で漏れてボンベ庫に高濃度に滞留しているのに気がつかずに，ボンベ庫の扉を開けた瞬間に爆発した悲惨な事故例もある．

②**支燃性ガス**

　支燃性ガスは，燃焼（酸化）を促すガスである．すなわち，酸化剤として働く．支燃性ガスとして，空気，酸素，ハロゲン（フッ素，塩素）などが挙げられる．酸素中で，可燃性ガスや油は発火しやすく，激しく燃えるので，可燃性ガスや油を絶対に酸素に近づけてはならない．また，酸素中では有機物だけでなく多くの無機物も激しく燃焼し，一度炎を消しても再び発火する場合がある．

表3.8 ガスの分類と特徴.

	ガス	化学式	分類[1] 燃	分類[1] 自	分類[1] 支	分類[1] 毒	分類[1] 不	液化ガス	忽限量[2] (ppm)	爆発限界 (%)	比重 (AIR=1)	用途[3]	コメント
水素化物	シラン	SiH_4		○					5	1.4〜98	1.12	C：a-Si太陽電池, a-Si TFT	爆発性
	ジシラン	Si_2H_6		○					5[4]	0.2〜	2.26	C：a-Si太陽電池, a-Si TFT	爆発性
	ゲルマン	GeH_4	○			○			0.2	0.8〜100	2.65	C：a-Si太陽電池	分解爆発, 猛毒
	ホスフィン	PH_3	○			○			0.3	1.6〜98	1.18	C：a-Si太陽電池, ドーピング	猛毒
	ジボラン	B_2H_6	○			○			0.1	0.8〜94	0.95	C：a-Si太陽電池, ドーピング	猛毒
	アルシン	AsH_3	○			○			0.05	4.5〜78	2.70	C：化合物半導体, ドーピング	分解爆発, 猛毒
水素化物	セレン化水素	H_2Se	○			○			0.05	12.5〜63	2.81	C：a-Si TFT, LSI保護膜	腐食性
	アンモニア	NH_3	○			○		○	25	16.0〜25.0	0.59	C：a-Si TFT, LSI保護膜	
	メタン	CH_4	○					○	—	5.3〜13.9	0.55	C：a-Si太陽電池	
	エタン	C_2H_6	○					○	—	3.0〜12.5	1.05	C：a-Si太陽電池	
	プロパン	C_3H_8	○					○	—	2.4〜9.5	1.50	燃焼除害装置	
	アセチレン	C_2H_2	○						—	2.5〜80.0	0.90	C：a-Si太陽電池, 溶接	
	水素	H_2	○						—	4〜75	0.07	C：a-Si TFT	爆発性
ハロゲン・ハロゲン化物	フッ素	F_2			○	○			1	—	1.31	E, エキシマレーザ	腐食性
	塩素	Cl_2			○	○		○	1	—	2.49	E, エキシマレーザ	腐食性
	ジクロロシラン	SiH_2Cl_2		○				○	5[4]	3〜95	3.51	C：a-Si太陽電池	爆発性
	四フッ化珪素	SiF_4							5[4]	—	3.61	C：a-Si太陽電池	空気中で加水分解
	三フッ化窒素	NF_3							10	—	2.46	E	
	四フッ化硫黄	SF_4							0.1	—	3.75	E	空気中で加水分解
	六フッ化硫黄	SF_6					○		1000	—	5.07	絶縁ガス, E	
	四フッ化メタン	CF_4					○		—	—	3.06	E	フロン14
	三フッ化メタン	CHF_3					○		—	—	2.40	E	フロン23
	六フッ化エタン	C_2F_6					○		—	—	4.76	E	フロン116
	八フッ化プロパン	C_3F_8					○		—	—	9.77	E	フロン218
その他	空気								—	—	1.00		
	窒素	N_2					○		—	—	0.98	希釈ガス, C：a-Si TFT	酸欠
	酸素	O_2			○				—	—	1.11	スパッタ	支燃性
	二酸化炭素	CO_2					○	○	5000	—	1.52	C：a-Si太陽電池	酸欠
	アルゴン	Ar					○		—	—	1.38	希釈ガス, スパッタ	
	ヘリウム	He					○		—	—	0.14	希釈ガス	
	ネオン	Ne					○		—	—	0.70	エキシマレーザ	
	キセノン	Xe					○		—	—	4.53	エキシマレーザ	

1) 分類 燃：可燃性ガス, 自：自燃性ガス, 支：支燃性ガス, 毒：毒性ガス, 不：不活性ガス.
2) 忽容量：許容濃度 TLV-TWA (Threshold Limit Value-Time Weighted Average)
1日8時間または, 週40時間の反復暴露で悪影響がないであろう時間平均の許容濃度.
3) C：プラズマCVD, E：プラズマエッチング.
4) 忽限量は決められていないが, 通常SiH_4と同等とみなす.

その他）高圧ガスのボンベは丁寧に扱うこと. ボンベ運搬時は必ずキャップをすること.

③毒性ガス (poison gas)

毒性ガスは有毒なガスであって，許容濃度（恕限量）が200 ppm以下のガスである．毒性ガスとして，アルシン，シラン，ジシラン，ジボラン，ホスフィンなどが挙げられる．

許容濃度として，下記2種類を米国産業衛生学会（ACGIH：American Conference of Governmental Industrial Hygienists）が年度毎に規定している．

1) 恕限量

1日8時間または，週40時間の反復被爆で悪影響がないであろう時間平均の許容濃度．

2) 短時間被爆限界値

15分間までは連続被爆しても刺激などを受けない濃度．

④不活性ガス (inert gas)

不活性ガスは不燃性で，毒性もないガスである．ただし，不活性ガスでも大量に吸うと，酸欠の危険性がある．不活性ガスとして，窒素，希ガス（ヘリウム，アルゴン）などが挙げられる．

表3.8に，半導体プラズマプロセスに用いられる主なガスの分類と特性を示したので，参考にしていただきたい．

参 考 文 献

3.1 T. A. Delchar, "真空技術とその物理", 石川和雄訳, 丸善, p. 30-32（1995）.
3.2 "真空ハンドブック", 日本真空技術(株)編, オーム社, p. 37-40（1992）.
3.3 熊谷寛夫, 富永五郎, 辻泰, 堀越源一, "真空の物理と応用", 裳華房, p. 179, 194（1970）.

第4章
プラズマCVD技術

§4.1 原　　理
4.1.1　プラズマCVDの反応過程

　プラズマCVDで膜を付けるためには，図4.1に示すような放電電極を持つ真空チャンバを用意し，脱ガスによる不純物の膜中への混入を防ぐために高真空に引くことから始める．通常は10^{-4} Pa以下まで引いた後，原料となるガスを導入する．ガスはマスフローコントローラと呼ばれるガス流量制御装置を介

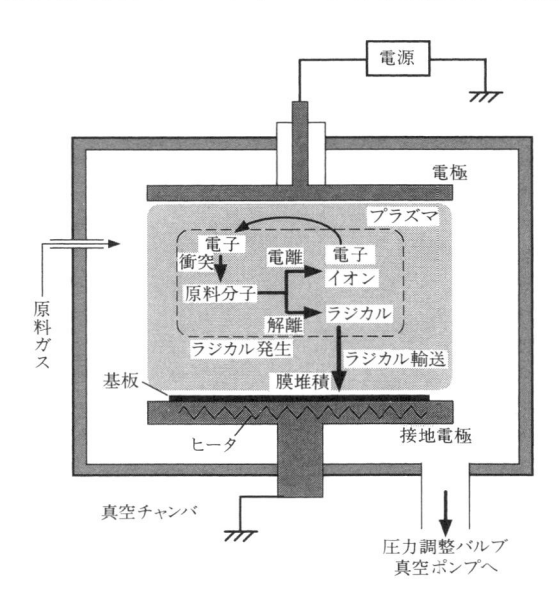

図4.1　プラズマCVDの原理．

して供給される．チャンバ内は所定の圧力になるように，真空ポンプとの間にコンダクタンス制御を行う圧力調整バルブを入れる．これにより，ガスの流量とガス圧を独立に制御することが可能になる（詳細は§4.2参照）．

ガス圧を数百Pa以下に調整して，電極間に電圧を印加するとグロー放電プラズマが生成される．このプラズマの特徴は，第1章，第2章で述べたように電子温度が数万度と非常に高いのに対し，イオンや中性（原料）ガス分子の温度は室温程度と低いことにある．これが種々のプラズマプロセスを可能にする最も重要なポイントである．SiH_4のような分子を熱的に分解しようとすると，振動励起により構成原子間の結合を切断するため，ガス温度を500℃以上に上げなければならない．一方，グロー放電中では高速電子の衝突により容易に解離し，ガス温度そのものは低温に保った状態で原料分子の分解が可能になる（§1.2参照）．

太陽電池などの薄膜半導体デバイスに適用可能なアモルファスシリコン（a-Si）膜を例に取ろう．従来の熱CVDや蒸着法により堆積したa-Si膜では，膜中に存在するシリコンの未結合手（ダングリングボンド）による多くの欠陥（〜10^{20} cm^{-3}）が存在し，半導体デバイスには利用できなかった．ところがプラズマCVDを用いてa-Si膜を形成すると，高温になる（〜500℃）と抜けてしまう水素も低温成膜であるため放出されることなく膜中に多数取り込まれる（そのため，水素化アモルファスシリコン，またはa-Si:Hと呼ばれる）．この水素が結合することによってダングリングボンドを終端し，欠陥密度を10^{15}〜10^{16} cm^{-3}まで一挙に低下させる．その結果，不純物の微量ドープによりn形やp形のアモルファス半導体を作ること（いわゆる構造敏感性）が初めて可能となり，薄膜半導体デバイスへの道が開かれた[4.1]．1976年にまずa-Si太陽電池が発表され[4.2]，1979年にはa-Si FET（いわゆる薄膜トランジスタ，TFT：Thin Film Transistor）の発表があった[4.3]．それから現在まで四半世紀が経過し，プラズマCVDによるSi系薄膜の堆積技術はその成膜機構の解明も含めて大きく進歩した．

プラズマCVDで生成される水素を含んだ窒化アモルファスシリコン薄膜（以下，a-SiN:Hまたは窒化膜と記す）も，その組成により半導体から絶縁体

まで膜物性が大きく変化するため，電子デバイスへの用途は広い[4.4]．例えば，窒素が少量入った膜は半導体としての性質を持ち，a-Si:H よりバンドギャップが拡がる．その性質を利用して pin 構造アモルファス太陽電池のドープ層や真性半導体層への適用が試みられた．

窒素の量が増加するに従って，膜の抵抗が増加する．こうした準絶縁性窒化膜は高抵抗で精密な抵抗値の制御が要求されるパワー半導体デバイスのエッジ終端構造に適用されている[4.5]．

化学量論組成に近い絶縁膜は水分を通さない良好な保護膜となる．しかも低温形成が可能であることから，高温にさらすことが難しい最終工程に適用できるため，IC などのパッシベーション膜として広く利用されている．また，液晶ディスプレイに用いられる a-Si 薄膜トランジスタのゲート絶縁膜にも広く利用されていることは周知の通りである．

プラズマ CVD の原理は，上記のように原料ガスを導入した容器内でプラズマを発生させ，放電空間内の高速電子との衝突解離で生成されるフリーラジカルなどの活性種を基板に堆積させて膜を形成するものである．したがって，そのプロセスは図 4.1 に示すように「ラジカルの発生」「基板までの輸送」「表面反応を介した膜堆積」の 3 つに大別される．以下，これらについて概説する．なお，半導体プロセスにおけるプラズマ CVD の主要な用途は上で説明したように Si をベースとした薄膜形成であり，原料ガスとしてはシラン（SiH_4）が主役となる．そこで，以下の成膜機構の説明はシラン系のガスを主体に行うことにしよう．

1　ラジカルの発生

さて，こうしたグロー放電の中では，先にも書いたように電子温度は非常に高いため，例えば，SiH_4 放電では以下のような反応によりラジカルが生成される．

$$SiH_4 + e\,(高速) \xrightarrow{k_r} SiH_n + (4-n)H + e\,(低速)\,(n=0,1,2,3) \quad (4.1)$$

こうした電子衝突によるラジカルの単位時間，単位体積当たりの発生量 G_r

は，以下の式で計算される（第7章7.5.4参照）．

$$G_r = k_r N_g N_e \tag{4.2}$$

ここで，N_g は材料ガスの密度，N_e は電子密度，k_r は反応速度定数であり次式で与えられる（(7.67)式参照）．

$$k_r = \int_0^\infty \sigma_r(v_e) v_e f_n(v_e) dv_e \tag{4.3}$$

ただし，σ_r は解離断面積であり電子速度，あるいは電子エネルギーの関数，v_e は電子の速度，$f_n(v_e)$ は規格化された電子の速度分布関数である．ここで，電子の速度分布関数が Maxwell 分布の場合を考え，さらに解離断面積の立ち上がり部分がほぼ直線で近似できる場合には，上式は解析的に積分でき，次式のような解析解が電子温度 T_e の関数として得られる（(7.59)式参照）．

$$k_r = C \left(\frac{8e}{\pi m_e}\right)^{1/2} E_{th}^{3/2} \left(\frac{k_B T_e}{e E_{th}}\right)^{1/2} \left(1 + \frac{2k_B T_e}{e E_{th}}\right) \exp\left(-\frac{eE_{th}}{k_B T_e}\right) \tag{4.4}$$

ここで，C は解離断面積の傾き，E_{th} は σ_r が立上がり始める点の電子エネルギー，e は電子の電荷，k_B は Boltzmann 定数である．図7.15には，いくつかの反応性ガスについて k_r を計算した結果を示している．

2　ラジカルの輸送

　このようにプラズマ中で高速電子との衝突により生成された成膜**前駆体**（precursor）となるフリーラジカルは，気相中で衝突を繰り返しながら，あるものは途中で反応し，あるものは基板まで拡散してきて膜として堆積する．

　以上のことを数式で表現すると次のような拡散方程式となる（(7.38)式参照）．

$$\frac{\partial N_r}{\partial t} = D_r \nabla^2 N_r + k_r N_g N_e - \beta N_g N_r \tag{4.5}$$

ここで，N_r はラジカル密度，D_r は拡散係数，t は時間，k_r は(4.4)式で与えられるラジカル生成の反応定数，β は原料ガスとの衝突により消滅していく反応の速度定数（例えば，SiH ラジカルでは，$SiH + SiH_4 \longrightarrow Si_2H_5$ など）である．定常状態では左辺を零として解けばよい．ただし，(4.5)式の右辺のラジカル生成項や消滅項は，混合ガスを考える場合や，原料ガス以外との二次的

な衝突反応を考慮すれば式の形は変わってくる．現象を適切に表現する単純化されたモデルを作るためには，これらの項をどこまで考慮して解析するかが重要な検討課題となる．

上式を解くためには，各ラジカルについての k_r や β の値，および電子密度が必要となる．したがって，これらを厳密に解くことは難しいが，4.1.2 で説明するように，いくつかの単純な系では解析解を求めることも可能である．こうして密度分布が求まると，基板表面へのラジカルの入射量は $-D_r \nabla N_r$ で計算される（(7.34)式参照）．

3　堆　　積

さて，基板には種々のラジカルが拡散してくる．a-Si:H 膜の堆積に関しては，Si，SiH，SiH_2，SiH_3，H などが考えられる．これらのラジカルは各々がある付着確率を持っており，膜として堆積していく．しかし，デバイスに適用するためには，どのような膜でもよいというわけではない．デバイスへ適用可能な高品質な膜（デバイスグレードと呼ぶ）を得るためには，次のような配慮が必要であることが分かっている．

1) 付着確率の小さなラジカル種を成膜前駆体として選択する．
2) 膜成長表面の水素被覆率を大きくする．
3) 成膜前駆体の成長表面での拡散を増大させる．

これまでの研究から，高品質 a-Si:H 膜の生成においては，SiH_3 を成膜前駆体として膜堆積させることが重要であることが明らかになってきた．水素で十分に被覆された成長表面に到達した SiH_3 は，そこで表面拡散を起こすと考えられる．このときの拡散長は基板の温度が主要なパラメータとなる．基板温度が高いと拡散距離が大きくなり，エネルギー的により安定な位置（サイト）を見つけて膜成長が起こるため，緻密で光導電性の高い良質膜が形成されると考えられる[4.6, 4.7]．しかし，基板温度を上げ過ぎる（350℃以上）と成長最表面から熱的に被覆水素が離脱し始める．その結果，ダングリングボンドが膜表面に露出し，SiH_3 の表面付着確率が大きくなり，表面拡散が抑制されて欠陥の多い疎な膜になってしまうと考えられている．a-SiGe:H や a-SiC:H など

の合金膜の堆積においても，基本的には 1)〜3) を満足するような成膜条件を実現すると比較的高品質な膜が生成される．しかし，デバイスへの適用という面からは，これらの合金膜の膜質はまだ満足できるものではなく，改善の試みが現在も活発に進められている．

4.1.2 成膜条件の基本的な考え方

前節でプラズマ CVD の基本的な原理を紹介してきたが，実際に成膜を行うためには，どのような放電条件を選択するかの検討が必要になる．デバイスに要求される薄膜の電気的，光学的な性質は用途により異なるため，放電条件を変えてこれらの膜物性を制御し，要求される膜を実現しなければならない．そのときに我々が制御できるのはガス流量やガス圧，放電電力などの外部パラメータであり，それらを通して成膜速度や膜組成を変え，要求される膜を堆積する．その具体的な方法については§4.2 で紹介することにし，ここでは外部の放電パラメータを変えるとプラズマ CVD の内部で何が起こり，それがどのような影響を及ぼすのかを理解するための基礎的な解析を行ってみよう．しかし，そこには反応性ガスやプラズマが介在するために，厳密なプロセスシミュレーションは難しい．そこで，成膜条件を検討する上で考慮すべきいくつかの重要な事柄について，単純化したモデルを用いた説明を以下に試みる．なお，単純化したモデルとはいっても，計算そのものはかなり煩雑になるため，あまり数学的な演繹にはこだわらず，モデルの考え方や物理的な意味を理解していただきたい．

1 プラズマ CVD における過渡現象[4.8]

通常のプラズマ CVD 装置では，反応室内に一定流量の原料ガスをマスフローコントローラなどを通して供給し，同時に排気側のバルブのコンダクタンスを調整して同量のガスを排気することにより，内部の圧力を一定に保つ．こうしておいて放電を開始すると，放電はすぐには安定せず，発光スペクトルや電極間電圧に数秒から数十秒の過渡的変動が観測される[4.9]．この間に堆積された膜は，定常状態のときとは異なる性質を持つことになり，これは膜の均一性

§4.1 原　　理

や制御性を向上させる上で大きな問題となる．例えば，通常の pin 形アモルファス太陽電池では，p 層にボロンをドープした a-SiC:H 膜を用いる．こうした合金膜の形成には2種類以上の混合原料ガスを用い，所定の時間だけ放電を起こして，必要とされる膜質，膜厚を得る．しかし，p 層膜厚は通常 10〜20 nm と非常に薄いため，成膜時間は数分以内になる．もしその間に上述の放電変動があると，それがそのまま深さ方向の膜質不均一性につながり，設計通りのデバイス構造が実現できないことになる．

この現象が起こる原因は，放電開始とともに始まる原料ガスの分解とガスの供給，排気が釣り合ってガス組成が定常状態に達するまでに時間がかかるためである．そこでこの現象を定量的に扱うために，まず原料ガスの分解による圧力変化が無視できるとした，単純なモデルで考えてみよう．前節で説明したように，プラズマ CVD においては，原料ガス分子が放電プラズマ中の高速電子と衝突して解離し，その結果生成されるフリーラジカルが基板に拡散していき，膜として堆積する．図 4.2 はシランガスについて，その様子を示したものであるが，電子衝突により種々のラジカル（H や $SiH_x: x=0, 1, 2, 3$）と水素分子が生成される．それらの粒子はさらに複雑な二次反応を経て高次のシランやそれらのラジカルを生成するが，その量は非常に少ない[4.10]．また，これらの二次反応過程で SiH_4 が生成される逆反応もあるが，その反応速度は解離反応と比べると無視できる．そこで，ここではラジカルの種類に立ち入らず，こ

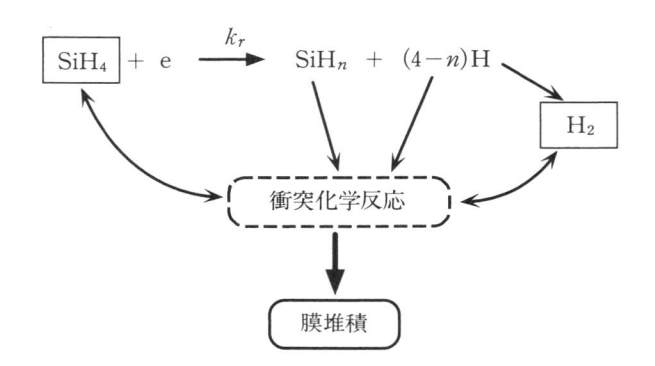

図 4.2　プラズマ中のシランの解離・堆積反応．

れらを一まとめにして考えることにし，また二次反応も無視すると，図4.2の反応は次のように単純化される．

$$\boxed{原料ガス分子}+e \xrightarrow{k_r} \boxed{ラジカル}+\boxed{安定分子} \tag{4.6}$$

ここで，k_r はこの反応の速度定数である．

　反応室内の原料ガスの空間的な密度分布については次項で論ずることにし，ここでは反応室内の原料ガスの平均密度が時間的にどのように変化するかを調べる．例えばシラン系ガスを用いた成膜では，シランを水素や希ガスで希釈したガスを用いるのが普通である．そこで，供給ガスにおける原料ガス（この例ではシラン）の全ガス流に対する流量比（分圧比）を $f(=0\sim 1)$ で表すことにし，反応室内の原料ガスの平均密度を N_s，反応室の体積を V_c，ガス圧を p，ガス供給流量，排気流量を共に Q [scc/s]，放電領域の体積を V_p とおくと，こうした平均量に対して拡散項を無視した粒子連続の式（レート方程式；(7.40)式参照）から次の方程式が得られる（**図4.3**）．

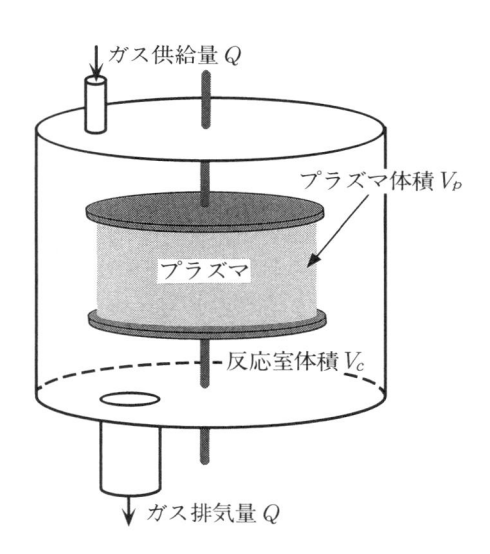

図 4.3　過渡現象解析のためのプラズマCVD構成図．

§4.1 原　　理

$$\frac{dN_S}{dt} = \frac{1}{V_c}\left(fN_LQ - k_rN_eN_SV_p - N_LQ\frac{N_S}{N_g}\right) \quad (4.7)$$

ここで，N_L はロシュミット数（2.7×10^{19} cm^{-3}；§7.1 参照），N_e は放電領域における平均電子密度，N_g は反応室内の平均ガス分子密度である．N_LQ は流量を分子数に変換し，右辺の第1項は1秒間に供給される原料ガス分子数，第2項はプラズマ中で消費される原料ガス分子数，第3項は排気により出ていく分子数を表す．この式は変数分離法により容易に解くことができ，初期条件を $t=0$ で $N_S=fN_g$ とおくと

$$N_S = \frac{f}{(k_rN_eV_p+N_LQ/N_g)}\left[k_rN_eN_gV_p\exp\left(-\frac{1}{V_c}(k_rN_eV_p+N_LQ/N_g)t\right)+N_LQ\right] \quad (4.8)$$

この結果から，反応室内の原料ガス密度は，$V_c/(k_rN_eV_p+N_LQ/N_g)$ の時定数で指数関数的に変化することが分かる．また，ある一定の希釈率 f の原料ガスを供給していても，定常状態に達した後の反応室内の原料ガス希釈率 f_∞ はこれとは異なり，次式で与えられることが分かる．

$$\frac{f_\infty}{f} = \frac{N_S(t\to\infty)}{fN_g} = \frac{1}{1+(k_rN_eN_gV_p/N_LQ)} \quad (4.9)$$

解離反応定数 k_r の値は，いくつかのプロセス用ガスについて図7.15 に示されている．これらの値は，電子のエネルギー分布が Maxwell 分布であると仮定して電子温度の関数として計算したものであり，実際の高周波放電中の分布とは異なるものと予想されるが，k_r の値のオーダーを評価する上では大きな問題とはならない．

このような単純化された解析からでも，いくつかの有用な情報が得られる．例えば，(4.9)式から分かるように，解離反応定数 k_r の値が大きい場合，あるいは供給ガス流量 Q が小さい場合には，f_∞/f の値が小さくなり，供給している原料ガスの希釈率と反応室内の実際の希釈率とは大きく異なることに注意しなければならない．また，k_r の値が異なると，時定数と f_∞/f はどちらも大きく異なるので，複数種の原料ガスを混合して膜形成を行う場合には，反応室内の原料ガスの混合比が時間とともに変化することになる．したがって，深さ方向の膜質均一性を得るためには，こうした点を考慮して放電条件を設定する必

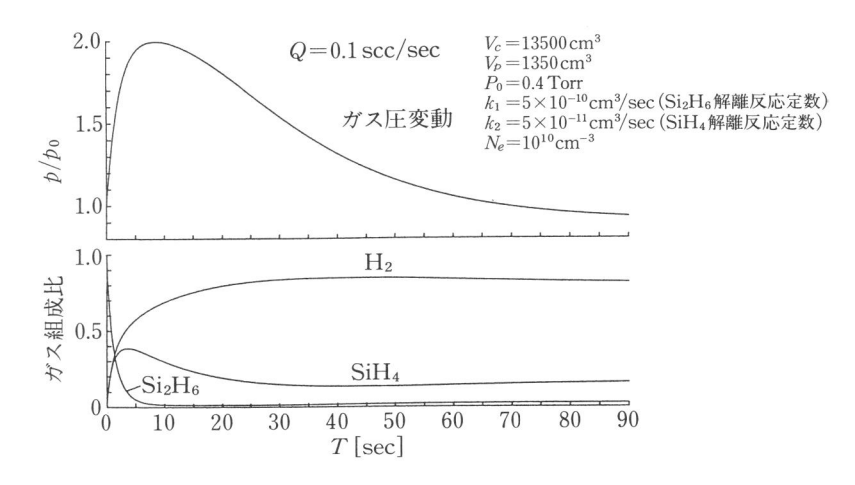

図 4.4 ジシランガス供給量 $Q=0.1$ [scc/s] の場合のガス圧および
ガス組成の過渡変動.

要がある.

　実際の反応性ガスの放電では，原料ガスの分解により，ラジカルが生成されると同時に安定な分子や原子も生成される．その結果，排気側の圧力コントローラのない排気系では放電開始と同時に反応室内の粒子数が変化し，それが圧力変動として観測される．このような圧力変動を考慮すると解析解は得られないが，同様な考え方を用いた数値解析によるシミュレーションは可能である（詳細は文献(4.8)を参照されたい）．図 4.4 は 100% の Si_2H_6 を $Q=0.1$ [scc/s] で供給した場合のジシラン（Si_2H_6）放電の計算例を示す．他のパラメータは図中に示されている．放電開始直後には大きなガス圧変動が見られるが，実際の Si_2H_6 を用いたプラズマ CVD でもこうしたガス圧変動が観測され[4.11]，その挙動はここで得られた計算結果とよく一致する．このような大きなガス圧変動が起こる原因は，放電開始に伴って起こる Si_2H_6 の電子衝突解離による急激な減少，およびその結果生成される H_2，SiH_4 の増大による．この例では 100% の Si_2H_6 を供給しているにもかかわらず，反応室内では放電開始後すぐに 10% 以下に低下する．排気側のコンダクタンスはガスの質量に依

§4.1 原　　理

存するので（3.1.4参照），その結果排気量が変化し，ガス圧が変動する．

　以上，原料ガス組成やガス圧の過渡変動の単純化したモデルに基づくシミュレーション方法および計算結果について説明した．こうした解析でも，実験的に観測されるガス圧変動などが準定量的に説明できる．接合界面の特性でデバイス性能が大きく影響される薄膜デバイスでは，このような過渡現象には十分な注意を払う必要がある．

2　原料ガス供給法と膜形成の関係[4.8,4.12]

　次に定常状態に達した後の原料ガス分子とラジカルの空間分布について調べてみよう．大面積基板上に均一性のよい成膜を行うためには，基板面に沿ったプラズマ中のラジカル密度をできる限り均一にする必要がある．一方，プラズマCVDでは原料ガスの供給方法や供給量により，放電空間での原料ガス分子やラジカルの基板面内の分布が異なる．そこで，このような成膜条件と密度分布の関係を把握し，膜厚の均一な成膜を実現するためにはどのようなパラメータに着目すべきかという点を明確にするため，実際のプラズマCVD装置でよく用いられる次の2つのガス供給法について二次元モデルを用いて説明しよう．

①放電領域内において一方向の原料ガスの流れがある場合．
②放電領域内において原料ガスの流れが無視できる場合．

　基礎となる方程式は次の粒子連続式（(7.23)式）と粒束の式（(7.30)式）である．

$$\frac{\partial N}{\partial t} = -\nabla \cdot \boldsymbol{\Gamma} + G \tag{4.10}$$

$$\boldsymbol{\Gamma} = -D\nabla N + \boldsymbol{u} N \tag{4.11}$$

ここで，$\boldsymbol{\Gamma}$は流束とよばれ，流れに垂直な単位面積を単位時間に通過する粒子数，Dは拡散係数，$\boldsymbol{u}$はガス流速，Gは単位時間，単位体積当たりの正味の粒子発生数または消滅数を表す．(4.11)式の右辺第2項は，荷電粒子におけるドリフト項に対応し，中性粒子の流れによる粒束である．(4.11)式を(4.10)式に代入し，次の密度方程式が得られる．

$$\frac{\partial N}{\partial t} = D\nabla^2 N - \nabla \cdot (\boldsymbol{u}N) + G \tag{4.12}$$

添字 S, R でそれぞれ原料ガスおよびラジカルに関する物理量を表すことにしよう．(4.6)式で考えたような単純化された解離反応を考えると，(4.12)式における G_S, G_R はそれぞれ $-k_r N_e N_S$, $k_r N_e N_S$ と表すことができ，定常状態での原料ガス分子とラジカルの密度方程式はそれぞれ次式で与えられる．

$$D_S \nabla^2 N_S - \nabla \cdot (\boldsymbol{u}N_S) - k_r N_e N_S = 0 \tag{4.13}$$

$$D_R \nabla^2 N_R - \nabla \cdot (\boldsymbol{u}N_R) + k_r N_e N_S = 0 \tag{4.14}$$

ガス流がこれらの密度分布に及ぼす影響ついて，この式を用い調べてみよう．

(a) 原料ガスに一方向の流れがある場合

平行平板電極間に生成されるプラズマを考え，原料ガスが一方向から供給される場合を考えてみよう．図 4.5 のように座標系を設定し，電極間隔 d の間をガスは z 軸方向に速度 u で流れており，$z=0$ から $z=z_p$ の領域で y 軸方向に一様な放電が形成されているとする．

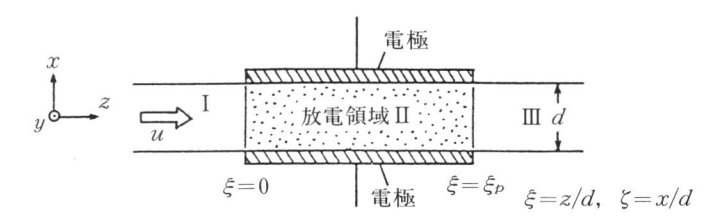

図 4.5 本解析で用いられたガス流がある場合の放電形状．

まず，原料ガスについて考える．ガス流速 u が拡散速度に比べて十分大きい場合には(4.13)式において拡散項は無視できる．また x 軸方向の密度変化は小さく，一定であると仮定すると，放電領域では

$$\frac{dN_S}{d\xi} + \frac{d}{u} k_r N_e N_S = 0 \tag{4.15}$$

ここで，$\xi(=z/d)$ は電極間隔 d で規格化した z 軸方向の座標を表す．プラズマが z 軸方向に一様に生成される場合には電子密度も一様と見なせる．一方，

§4.1 原　　理

電子密度は x 軸方向には分布を持つが，簡単のためにその平均値で代表させ，放電空間内では N_e 一定と仮定しよう．その結果(4.15)式は ξ だけの方程式となり，領域 I，II，III における N_S の解はそれぞれ次のようになる．

・領域 I　($\xi \leqq 0$)

$$N_S = N_S(0) \tag{4.16}$$

・領域 II　($0 \leqq \xi \leqq \xi_p$)

$$N_S = N_S(0)\exp\left(-\frac{d}{u}k_r N_e \xi\right) = N_S(0)e^{-B\xi} \tag{4.17}$$

ただし，$B = \dfrac{d}{u}k_r N_e$

・領域 III　($\xi \geqq \xi_p$)

$$N_S = N_S(0)e^{-B\xi_p} \tag{4.18}$$

すなわち，放電領域外では一定，放電領域内ではガスの流れに沿って指数関数的に減少する解が得られる．ただし，反応室内のガス圧はどこでも等しくなければならないから，原料ガスが減少した分は，その分解で生成される安定な分子や希釈ガスにより置換えられ，全粒子数はどこでも一定となっていることはいうまでもない．

次に，ラジカル密度については上で得られた原料ガスの分布を(4.14)式に代入すると，各領域についてそれぞれ次の密度方程式が得られる．

$$\frac{\partial^2 N_R}{\partial \zeta^2} + \frac{\partial^2 N_R}{\partial \xi^2} - \frac{u}{D_R}d\frac{\partial N_R}{\partial \xi} = 0 \quad (領域 I，III) \tag{4.19}$$

$$\frac{\partial^2 N_R}{\partial \zeta^2} + \frac{\partial^2 N_R}{\partial \xi^2} - \frac{u}{D_R}d\frac{\partial N_R}{\partial \xi} + k_r N_S N_e = 0 \quad (領域 II) \tag{4.20}$$

ここで，$\zeta(=x/d)$ は電極間隔 d で規格化した x 軸方向の座標を表す．これに領域の境界でなめらかに N_R がつながり，壁では零であるとする境界条件を適用すると（厳密には零と置けない．詳細は3(a)参照），演繹そのものは煩雑であるが，以下の解析解が得られる．

境界条件

$$\begin{cases} \cdot \xi = \pm\infty \text{ および } \zeta = \pm 1/2 \text{ で } N_R = 0 \\ \cdot \xi = 0 \text{ および } \xi = \xi_p \text{ で } N_R \text{ および } \partial N_R/\partial \xi \text{ は連続} \end{cases}$$

- 領域 I （$\xi \leq 0$）
$$N_R = \cos(\pi\zeta)\{(B+s-t)e^{-(B+s+t)\xi_p} + (B+t-s)\}\frac{L}{2s}e^{(t+s)\xi} \tag{4.21}$$

- 領域 II （$0 \leq \xi \leq \xi_p$）
$$N_R = \cos(\pi\zeta)\{C_1 e^{(t+s)\xi} + C_2 e^{(t-s)\xi} - Le^{-B\xi}\} \tag{4.22}$$

ただし，$C_1 = \dfrac{L(s-B-t)}{2s}e^{-(B+t+s)\xi_p}$, $C_2 = \dfrac{B+t+s}{2s}L$

- 領域 III （$\xi \geq \zeta_p$）
$$N_R = \cos(\pi\zeta)\{(B-t-s)e^{-(B+t-s)\xi_p} + (B+t+s)\}\frac{L}{2s}e^{(t-s)\xi} \tag{4.23}$$

ここで，

$$A = \frac{ud}{D_R},\ B = \frac{k_r d}{u}N_e,\ L = \frac{k_r d^2 N_S(0) N_e}{(B^2+AB-\pi^2)D_R},\ s = \frac{\sqrt{A^2+4\pi^2}}{2},\ t = \frac{A}{2} \tag{4.24}$$

計算例を図 4.6 に示す．この例では，原料ガスの分布（図中の破線）を一定（B の値を一定）としたときの，ガス流速（A の値）の変化に対する $x=0$ （$\zeta=0$）における z 軸方向のラジカル密度分布（図中の実線）の変化を示したものである．代表的な値を代入してみると，ラジカル密度の絶対値は原料ガス

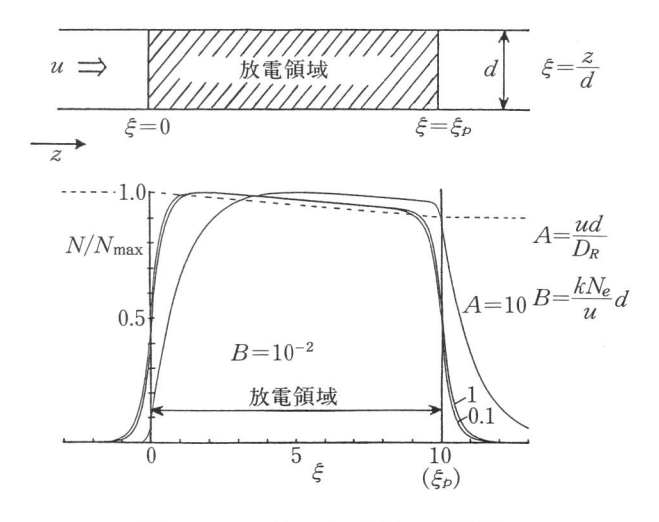

図 4.6 ガス流がある場合の計算例．

の密度に比べて数桁小さいことが分かる．流速 u が拡散係数 D_R と同程度ないしはそれ以上の大きさになると，ラジカル密度の分布はガス流の影響を受けるようになり，下流に吹き流される様子が示される．

(b) ガスの流れが無視できる場合

次に，ガス流の影響が無視できるような拡散支配の放電について検討を行ってみよう．拡散支配の場合の密度方程式は，(4.13)式，(4.14)式において，ガス流の項を零とおくことにより得られ，図 4.7 に示す座標系を用いたときの方程式は，原料ガス分子，ラジカルについてそれぞれ次のように得られる．

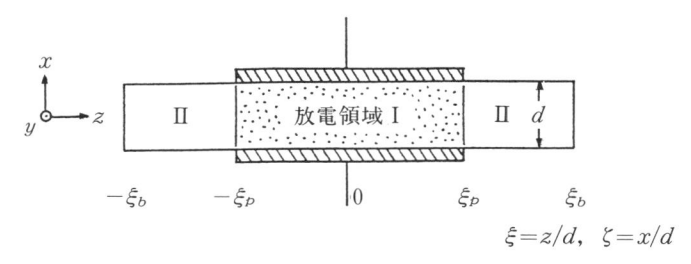

図 4.7 本解析で用いられたガス流が無視できる場合の放電形状．

$\xi = z/d, \ \zeta = x/d$

・領域 I （$-\xi_p \leqq \xi \leqq \xi_p$）

$$\frac{\partial^2 N_S}{\partial \xi^2} - \frac{k_r N_e N_S d^2}{D_S} = 0 \tag{4.25}$$

$$\frac{\partial^2 N_R}{\partial \zeta^2} + \frac{\partial^2 N_R}{\partial \xi^2} + \frac{k_r N_e N_S d^2}{D_R} = 0 \tag{4.26}$$

・領域 II （$-\xi_b \leqq \xi \leqq -\xi_p, \ \xi_p \leqq \xi \leqq \xi_b$）

$$\frac{\partial^2 N_S}{\partial \xi^2} = 0 \tag{4.27}$$

$$\frac{\partial^2 N_R}{\partial \zeta^2} + \frac{\partial^2 N_R}{\partial \xi^2} = 0 \tag{4.28}$$

境界条件は，ラジカル密度は容器壁で零，また各粒子密度は境界（$\xi = \pm \xi_p$）でなめらかにつながると仮定し，以下のように得られる．

110   第 4 章　プラズマ CVD 技術

境界条件
$$\begin{cases} \cdot \zeta = \pm 1/2 \text{ で } N_R = 0 \\ \cdot \xi = \pm \xi_b \text{ で } N_R = 0, \ N_S = N_{Sb} \\ \cdot \xi = \pm \xi_p \text{ で } N_S, \ N_R, \ \partial N_S/\partial \xi, \ \partial N_R/\partial \xi \text{ は連続} \end{cases}$$

これらの解法の詳細は省略するが，(a)の場合と同様にまず N_S を求め，これを N_R の式に代入すると，それぞれ以下のような解析解が求まる．

・領域 I　($-\xi_p \leq \xi \leq \xi_p$)

$$N_S = C_1(e^{\sqrt{C}\xi} + e^{-\sqrt{C}\xi}) \tag{4.29}$$

$$N_R = \cos(\pi\zeta)\left\{ C_3(e^{\pi\xi} + e^{-\pi\xi}) + \frac{C_1 D}{\pi^2 - C}(e^{\sqrt{D}\xi} + e^{-\sqrt{D}\xi}) \right\} \tag{4.30}$$

・領域 II　($\xi_p \leq \xi \leq \xi_b$)

$$N_S = C_2(\xi - \xi_b) + N_{Sb} \tag{4.31}$$

$$N_R \cos(\pi\zeta) = C_4\{e^{\pi\xi} - e^{\pi(2\xi_b - \xi)}\} \tag{4.32}$$

ここで，

$$C = \frac{k_r d^2}{D_S} N_e, \ D = \frac{k_r d^2}{D_R} N_e$$

$$C_1 = \frac{N_{Sb}}{\{1 - \sqrt{C}(\xi_p - \xi_b)\}e^{\sqrt{C}\xi_p} + \{1 + \sqrt{C}(\xi_p - \xi_b)\}e^{-\sqrt{C}\xi_p}}$$

$$C_2 = \frac{\sqrt{C}(e^{\sqrt{C}\xi_p} - e^{-\sqrt{C}\xi_p})N_{Sb}}{\{1 - \sqrt{C}(\xi_p - \xi_b)\}e^{\sqrt{C}\xi_p} + \{1 + \sqrt{C}(\xi_p - \xi_b)\}e^{-\sqrt{C}\xi_p}}$$

$$C_3 = \frac{\{e^{\pi\xi_b} - e^{\pi(2\xi_b - \xi_p)}\}}{2\pi(e^{2\pi\xi_b} + 1)} \frac{C_1 D}{\pi^2 - D}$$

$$\left[\sqrt{D}(e^{\sqrt{D}\xi_p} - e^{-\sqrt{D}\xi_p}) - \frac{\pi\{e^{\pi\xi_b} + e^{\pi(2\xi_b - \xi_p)}\}(e^{\sqrt{D}\xi_p} + e^{-\sqrt{D}\xi_p})}{e^{\pi\xi_b} - e^{\pi(2\xi_b - \xi_p)}} \right]$$

$$C_4 = \frac{1}{e^{\pi\xi_b} - e^{\pi(2\xi_b - \xi_p)}}\left\{ C_3(e^{\pi\xi_p} + e^{-\pi\xi_p}) + \frac{C_1 D}{\pi^2 - D}(e^{\sqrt{D}\xi_p} + e^{-\sqrt{D}\xi_p}) \right\}$$

図 4.8 に計算例を示す．この図は $\xi = \pm 20$（これを ξ_b とおく）のところに境界があり，放電は $\xi = \pm 10$ の間に形成されている場合の $x=0(\zeta=0)$ での結果を示しており，C，D ともに 10^{-2} と 10^{-3} としたときの原料ガス分子（破線），およびラジカル（実線）の密度分布（各々最大値で規格化）が同一図面上に描かれている．放電領域内の原料ガスの分解が拡散速度に対して大きく

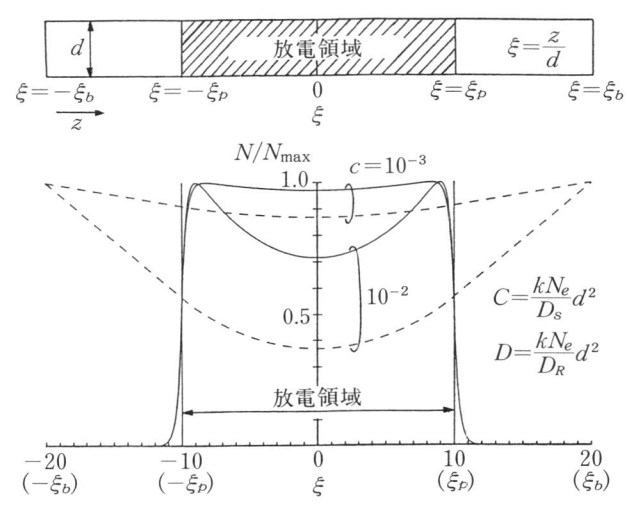

図 4.8 ガス流が無視できる場合の計算例.

(すなわち,C,D が大きく)なると,密度分布が次第に不均一になる様子が示される.

これまでの説明から分かるように,均一な成膜を得るためには,ガス流速,拡散速度と原料ガスの消費量(すなわち,放電電力や成膜速度)の間の量的な関係をよく考慮し,成膜条件を決める必要がある.そのためにはここで示したような単純化した解析も有効であり,使用している成膜条件をこうした手法で再検討してみることも重要である.

3 成膜速度,膜組成比の基礎[4.13]

ラジカルや原料ガスの空間的な分布の次に考えなければならないのは,これらのラジカルがどのように膜として堆積するかである.一般論は 4.1.1 で紹介したが,ここでは堆積過程を準定量的に考えてみよう.

(a) 基板への入射粒束

これまでの説明は,成膜前駆体となるラジカルの密度分布に関するものであ

った．これらが膜として堆積するときの現象を理解するためには基板方向への輸送過程，ならびに膜表面での反応を考えなければならない．中性ラジカルには電界が作用しないため，基板方向への輸送は拡散が支配的になる．したがって，通常の条件ではラジカルに対する密度方程式は

$$D_R \nabla^2 N_R + G = 0 \tag{4.33}$$

ここで，G については電子衝突解離によるラジカル発生が支配的であると考え，先と同様に二次反応は無視すると，次式で与えられる．

$$G = k_r N_s N_e \tag{4.34}$$

例えば，主要な成膜前駆体と考えられている SiH_3 について示すと，以下のような反応である．

$$SiH_4 + e \longrightarrow SiH_3 + H + e \tag{4.35}$$

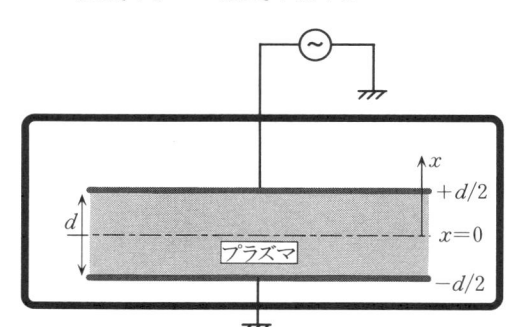

図 4.9 解析に用いたプラズマ CVD 装置のモデル．

(4.33)式の解析に当たり，図 4.9 のような一次元モデルを考える．電子とラジカルの x 軸方向の密度プロファイルは相似形であると仮定し，(4.33)式を無次元化すると，

$$\frac{d^2 n}{d\zeta^2} + \alpha^2 n = 0 \tag{4.36}$$

を得る．ここで，

§4.1 原　　理

$$\left.\begin{aligned}N_R &= N_{R0}\cdot n(\zeta)\\ N_e &= N_{e0}\cdot n(\zeta)\\ \zeta &= \left(\frac{2}{d}\right)x\\ \alpha^2 &= \left(\frac{d}{2}\right)^2\frac{k_r N_S N_{e0}}{D_R N_{R0}}\end{aligned}\right\} \quad (4.37)$$

であり，N_{R0}，N_{e0} は，$x=0$ でのそれぞれの密度を表す．この仮定は厳密には成立しない．しかし，どちらのプロファイルも中央で高く，電極に近づくに従って低くなる形を持つため，準定量的にラジカルの振舞いを調べるのが目的であればそれほど悪い近似ではない．

(4.36)式を $\zeta=0$ で $n=1$，$dn/d\zeta=0$ の境界条件で解くと，次式のような cos 分布の解が得られる．

$$N_R = N_{R0}\cos(\alpha\zeta) \quad (4.38)$$

この式で，α を決めるためにはもう一方の境界である電極，ないしはそこに置かれた基板表面での条件を与える必要がある．表面まで到達したラジカルはすべて表面で付着して膜になるわけではなく，あるものは反射し，あるものは表面で水素を捕獲し，元の原料ガスに戻る．SiH_3 ラジカルに関する研究では，反射する割合が約 70%，残りの 30% の内，10% が膜に取り込まれ，20% は水素と再結合して SiH_4 ガスに戻るという報告がある[4.14]．そこで，膜に取り込まれたり，原料ガスに戻ることにより基板表面で消失するラジカルの割合をラジカル消失率と名付け，これを δ で表すことにする．この場合，基板に飛び込むラジカルの粒束は，基板の直前の密度を N_R とすれば $(1/4)N_R v_{th}$（v_{th} はラジカルの平均熱速度）で表される（§7.2 参照）．

基板表面で消失するラジカルはそれに δ をかけたものに等しいから，これが拡散により供給されるラジカル粒束（$-D_R\nabla N_R$）に等しいと見なせば，基板表面での境界条件を

$$\zeta=1 \text{ で } -D_R\nabla N_R = -\frac{2}{d}D_R\frac{dN_R}{d\zeta} = \frac{1}{4}N_R v_{th}\delta \quad (4.39)$$

とおくことができる（**図 4.10**）．

(4.39)式に(4.38)式を代入して整理すると，α は次の方程式を満足しなけれ

図中:
- プラズマ
- 境界条件：両者が等しい
- $-D_R \nabla N_R$
- $\frac{1}{4} N_R v_{th} \delta$
- 基板

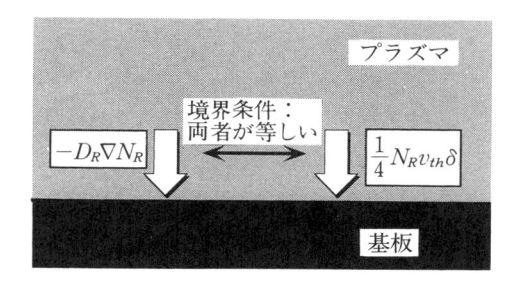

図 4.10 膜堆積表面でのラジカル粒束の境界条件．

ばならないことが分かる．

$$\alpha = \tan^{-1}\left(\frac{\delta v_{th} d}{8\alpha D_R}\right) \tag{4.40}$$

この超越代数方程式を解くことにより，α の固有値を求めることができる．計算例を示そう．SiH_3 を例に取ると，温度 500 K では $v_{th}=6\times 10^4$ cm/s，ガス圧 133 Pa では $D_R=500$ cm^2/s 程度の値が報告されている．そこで $d=2$ cm とし，これらの値を(4.40)式に代入すると

$$\alpha - \tan^{-1}\left(\frac{30\delta}{\alpha}\right) = 0 \tag{4.41}$$

この式を満足する α の値は，例えば $\delta=1$ で 1.52，$\delta=0.5$ で 1.48 となる．したがってこれらの α の値を(4.39)式に代入すれば，電極表面のごく近傍（$\zeta=1$）での密度はそれぞれ $0.05N_{R0}$ と $0.1N_{R0}$ となり，完全には零にはならない．

さて，このようにして求められた α の値（一般に固有値と呼ばれる）を α_0 とおくと，(4.37)式より，次の関係式が得られる．

$$\alpha_0 = \frac{d}{2}\left(\frac{k_r N_S N_{e0}}{D_R N_{R0}}\right)^{1/2} \quad \left(\text{ただし，} 0<\alpha_0 \leq \frac{\pi}{2}\right) \tag{4.42}$$

これから，

$$N_{R0} = \frac{k_r N_S N_{e0}}{D_R}\left(\frac{d}{2\alpha_0}\right)^2 \tag{4.43}$$

が得られ，中心でのラジカル密度がガス密度や電子密度などの関数として求められる．上の例で 100%SiH_4 ガスを仮定すると 133 Pa で $N_S=2\times 10^{16}$ cm^{-3}，

さらに，$N_{e0}=10^9\,\mathrm{cm^{-3}}$，$k=10^{-10}\,\mathrm{cm^3/s}$（図7.15で電子温度が約2 eVのときの値）と仮定すると，$N_{R0}=2\times10^{12}\,\mathrm{cm^{-3}}$程度の値が得られる．実際に測定されているSiH$_3$ラジカルの密度もこの程度のオーダーであり[4.15]，妥当な結果を示す．

（b）成膜速度

あるラジカル種による膜堆積を考える場合，その成膜速度をR_dとおくと，これは基板に入射するラジカルの粒束Γ_Rに比例する．Γ_Rは(4.39)式に(4.38)式と(4.43)式を代入して整理すると，以下の式が得られる．

$$\Gamma_R = -\frac{2}{d}D_R\frac{dN_R}{d\zeta}\bigg|_{\zeta=1} = \frac{k_r N_S N_{e0} d}{2\alpha_0}\sin\alpha_0 \tag{4.44}$$

一方，膜の構成原子の膜中密度をN_fとし，これがすべてこの入射するラジカルで構成されていくとすると，1秒間にΓ_R/N_fの厚さだけ成長することになるから，成膜速度は次式で求まることになる．

$$R_d = \frac{1}{N_f}\frac{k_r N_S N_{e0} d}{2\alpha_0}\sin\alpha_0 \tag{4.45}$$

a-Si:Hの場合を例に取れば，膜を構成するSi原子の数N_fは約$5\times10^{22}\,\mathrm{cm^{-3}}$である．そこで先に与えた数値例を(4.45)式に代入してみると，$R_d=3\times10^{-8}\,\mathrm{cm/s}=0.3\,\mathrm{nm/s}$となる．実際の太陽電池などのデバイスを作製するときに用いられるR_dは0.1～10 nm/s程度であり，オーダーはよく一致する．

以上，プラズマCVDによる膜堆積の原理を単純化したモデルで説明してきた．これらのモデルは原理的にはエッチングの場合にも適用できる．エッチング機構を理解するためには，やはりエッチングガスの分解により生成したラジカルが，エッチングすべき材料表面に入射してくる量を評価することが基本になるからである．これらについては第6章で説明することとし，本章では次に具体的な成膜方法について説明しよう．

§4.2 実験例—シリコン系薄膜の堆積—

プラズマ CVD 技術について，シリコン系薄膜の堆積を例に取り，本節では具体的に説明する．シリコン系薄膜には，**アモルファスシリコン**（amorphous silicon：a-Si），**アモルファスシリコン合金**（amorphous silicon based alloy），**微結晶シリコン**（microcrystalline silicon：μc-Si）がある．いずれの材料も，プラズマ CVD を用いて作製可能である．また，原料ガスには，シラン（silane：SiH_4）を用いて，水素または希ガスで希釈するのが一般的である．

4.2.1 成膜技術の基礎

1 成膜の基本的な流れ

図 4.11 に，プラズマ CVD による成膜の基本的な流れを，フローチャートで示す．基板の前処理，起動，プレデポジション，搬入，基板加熱，成膜，搬出，停止について以下，順番に説明しよう．

（a） 基板の前処理

まず，基板をきれいにするために，基板の前処理を行う．基板に汚れがあると，半導体薄膜の性能が低下するだけでなく，プラズマ CVD 装置を汚染するので，装置に入れる前に必ず基板の前処理が必要である．基板に付着している主な汚れとして，①ほこりや基板の切りくず，②指紋や油，③金属などの吸着物が，あげられる．

図 4.12 に，ガラス基板または透明電極付きのガラス基板の場合の，基板の前処理の流れをフローチャートで示す．

はじめに，基板を洗剤につけて，ブラシや不織布で擦って，ほこりや切りくずを落とす（**擦り洗浄**：brush cleaning）．洗剤は，中性洗剤または弱アルカリ性洗剤を用いる．不織布は，多孔質 PVA（ポリビニルアセテート）など，ほこりのでにくい物を用いる．擦り洗浄のあと，純水の中に基板をいれて，上

§4.2 実験例―シリコン系薄膜の堆積―

```
基板前処理
  ↓
 起動
  ↓
プレデポジション
  ↓
 搬入
  ↓
基板加熱
  ↓
 成膜
  ↓
 搬出
  ↓
 停止
```

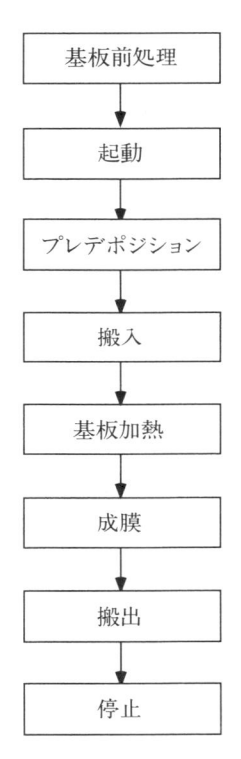

図 4.11 成膜の基本的な流れ．

下に 10 回ほど揺すって（**揺動洗浄**：rinse and drain），すすぎを行う．揺動洗浄は，純水を交換して数回行う．

次に，アセトン，メタノールの順に**超音波洗浄**（ultrasonic cleaning）を行って，油を落とす（**脱脂**：degreasing）．超音波洗浄は，振動子を数十 kHz から数百 kHz で振動させて，液体中に微細な泡を発生，消滅させる洗浄方法である．消滅直前の泡の中は数十 MPa の高い圧力になり，泡が消滅する瞬間に大きな機械力が発生して，汚れを剥ぎ取る．アセトンは水になじまないので，純水で揺動洗浄する前に，メタノールの超音波洗浄も行う．

3 番目に，アルカリによる**エッチング**（etching）を行い，金属などの吸着物を取り除く．メタノールに KOH を数%溶かして，3～5 分程度エッチング

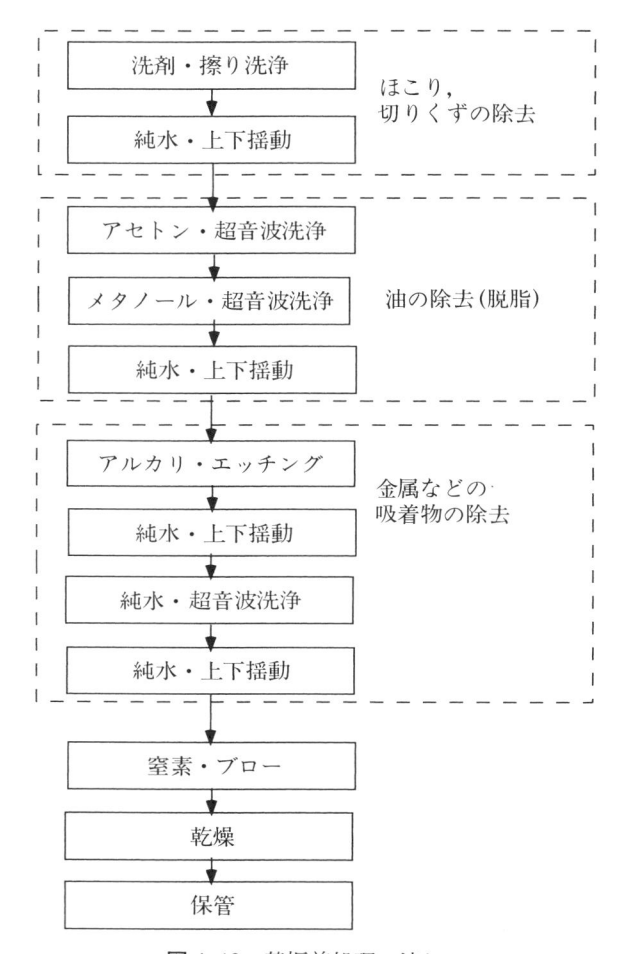

```
┌─────────────────────────┐
│  洗剤・擦り洗浄          │
└──────────┬──────────────┘     ほこり,
           ↓                    切りくずの除去
┌─────────────────────────┐
│  純水・上下揺動          │
└──────────┬──────────────┘

┌─────────────────────────┐
│  アセトン・超音波洗浄     │
└──────────┬──────────────┘
           ↓
┌─────────────────────────┐
│  メタノール・超音波洗浄    │    油の除去(脱脂)
└──────────┬──────────────┘
           ↓
┌─────────────────────────┐
│  純水・上下揺動          │
└──────────┬──────────────┘

┌─────────────────────────┐
│  アルカリ・エッチング      │
└──────────┬──────────────┘    金属などの
           ↓                    吸着物の除去
┌─────────────────────────┐
│  純水・上下揺動          │
└──────────┬──────────────┘
           ↓
┌─────────────────────────┐
│  純水・超音波洗浄         │
└──────────┬──────────────┘
           ↓
┌─────────────────────────┐
│  純水・上下揺動          │
└──────────┬──────────────┘

┌─────────────────────────┐
│  窒素・ブロー            │
└──────────┬──────────────┘
           ↓
┌─────────────────────────┐
│  乾燥                   │
└──────────┬──────────────┘
           ↓
┌─────────────────────────┐
│  保管                   │
└─────────────────────────┘
```

図 4.12 基板前処理の流れ．

する．その後，純水によるすすぎを，揺動洗浄と超音波洗浄で念入りに行う．

　最後に，窒素を吹きつけるなどして基板の水きりを行い，**乾燥**（dry）させる．乾燥には，赤外線ランプや乾燥炉を用いる．基板に吸着した水を取り除くためには，150℃以上で1時間以上乾燥することが望ましい．洗浄が完了した基板は，乾燥剤の入った容器または窒素を常時流す保管庫（**デシケータ：**

desiccator）に，保管する．

　結晶シリコンを基板に用いる場合の基板の前処理は以下の通りである．擦り洗浄は行わない．脱脂は，ガラス基板と同様に行う．金属などの吸着物の除去は，酸によるエッチングにより行う．酸は，鏡面の結晶シリコン基板の場合はフッ酸（$HF:H_2O=1:50～100$）を用い，粗面の結晶シリコン基板の場合はフッ硝酸（$HF:HNO_3:H_2O=1:3:2$）を用い，30秒～1分エッチングを行う．フッ硝酸のエッチングは，激しく黄色蒸気が上がるので，必ず吸気しているドラフト内で行う．エッチング後，基板をエッチング液からそのまま取り出すと，むらになりやすいので，エッチング液に大量の純水を一気に注いでエッチングを停止し，それから純水をためた容器に基板を移すのが望ましい．乾燥，保管はガラス基板と同様である．

　アセトン，メタノールなどの有機溶剤，アルカリ，酸の取り扱いは，それぞれの薬品の性質をよく知った上で取り扱う．薬品の取り扱いは，必ず吸気している**ドラフト**（draft；密閉形の薬品用の流し台で，上部から吸気することにより，内部は負圧に保たれたもの）で行う．ただし，有機溶剤と酸を混合すると，爆発の危険性があるので，同じドラフト内で有機溶剤と酸を扱ってはならない．作業には必ず保護メガネ，手袋，エプロン，マスクをつけて行う．手袋は漏れがないか，手袋を膨らませて水につけて泡が出ないことを確認してから使用する．

　主な薬品の人体への影響を述べる．**アルカリ**（alkali）は，たんぱく質を溶かすので，手につくとぬるぬるし，目に入ると失明の危険がある．**アセトン**（acetone）は，脂肪を溶かし，手につくと白くなり，目に入ると失明の危険がある．**フッ酸**（hydrofluoric acid）は単独の場合，手についても痛みを感じないが，骨までしみ込んで Ca を溶かす．**硝酸**（nitric acid）は，手につくとピリッと痛みがあり，ついた所がすぐ黄変する．万が一，薬品が体の一部についたら，すぐに大量の水で洗う．それから，責任者の判断を仰いで，必要に応じて医務室，病院に行く．

（b） 起　　動

プラズマCVD装置の起動について述べる．まず，ユーティリティを立ち上げてから，はじめてプラズマCVD装置の電源を入れる．具体的には，圧縮空気の供給開始，希釈N_2のバルブ開，冷却水のバルブ開，除害装置の運転を確認してから，プラズマCVD装置の電源をonする．その後，基板ステージのヒータをonする．

続いて，ポンプを大気圧に近い下流側から順に起動する．補助用ロータリーポンプ，ターボ分子ポンプの順で起動する．ターボ分子ポンプは回転数が上がるまで5〜30分かかるので，正常回転数になるまで待つ．

次に，メインバルブを開けて反応室の真空引きを開始し，電離真空計で10^{-3} Pa以下になるまでターボ分子ポンプで高真空引きをする．ただし，反応室の圧力が高い場合は先にメインのロータリーポンプで真空引きしてからターボ分子ポンプで引く．その後，ガスラインを元弁までターボ分子ポンプで長時間引く．これは，装置を停止している間に，継ぎ手や溶接個所から漏れて配管に入った空気を排気するためである．反応室から元弁までの配管はコンダクタンスが小さいので，排気時間が短いと配管内の圧力が反応室の圧力より数桁高い場合がある．

以上の準備が整ったら真空引きしていたガス供給系のバルブをいったん閉じた後，ガスの供給を開始する．このとき，バルブを開ける順番は次の原則に従う．圧力が大気圧より低い真空の配管は，ポンプに近い順にバルブを開ける．圧力が大気圧より高い配管は，ボンベに近い順にバルブを開ける．マスフローコントローラの入口は0.1〜0.2 MPaで大気圧以上になり，マスフローコントローラの出口は反応室の圧力で大気圧より低くなるため，どちらの手順に従うかは，マスフローコントローラが境目になる．

（c） プレデポジション

プレデポジション（pre-deposition）とは，基板を載せていないトレーまたはダミーの基板に，基板の成膜とほぼ同じ条件で，成膜を行うことである．プレデポジションの目的は，①薄い半導体膜で反応室壁面やトレーを覆うことに

§4.2　実験例―シリコン系薄膜の堆積―

よって壁面やトレーの表面から脱離する不純物の発生を抑えること，②プラズマによる電極，壁面，トレーの加熱，③放電の安定性およびマッチング条件の確認を行うことである．プレデポジションの場合も，基板の成膜と同様の加熱を行ってから，成膜を行う．

（d）搬　　入

　基板の搬入（loading）について述べる．リーク弁を開けてロードロック室を大気圧に戻し，トレーに載せた基板をロードロック室に入れ，ロードロック室を設定圧力以下まで排気する．

　ゲート弁を開ける前に，ロードロック室の排気弁をいったん閉じる．この手順を守らないと，ロードロック室のロータリーポンプのオイルが，反応室のターボ分子ポンプ側に引かれて，オイルで真空槽を汚染するためである．また，ゲート弁を開ける前に，反応室の電離真空計を off して，フィラメントが焼け切れるのを防ぐ．

　それから初めてゲート弁を開けて，基板を載せたトレーを反応室に搬送する．搬送後，ゲート弁を閉め，ロードロック室の排気弁を開ける．

（e）基板加熱

　成膜の前に基板の加熱を行って，基板の温度を安定させる．通常はヒータ温度と基板温度は異なるので，あらかじめヒータ温度と基板温度の校正曲線，基板温度の飽和時間を求めておく．真空中では基板温度があまり上がらないので，成膜時と同じぐらいの圧力にガスをためて加熱を行う．また，複数の成膜条件を用いて多層膜を成膜する場合には，成膜条件のうち一番高い基板温度でいったん加熱してから，最初の成膜条件に基板温度を下げることによって，基板からの脱ガスの影響を抑えるのが望ましい．

（f）成　　膜

　成膜（deposition）の手順について述べる．まず，反応室をターボ分子ポンプで高真空に引き，電離真空計で到達圧力を確認する．次に，排気をメカニカ

ルブースターポンプに切り替える．マスフローコントローラの前後のバルブを開けてガスを流し，実際の流量が設定流量に安定するまで待つ．排気バルブコントローラを全開から圧力制御に切り替えて，反応室の圧力が設定圧力に安定するまで待つ．RF 電源を on して放電を開始し，反射電力が下がるようにマッチングを合わせる．成膜時間に達したら，RF 電源を off する．排気バルブコントローラを全開にし，マスフローコントローラの前後のバルブを閉じる．圧力が下がったら，ターボ分子ポンプの排気に切り替えて，高真空引きを行う．

　放電がつきにくい場合は，RF 電源を on するときにやや高めの電力にすると放電しやすい．マッチングボックスの 2 台の可変コンデンサを交互に少しずつ調整すると，反射電力が下がりやすい．

（g）搬　　出

　基板の**搬出**（unloading）においても搬入と同様に，ゲート弁を空ける前に，ロードロック室の圧力が設定値以下であること，ロードロック室の排気弁が閉じていること，反応室の電離真空計が off していることを確認する．ゲート弁を開けて基板をロードロック室に搬出し，ゲート弁を閉じる．基板が冷えるまで真空のまま 5〜10 分待ち，リーク弁を開けてロードロック室を大気に戻し，基板を取り出す．

（h）停　　止

　ガス供給系を元弁までガスライン 1 本ずつ真空に引いてから，まとめて高真空引きを長時間行う．その後，上流から順にバルブを閉め，ポンプを停止する．ターボ分子ポンプの減速中は，補助ポンプによる排気は続ける．ロータリーポンプは，停止後に大気圧にリークして，配管へオイルが上がるのを防ぐ．装置の電源 off 後，ユーティリティを停止する．

2　成膜条件の最適化

　成膜条件（deposition conditions）の最適化は，用途に適した電気的，光学

§4.2 実験例―シリコン系薄膜の堆積― 123

的,あるいは機械的物性をもつ半導体膜を得る条件を決めることである.また,生産性を考えると物性が許容範囲であれば,成膜速度は速いほうが望ましい.しかし,物性や成膜速度が望ましい半導体膜を得る以前に,評価可能な半導体膜を作製することが必要である.成膜条件の最適化は以下の5つの条件を考慮する必要がある.

(a) 粉がない条件.
(b) 剝離しない条件.
(c) 均一な条件.
(d) 成膜速度の速い条件.
(e) 物性のよい条件.

次にそれぞれの条件の最適化について説明しよう.

(a) 粉がない条件

基板に粉状の堆積物がつくと,半導体薄膜としてデバイスに適用できる品質のものは得られない.また,基板には膜がついているが,成膜中に対向電極や壁に粉が付くような条件では,**ピンホール**(pinhole),すなわち成膜中に粉がマスクとなって半導体膜がつかない小さい穴が発生し,リーク電流の原因となって半導体デバイスの電気的特性が悪くなる.

粉には2種類ある.壁や電極から**剝離する粉**(powder peeled from wall)と,**気相中で発生する粉**(powder formed in gas phase)であり,それぞれについて説明しよう.

剝離する粉について観察される現象は,

①粉の色は基板に膜を厚くつけたものと同じで,シリコン系薄膜の成膜の場合は金属的光沢のある青黒い色をしている.
②成膜回数に伴って粉が増加する.

剝離が起こりやすいケースは,

①壁や電極に厚い膜.
②ロードロック室のない装置.
③機械的ショック,振動.

④壁や電極の温度の変動．
⑤局所的に厚い膜．
⑥真性応力の高い膜．
⑦電極端部，ねじの部分．

剥離を抑制する対策としては，
①壁，電極のクリーニング．
②剥離しにくくする．壁，電極のサンドブラスト．
③剥離の影響を減らす．基板を上部電極へ取り付け（デポアップ），基板を垂直に取り付け（IVE）．

気相中で発生する粉は，プラズマ中で発生した活性種（イオン，中性ラジカル）が，原料ガスと連鎖的に反応して，高分子になったものである．

気相中で発生する粉について観察される現象は，
①軟らかい粉．シリコン系薄膜の成膜の場合は黄色または茶色をしている．非常に着火しやすいので注意が必要．
②粉のプラズマ中の滞留．レーザをプラズマに当てると，**ミー散乱**（Mie scattering）によってレーザの光路がプラズマ中に見える．粉は負に帯電し，**静電気力**（electrostatic force：F_E）によって，シースからプラズマ中央側に移動する．F_E の大きさは，$F_E=qE$ である．ただし，q は粉の電荷量，E は電界である．
③異常放電の発生．放電の不均一な分布や，不連続な変化．電極端部で放電がバタバタ揺れて見えたり，放電が 0.5～30 s 周期で点滅したりする．
④プラズマのシース端にたまる．
⑤下流に流される．排気口などに付着しやすい．
⑥冷えた部分に付着しやすい．

気相中で粉が発生しやすいケースは，
①基板温度が低いとき．
②低流量かつ大パワー．
③原料ガスの分圧が高いとき．
④電子温度が高いとき．

§4.2 実験例—シリコン系薄膜の堆積—

気相中の粉の発生の影響を抑制する対策としては，
粉の発生の抑制として，

① パワーを下げる．
② 圧力を下げる．
③ 原料ガスを希釈する．シリコン系薄膜の成膜では，H_2，He などで希釈．Ar 希釈は逆効果．Ar の準安定準位が SiH_4 の解離エネルギーに近くて連鎖反応が起こりやすいため．
④ 基板温度を上げる．
⑤ RF 電極の加熱．
⑥ 反応室壁面の加熱．
⑥ RF 放電のパルス変調．粉が成長する前にいったん RF パワーを切る．
⑦ 原料ガスの流量を大きくする．

発生した粉の除去として，

⑧ 総流量を大きくする．**粘性力**（viscous force）によって粉は下流に押し流される．そのときはたらく力 F_g は，$F_g = 6\pi \eta a U_g$．ただし，η は粘性係数，a は粉の直径，U_g はガスの流速である．
⑨ 温度勾配を利用する．**熱泳動**（thermophoresis）によって粉は高温側から低温側へ移動する．そのときはたらく力 F_{th} は，$F_{th} = \dfrac{-40 a^2 k_{tr} \nabla T}{3 v_{th}}$．ただし，$a$ は粉の直径，k_{tr} は気体の熱伝導率の並進項，v_{th} は気体の平均熱速度，∇T は温度勾配である．

（b） 剥離しない条件

基板から膜が剥離すると，膜の特性を評価できなくなる．膜の剥離は，膜の応力と密着力に依存する．すなわち，応力が大きく，密着力が小さいほど，膜は剥離しやすくなる．

応力には，**真性応力**（intrinsic stress）と**熱応力**（thermal stress）がある．真性応力は半導体膜自身の物性の１つである．アモルファスシリコンの場合，経験的に物性のよい膜は，真性応力が高く剥離しやすい傾向にある[4.16, 4.17]．

熱応力は，半導体膜と基板の熱膨張係数の違いによるもので，成膜温度から室温に戻したときに剥離する原因になる．密着力は基板と半導体膜の組み合わせで決まり，基板表面の状態に依存する．

　剥離が起こるのは，成膜中，基板の温度を下げたとき，基板を大気に取り出したとき，大気に取り出してしばらくしたとき，基板に触れたときなどである．特に大気に取り出したとき，基板の端部や傷のついたところから剥離が広がる場合が多い．

シリコン系薄膜が剥離しやすいケースとしては以下のようなことが考えられる．
　①水素で高希釈．
　②基板温度が高い．
　③放電パワーが大きい．
　④装置を導入した直後や，装置やトレーからの脱ガスが多いとき．
　⑤電極間距離が短い．
　⑥電子温度が高い．
　⑦基板へのイオン衝撃が大きい．③，⑤，⑥のケースを含む．
　⑧膜厚が厚い．
　⑨基板が汚れている．
　⑩基板表面が平坦．
　⑪n形膜のほうが，p形膜やi形膜より剥離しやすい．
　⑫微結晶シリコンのほうが，アモルファスシリコンより剥離しやすい．

シリコン系薄膜の剥離対策としては，以下のような手段を講ずると効果がある．
　①成膜条件を変える．水素希釈率，基板温度，パワー，電極間距離，圧力などを変化させる．
　②評価可能な範囲で膜厚を薄くする．
　③装置のベーキングを行う．装置から水などの脱ガスが多いと剥離しやすい．
　④装置の慣らし運転を続ける．成膜とほぼ同じ条件でなるべく時間と回数をかけてプレデポジションをする．プラズマによる電極や壁の加熱と，膜のコーティングで装置壁面からの脱ガスを減らす．また，装置やトレーの熱

による歪を緩和する．
⑤基板の洗浄を丁寧にする．
⑥基板に凹凸をつける．ガラス基板よりも，凹凸の大きい透明電極付きのガラス基板のほうが剝離しにくい．また，ガラス基板表面に，サンドブラストやエッチングで凹凸をつけると剝離しにくい．体積当たりの膜の接触面積を広くすることによって密着力が増加し，剝離しにくくなる．
⑦熱膨張係数が，剝離した基板のそれと異なる基板を用いる．熱膨張係数がシリコン系薄膜に近いものが剝離しにくい．主な基板の熱膨張係数（単位 $10^{-6}/K$）は，石英 0.55，ホウケイ酸ガラス 3.3，バリウムホウケイ酸ガラス 4.6，ソーダ石灰ガラス 8.5，結晶シリコン 4.2 である．
⑧基板をゆっくり冷やす．急冷すると熱応力で膜が剝がれやすい．
⑨成膜後に，ヒータ温度を変えずに真空中に基板を放置する．
⑩膜の評価はその日のうちに完了する．大気に取り出して1日以上経ってから剝離する場合もある．

（c） 均一な条件

シリコン系薄膜では，**薄膜太陽電池**や**薄膜トランジスタ**（TFT：Thin Film Transistor）などの大面積デバイスを作製するために，30 cm 角から 1 m 角以上の基板に，半導体膜を均一につける必要がある．例えば薄膜太陽電池は，大面積の基板上に多数の直列接続された小面積の太陽電池（セル）で構成され，しかも発電電流は膜厚にほぼ比例するので，膜厚が薄いセルで発電電流が律速されてしまう．大面積基板上に均一な薄膜を形成するためには，**表 4.1** に示される項目に留意する必要がある．以下に各項目について概説する．

表 4.1 大面積成膜において配慮すべき項目．

項　目	関連する主要成膜パラメータ
放電の基板面方向一様性	電極間隔，ガス圧，高周波電源周波数
ラジカル密度の基板面方向一様性	原料ガス流速および導入法，電極サイズ
膜質の均一性	基板温度，基板および電極の配置

① プラズマの基板面方向一様性

均一な成膜を行うためには，基板面上に一様な放電を形成することが必要条件である．この場合に重要となるのは，電極間隔やガス圧，高周波電源周波数の選択である．電極間隔が電極の大きさに比べて大きすぎると，電極周辺から放電領域外に拡散していく荷電粒子の数が増大し，放電領域内部のプラズマ密度の電極面方向分布が不均一になる．また，拡散係数はガス圧により変化するので，不均一性の度合いはガス圧により大きく異なる．

高周波電源の周波数は，均一性という観点からは低いほうが望ましい．平行平板高周波放電を図4.13のような分布定数回路モデルで近似的に表すと，電極面上の電位分布を評価することができる．電極の単位長さ当たりの抵抗 R_e が放電部分のインピーダンス Z_p に比べて無視できないほど大きくなってくると，電極内に電位分布が現れるため，プラズマに印加される電圧が不均一にな

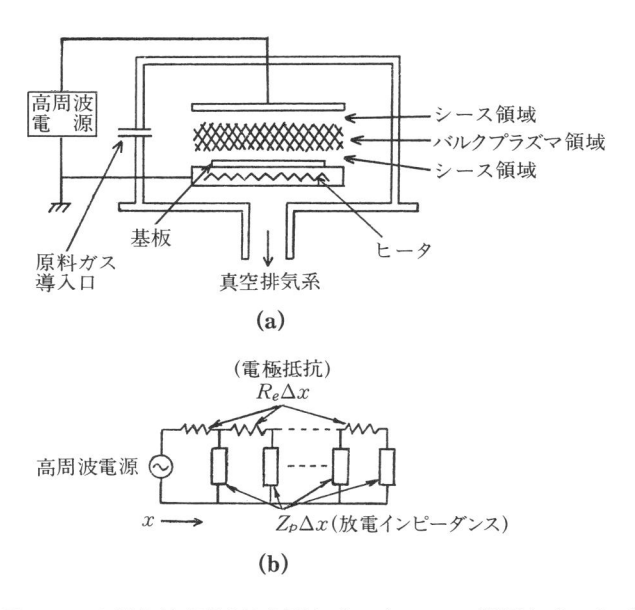

図4.13　平行平板電極形高周波プラズマCVD装置(a)および放電部分の等価分布定数回路モデル(b)．

§4.2 実験例—シリコン系薄膜の堆積—

る.実際,13.56 MHz では表皮効果により,アルミニウム製電極の表面から約 0.01 mm 以内の領域しか電流は流れず,電極の実効的な抵抗は増加する.電極の大きさが 1 m 四方程度になってくると,放電条件によっては 10 MHz 程度の周波数に対しても電位分布が表れる可能性があることは,分布定数回路モデルによる簡単な解析からも予測され,その傾向は周波数が高くなると,より顕著に現れてくる.こうした場合には高周波電力の供給法や電極の接地法,周波数の選択についてよく検討する必要がある.

② ラジカル密度の基板面方向一様性

プラズマ CVD では主としてラジカルが膜の形成に寄与するため,ラジカルの基板面方向密度の一様性が膜厚,膜質の均一性に大きく影響する.原料ガスは放電空間を通過するに連れて次第に分解されるため,たとえ電極間で放電が均一に形成されていたとしても,原料ガス分子の密度は空間的に変化し,それに伴いラジカルの発生量も変化する.電極の大きさやガス流速,ガス導入法,放電条件などによっては,こうした変化が無視できなくなり,ラジカル密度の空間的な不均一性を生ずる.これらの種々のパラメータを変化させたときの原料ガス分子やラジカルの密度分布の変化については,簡単なモデル解析の結果を 4.1.2 で紹介した.

③ 膜質の均一性

シリコン系薄膜の電気的および光学的性質は,基板の温度に大きく左右される.したがって,大面積基板を一様かつ一定温度(通常 200〜300°C)に保持できるような基板加熱機構を設けることが,膜質を均一にするうえで重要であり,場合によってはヒータ構造の見直しを行う必要がある.

均一性に関する一般論は以上のとおりであるが,シリコン系薄膜の堆積の場合について,より具体的にプラズマの均一性を最適化する方法について紹介しよう.

プラズマの均一性は,圧力,電極間隔,RF パワー,ガス流量,ガスの種類などに依存する.特に圧力と電極間隔は,均一性の制御にとって重要である.図 3.19 に示したように,パッシェンの法則によって,放電開始電圧 V_s は,(圧力 p)×(電極間隔 d)に対して最小値を持つ.パッシェンの法則は放電開

始電圧 V_s について成り立つが，自続放電であるグロー放電プラズマについても同様の傾向が経験的に観察される．すなわち，特定の pd 積のときにプラズマが発生しやすく，それより pd 積が大きくても小さくてもプラズマが発生しにくくなる．

大抵の場合，圧力 p を変化させて，プラズマおよび膜厚の均一性の最適化を行う．これは，電極間隔 d を固定するほうが装置構成が単純になるためである．図 4.14 は，平行平板電極の装置で，圧力を変化させた場合のプラズマ

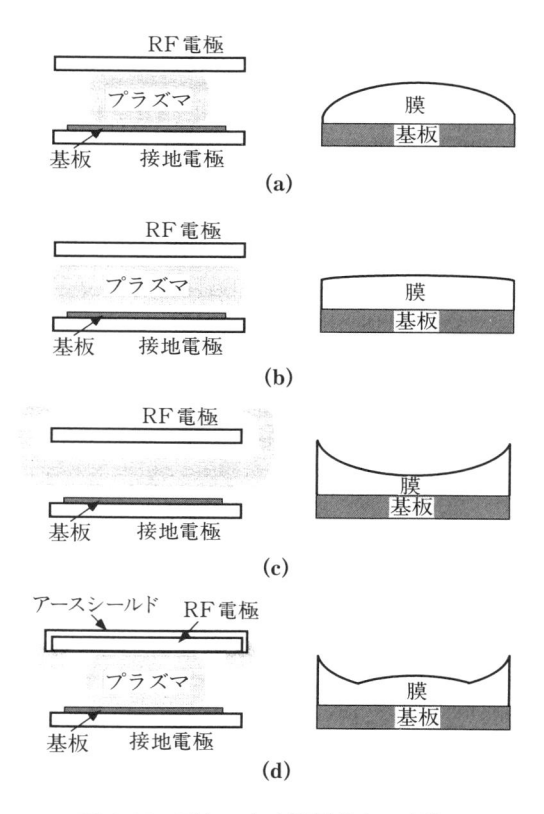

図 4.14 圧力による膜厚分布の変化．
（a）圧力が高い場合，（b）圧力が最適な場合，（c）圧力が低い場合，
（d）圧力が高い場合（アースシールドあり）．

の分布と，基板上の膜厚の分布の模式図である．図 4.14 (a) に圧力が高く，pd 積が図 3.9 の b の領域にある場合のプラズマの分布と膜厚の分布を示す．プラズマは電極の中央付近が明るく電極端部が暗くなる．また，シースは狭くなる．これは，pd 積が b の領域にあるため，d が最小になる経路で放電しやすいためと考えられ，この結果，膜厚分布は基板の中央が厚くなる．

図 4.14 (b) は，圧力が最適な場合のプラズマの分布と膜厚の分布である．プラズマが電極全面に広がって，膜厚分布が均一になる．シースはやや広がる．pd 積の値は図 3.9 の最小点からやや a に寄った領域になる．

図 4.14 (c) は，圧力が低く，pd 積が図 3.9 の a の領域にある場合のプラズマの分布と膜厚の分布である．プラズマは電極端部で明るくなる．また，RF 電極を回り込むように広がり，シースはさらに広がる．pd 積が a の領域にあるため，d が長くなる経路でプラズマが発生しやすくなる．したがって，RF 電極と接地電極の間の最小距離では，プラズマが発生しにくい．プラズマが発生しやすいのは，電極端部で外に膨らんだ経路や，RF 電極から接地電位にある反応室の壁や天井に向かう経路になる．すると，膜厚分布は基板の中央が薄くて端が厚い分布になる．

ここまでは，RF 電極にアースシールドがない場合について述べた．アースシールドがあると，圧力が低い場合には図 4.14 (c) と同様のプラズマと膜厚の分布を示す．しかし，圧力が高い場合，図 4.14 (d) の分布になる．圧力が高いと，最短の放電経路でプラズマが発生しやすく，RF 電極とアースシールドの間でもプラズマが発生する．このため，電極中央部付近以外に，アースシールドのところに明るいプラズマが観察される．アースシールド付近のプラズマの影響を受けて，基板の膜厚分布は外側が厚くなる．

電極間隔を小さくすると，均一性が最適になる圧力は高くなる．逆に，電極間隔を大きくすると，均一性が最適になる圧力は低くなる．

RF 電極に開けられた多数の穴からシャワー状にガスを供給する構造の装置では，ガスの流量が非常に少ないと，電極端部でばたばたプラズマがゆれて，基板の端部の膜厚が薄くなったり，基板の端部に粉ができたりする．電極端部で膜厚が薄くなるのは，電極端部で原料ガスが不足気味になって，成膜速度が

落ちるためである．また，原料ガスが不足気味になると，（a）で説明した大パワー・低流量の状態になって気相中で粉が発生しやすくなる．この場合の対策としては，ガスの流量を，プラズマが安定するまで増加するとよい．

一方，ガスの流量が非常に多いと，基板の上に丸い模様（膜の厚い部分）が点々とつき，その模様はちょうどシャワー電極の穴の真下の位置にできる．これは，シャワー電極から出るガスの流速が速いので，ガスが横方向に十分拡散しないうちに，基板に吹きつけられるためである．この場合の対策としては，穴から出るガスの流速を下げるために，ガスの流量を下げる，シャワー電極の穴の数を増やす，シャワー電極の穴の大きさを広くするなどを，行うとよい．

RF パワーが小さいと放電が横方向に広がらず，基板端部の膜厚が薄くなる．これは放電電流が不十分なためである．この場合は，RF パワーを増加すればよい．

RF パワーが大きすぎると，放電が電極端から外に広がり，図 4.14(c) の場合のような形状になって，基板端部の膜厚が厚くなる．ただし，RF パワーを上げたときにガス流量が不足気味になると，基板端部の膜厚が薄くなる．この場合，RF パワーを下げる．RF パワーを下げられない場合，圧力を増加して放電を広がりにくくし，ガス流量を増加して流量不足を解消する．ただし，RF パワーが大きいとき，また圧力が高いときは気相中で粉が発生しやすいので注意が必要である．

ガスの種類については，SiH_4 だけのプラズマは放電が広がりにくく，SiH_4 を H_2 で希釈すると放電が広がりやすくなる．また，H_2 希釈したほうがシースが広くなる．SiH_4 の電離電圧が 11.2 eV であるのに対して[4.18]，H_2 の電離電圧が 15.6 eV と高いことから[4.19]，電子温度の違いによるものと考えられる．SiH_4 を H_2 で希釈する場合は，100%SiH_4 の場合に比べて圧力を高くする，電極間隔を広くするなどを行う．

（d） 成膜速度の速い条件

成膜速度を速くするためには，基板表面の反応速度を増加させるか，基板に到達するラジカルの量を増やせばよい．基板表面の反応速度は，基板温度を高

くすることによって促進されるので，装置および膜の物性に問題がない限り基板温度は高いほうが望ましい．

基板に到達するラジカルの量を決めるのは，プラズマ中の電子と原料ガスの衝突によるラジカルの発生，ラジカルと原料ガスの衝突による損失，ラジカルの基板への拡散である．このうち，制御できるのは主にラジカルの発生量である．ラジカルの発生密度 G_r は(4.2)式に示したように，

$$G_r = k_r(T_e) \cdot N_e \cdot N_g \tag{4.46}$$

と表せる．ただし，N_g は原料ガスの密度，N_e は電子密度，$k_r(T_e)$ はラジカルが発生する反応定数で電子温度 T_e が高いほど大きい．G_r を増加するためには，$k_r(T_e)$，N_e，N_g のいずれかを増加させればよい．$k_r(T_e)$ を増加するためには，T_e を高くすればよい．T_e を高くするためには，圧力を下げたり，電極間隔を狭くする．N_e を増加するためには，RF パワーを上げる，放電周波数を高くするなどを行う．N_g を増加するためには，ガス流量を増加する，圧力を上げる，SiH_4 の H_2 に対する分圧を上げるなどを行う．ただし，圧力を増加すると，N_g は増加するが $k_r(T_e)$ が減少するので，成膜速度が上がる場合と下がる場合がある．RF パワーをあまり上げすぎると，様ざまな弊害が出るので注意が必要である．つまり，大パワーにすると，粉が発生しやすくなる，剥離しやすくなる，膜厚が不均一になる，物性が低下するなどの問題が起こりやすい．

一般に，成膜速度を増加すると，膜の物性が低下する．したがって，成膜速度の速い条件を見つけるためには，（a）～（c）の条件を満たすとともに，膜の物性がデバイスを作るための許容範囲内にあることが，重要である．

（e） 物性のよい条件

シリコン系薄膜には，大きく分けてアモルファスシリコン，アモルファスシリコン合金および微結晶シリコンがある．アモルファスシリコンは，薄膜太陽電池，TFT，感光体などのデバイスとして実用化されている．シリコン系薄膜の物性の良否は，デバイスに適用できるかどうかで判断する．物性のよい膜は，デバイスグレードの膜と呼ばれる．

表4.2 デバイスグレードのアモルファスシリコン、アモルファスシリコン合金の物性.

測定方法	物性	記号	単位	a-Si (i)[a]	a-SiGe (i)[b]	a-SiC (p)[c]	a-SiO (p)[d]	a-Si (n)[e]
透過・反射スペクトル	光学ギャップ	E_g	eV	1.7～1.8	1.4～1.7	1.9～2.0	2.0～2.1	1.7～1.8
AM1.5 照射光導電率	光導電率	σ_{ph}	S/cm	$5\times10^{-5}\sim10^{-4}$	$10^{-5}\sim10^{-4}$	$10^{-6}\sim10^{-5}$	$10^{-6}\sim10^{-5}$	$10^{-3}\sim10^{-2}$
AM1.5 照射光導電率	光劣化後光導電率	$\sigma_{ph(sat)}$	S/cm	$10^{-6}\sim10^{-5}$				
暗導電率	暗導電率	σ_d	S/cm	$10^{-11}\sim10^{-10}$	$10^{-10}\sim10^{-8}$	$10^{-6}\sim10^{-5}$	$10^{-6}\sim10^{-5}$	$10^{-3}\sim10^{-2}$
AM1.5 照射光導電率	光感度	σ_{ph}/σ_d	—	$10^5\sim10^6$	10^5	2～5	2～5	1～2
暗導電率温度依存性	活性化エネルギー	E_a	eV	0.7～0.9	0.4～0.7	0.3～0.5	0.3～0.5	0.1～0.2
ESR, PDS, CPM	欠陥密度	N_d	cm^{-3}	$5\times10^{14}\sim10^{16}$	$5\times10^{15}\sim10^{17}$	$10^{16}\sim10^{18}$	$10^{16}\sim10^{18}$	$10^{16}\sim10^{17}$
ESR, PDS, CPM	光劣化後欠陥密度	$N_{d(sat)}$	cm^{-3}	$10^{16}\sim10^{17}$	$5\times10^{16}\sim10^{18}$	$10^{16}\sim10^{18}$	$10^{16}\sim10^{18}$	$10^{16}\sim10^{17}$
PDS, CPM	アーバックエネルギー	E_u	meV	42～50	45～60	50～80	50～80	50～70
FTIR	水素密度	C_H	at.%	8～15	10～20	20～30	20～30	8～15
FTIR	Si-H$_2$ 結合割合	SiH$_2$/(SiH+SiH$_2$)	—	～0	0～0.1			
SIMS	酸素密度	[O]	cm^{-3}	$10^{18}\sim2\times10^{19}$	$10^{18}\sim10^{19}$			
SIMS	炭素密度	[C]	cm^{-3}	$10^{17}\sim10^{18}$	$10^{17}\sim10^{18}$			
SIMS	窒素密度	[N]	cm^{-3}	$10^{16}\sim10^{17}$	$10^{16}\sim10^{18}$			
SIMS	B, P密度	[B], [P]	cm^{-3}			[B] $10^{18}\sim10^{20}$	[B] $10^{18}\sim10^{20}$	[P] $10^{17}\sim10^{19}$
ESCA, EPMA	Ge, C, O密度	[Ge], [C], [O]	at.%		[Ge] 0～40	[C] 5～15	[O] 5～15	
用途				太陽電池i層, TFT	太陽電池i層	太陽電池窓層 (p層)	太陽電池窓層 (p層)	太陽電池n層, TFT

a) 文献(4.20), b) 表4.3の文献参照, c) 文献(4.21), d) 文献(4.22), e) 文献(4.23)

§4.2 実験例―シリコン系薄膜の堆積―

表 4.2 に，アモルファスシリコンおよびアモルファスシリコン合金のデバイスグレードの膜の典型的な物性を示す（文献 (4.20)～(4.23)，表 4.3 参照）．アモルファスシリコンについては，典型的なデバイスグレードの膜の物性がほぼ分かっている．

アモルファスシリコン合金は，組成によって**バンドギャップ**（bandgap: E_g）が大幅に変化し，Si に Ge を添加すると E_g が狭くなり，C，O，N のいずれかを添加すると E_g が広くなる．しかし，添加する元素の割合を増やすと欠陥密度が増加してデバイスの特性は悪くなる．したがって，アモルファスシリコン合金の物性の良し悪しは，同じ E_g 同士で比較する必要がある．図

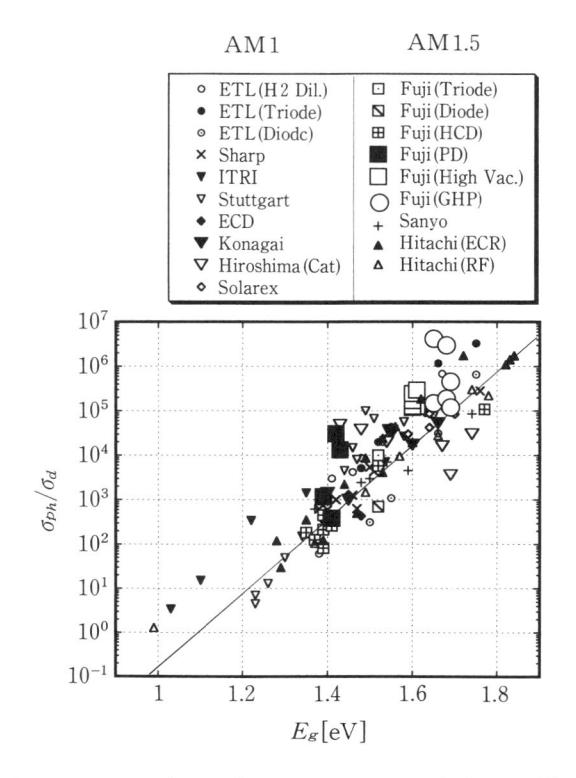

図 4.15 アモルファスシリコンゲルマニウムのバンドギャップ (E_g) に対する光感度 (σ_{ph}/σ_d)．

4.15 に，いくつかの研究機関で得られた高品質なアモルファスシリコンゲルマニウム（a-SiGe）について，E_g に対する**光感度**（photo sensitivity：σ_{ph}/σ_d）を示す．また，**図 4.16** に，a-SiGe の E_g に対する**欠陥密度**（defect density：N_d）を示す．膜の物性としては，σ_{ph}/σ_d が大きいほど，N_d が小さいほどよい．図 4.15，図 4.16 から，E_g を狭くすると，σ_{ph}/σ_d が指数関数的に減少し，N_d が指数関数的に増加する．すなわち，a-SiGe の Ge の割合が増加して E_g が狭くなると，膜質が悪くなることが分かる．なお，図 4.15 および図 4.16 を作成する際に使用したのデータの出典を**表 4.3** に示す．

ドーピング膜である p 形膜および n 形膜は，活性化エネルギーが小さいこと，導電率が高いことが重要である．また，p 形膜は，pin 形太陽電池の光入射側の層である窓層に用いられるので，E_g が大きいこと，すなわち光を透過しやすいことが重要である．

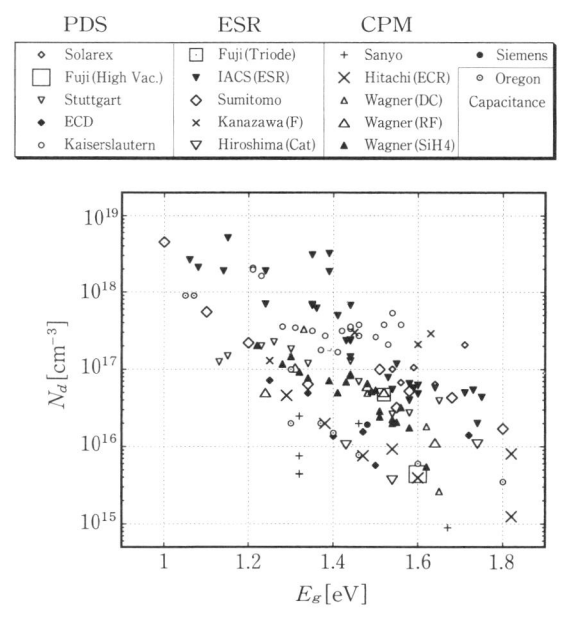

図 4.16 アモルファスシリコンゲルマニウムのバンドギャップ（E_g）に対する欠陥密度（N_d）．

§4.2 実験例—シリコン系薄膜の堆積— 137

表4.3 a-SiGe データ出典.

研究機関・手法	σ_{ph}/σ_d 文献	研究機関・手法	N_d 文献
ETL (H$_2$ Dil.)	MRS, **70**, 245 (1986)	Solarex	IEEE, **19**, 862 (1987)
ETL (Triode)	MRS, **70**, 245 (1986)	Fuji (High Vac.)	電学誌, **120 A**, 936 (2000)
ETL (Diode)	MRS, **70**, 245 (1986)	Stuttgart	IEEE, **19**, 872 (1987)
Sharp	MRS, **192**, 15 (1990)	ECD	MRS, **49**, 251 (1985)
ITRI	MRS, **219**, 481 (1991)		JNCS, **97 & 98**, 1455 (1987)
Stuttgart	IEEE, **19**, 872 (1987)	Kaiserslautern	JNCS, **155**, 195 (1993)
Konagai	MRS, **70**, 257 (1986)	Fuji (Triode)	IEEE, **18**, 1495 (1985)
Hiroshima (Cat)	MRS, **192**, 499 (1990)	IACS	JAP, **73**, 4622 (1993)
Fuji (Triode)	IEEE, **18**, 1495 (1985)		JNCS, **128**, 172 (1991)
Fuji (Diode)	PVSEC, **3**, 53 (1987)		PVSEC, **6**, 631 (1992)
Fuji (HCD)	プラプロ, **10**, 459 (1993)		PVSEC, **5**, 729 (1990)
Fuji (PD)	MRS, **219**, 655 (1991)		PVSEC, **6**, 357 (1992)
Fuji (High Vac.)	電学誌, **120 A**, 936 (2000)	Sumitomo	MRS, **95**, 507 (1987)
Fuji (GHP)	佐々木, 博士論文, 132 (2001)	Kanazawa (F)	MRS, **192**, 695 (1990)
Hitachi (ECR)	JJAP, **26**, L 288 (1987)	Hiroshima (Cat)	MRS, **192**, 499 (1990)
	JJAP, **29**, 1419 (1990)	Sanyo	PVSEC, **6**, 469 (1992)
Sanyo	MRS, **49**, 275 (1985)		MRS, **297**, 821 (1993)
Solarex	IEEE, **19**, 862 (1987)	Hitachi (ECR)	IEEE, **20**, 143 (1988)
			JJAP, **29**, 1419 (1990)
		Wagner (DC)	MRS, **70**, 269 (1986)
		Wagner (RF)	MRS, **70**, 269 (1986)
		Wagner (SiH$_4$)	MRS, **258**, 523 (1992)
			MRS, **258**, 577 (1992)
		Siemens	JAP, **60**, 2016 (1986)
		Oregon	MRS, **258**, 499 (1992)

注) 表中の略称を以下に示す.
MRS：Mat. Res. Soc. Symp. Proc.
IEEE：IEEE Phtovoltaic Specialists Conf.
PVSEC：Photovoltaic Science and Engineering Conf.
JJAP：Jpn. J. Appl. Phys.
JNCS：J. Non-Cryst. Solids
JAP：J. Appl. Phys.
電学誌：電気学会論文誌
プラプロ：応用物理学会プラズマエレクトロニクス分科会，プラズマプロセッシング研究会
佐々木，博士論文：佐々木敏明，東京大学博士論文（東京大学工学部電気工学科）(2001)

表 4.4 デバイスグレードの微結晶シリコンの物性.

測定方法	物性	記号	単位	μc-Si (i)	μc-Si (p)[f]	μc-Si (n)[g]
透過・反射スペクトル	吸収係数 $10^4 cm^{-1}$ の光エネルギー	E_{04}	eV	$2.0 \sim 2.1$ [a]	$2.0 \sim 2.1$	$2.0 \sim 2.1$
透過・反射スペクトル	吸収係数 $10^3 cm^{-1}$ の光エネルギー	E_{03}	eV	$1.4 \sim 1.6$ [a]		
AM 1.5 照射導電率	光導電率	σ_{ph}	S/cm	$10^{-4} \sim 10^{-3}$ [b]	$10^{-1} \sim 10^0$	$10^{-1} \sim 10^2$
導電率	暗導電率	σ_d	S/cm	$10^{-7} \sim 10^{-5}$ [b]	$10^{-1} \sim 10^0$	$10^{-1} \sim 10^2$
AM 1.5 照射導電率	光感度	σ_{ph}/σ_d	—	$10^1 \sim 10^3$ [b]	~ 1	~ 1
暗導電率温度依存性	活性化エネルギー	E_a	eV	$0.3 \sim 0.5$ [c]	$0.05 \sim 0.1$	$0.05 \sim 0.1$
ESR, PDS, CPM	欠陥密度	N_d	cm^{-3}	$10^{16} \sim 10^{17}$		
FTIR	水素密度	C_H	at.%	$2 \sim 8$ [d]	$5 \sim 25$	$5 \sim 20$
FTIR	Si–H_2 結合割合	$SiH_2/(SiH+SiH_2)$	—	$0.2 \sim 0.6$ [d]	$0.2 \sim 0.3$	
ラマン散乱	c-Si/a-Si ピーク強度比	I_{520}/I_{480}	—	$4 \sim 10$	$2 \sim 6$	$2 \sim 4$
X 線回折	配向性			(220)	(111)	(111)
X 線回折	結晶粒径	GS	nm	$20 \sim 40$ [b]	$10 \sim 15$	$10 \sim 15$
TEM	縦方向結晶粒径	GS_{lat}	nm	$500 \sim 2000$ [b]	$20 \sim 30$	$20 \sim 30$
SIMS	酸素密度	[O]	cm^{-3}	$10^{18} \sim 2 \times 10^{19}$ [e]		
SIMS	炭素密度	[C]	cm^{-3}	$10^{17} \sim 10^{18}$ [e]		
SIMS	窒素密度	[N]	cm^{-3}	$10^{16} \sim 10^{17}$ [e]		
SIMS	B, P 密度	[B], [P]	cm^{-3}		[B] $10^{18} \sim 10^{19}$	[P] $10^{18} \sim 10^{19}$
用途				太陽電池 i 層, TFT	太陽電池窓層 (p 層)	太陽電池 n 層, TFT

a) 文献(4.27), b) 文献(4.28), c) 文献(4.26), d) 文献(4.29), e) 文献(4.30), f) 文献(4.31), g) 文献(4.32).

表 4.4 にデバイスグレードの微結晶シリコンの物性を示す．微結晶シリコン（μc-Si）は，アモルファスシリコンに結晶が 10 からほぼ 100％混在した膜である．微結晶シリコンは，p 形または n 形の半導体としては早くから薄膜太陽電池に適用されてきた[4.24, 4.25]．しかし，i 形の微結晶シリコン（μc-Si(i)）は，1996 年にニューシャテル大学によって初めて実用的なレベルの太陽電池の変換効率が示されてから[4.26]，急速に研究開発が盛んになっている．ただし，μc-Si(i) については，デバイスグレードの膜とは，どんな物性の膜か評価が定まっていないのが現状である．表 4.4 の μc-Si(i) の欄は，i 形微結晶シリコンを用いた太陽電池で変換効率 7％以上が報告されている研究機関のデータを元にまとめたものである[4.26~4.30]．また，表 4.4 に μc-Si(p)，μc-Si(n) のデバイスグレードの膜の特性も合わせて示す[4.31, 4.32]．

表 4.5 に，プラズマ CVD の主な成膜条件が，プラズマパラメータおよびアモルファスシリコンの物性に与える影響を示す．SiH_4 ガスを用いた平行平板形 RF グロー放電プラズマ CVD 装置を用いている．成膜条件として，RF パワー（P_w），基板温度（T_s），圧力（p），電極間隔（d），流量（FR），周波数（f），水素希釈比（H_2/SiH_4）を挙げ，それぞれの成膜条件を増加させた場合の影響

表 4.5 成膜条件がプラズマパラメータおよび物性に与える影響（アモルファスシリコン）．

成膜条件	記号		T_e	N_e	V_p	R_d	E_g	σ_{ph}	σ_d	σ_{ph}/σ_d	N_d	C_H	$SiH_2/(SiH+SiH_2)$
パワー	P_w	↑	→	↑	↑	↑	↑	↓	↓	↓	↑	↑	↑
基板温度	T_s	↑	→	→	→	→	↓	∩	↑	∩	∪	↓	↓
圧力	p	↑	↓	∩	↓	↓	↑	↓	↓	↑	↑	↑	↑
電極間隔	d	↑	↓	→	↓	↓	↑	→	↑	↓	↓	↓	↓
流量	FR	↑	→	→	→	↑	→	→	→	→	∪	↑	↑
周波数	f	↑	↓	↑	↓	↑	→	→	→	→	→	→	→
水素希釈比	H_2/SiH_4	↑	↑	→	↑	↓	↑	∩	↓	∩	∪	↑	↑

a) SiH_4 ガスを用いた平行平板形 RF グロー放電プラズマ CVD
b) ↑：増加，↓：減少，→：変化なし，∩：極大値あり，∪：極小値あり

を示している．プラズマパラメータとしては，電子温度(T_e)，電子密度(N_e)，プラズマ電位(V_p)を示す．プラズマパラメータの測定には，高周波の影響を避けるために，ダブルプローブまたは自己補償形シングルプローブを用いている[4.33～4.35]．物性としては，バンドギャップ(E_g)，光導電率(σ_{ph})，暗導電率(σ_d)，光感度(σ_{ph}/σ_d)，欠陥密度(N_d)，水素密度(C_H)，Si-H_2結合割合($SiH_2/(SiH+SiH_2)$)を示す．またR_dは成膜速度である．表4.5の記号は，成膜条件のパラメータを増加させた場合に，物性値が，増加(↑)，減少(↓)，変化なし(→)，極大値あり(∩)，極小値あり(∪)を示す．

　成膜条件の影響は，装置依存性が強い，各成膜条件が独立でないなどの理由から，一義的には決まらない．表4.5は，ある程度成膜条件が最適化されたデバイスグレード付近の膜について，成膜条件を変化させた場合の傾向である．装置依存性としては，電極形状や面積，チャンバ容積などを考慮する必要がある．例えば，電極の形状が相似形でも，電極の大きさが変わるとプラズマパラメータ，膜の物性が異なる．大きい電極の場合は，電極端部の影響がほぼ無視できるので，面方向に均一で電極間方向だけにプラズマパラメータが変化する一次元的な放電になる．これに対して，小さい電極の場合は，電極端部の影響が強いので，プラズマパラメータが面方向と電極間方向で変化する．大きい電極と小さい電極で成膜速度を同じにすると，小さい電極の装置のほうが，電極面積当たりのパワーおよび流量はより大きくなる．その結果，小さい電極で得られる膜の物性は，大きい電極のそれよりも劣ったものになる場合が多い．

　シリコン系薄膜のプラズマCVDによる堆積は，複数の成膜条件がそれぞれ独立ではなく，また複数の膜物性がそれぞれ独立ではないので，成膜条件の組合せによって，成膜条件が物性に与える影響は様ざまに異なって現れる．他の成膜条件の組合せが異なれば，1つの成膜条件を変化させたときの物性に与える影響は，物性の絶対値が異なるだけでなく変化傾向も異なる場合がある．

　例えば，**図4.17**にパワーに対する成膜速度の変化を，流量をパラメータにして**概念的**に示す．パワーを増加すると成膜速度が増加するが，パワーが大きすぎると成膜速度は飽和する．流量が少ないほど小さいパワーで成膜速度が飽和する．大流量で図4.17に示す範囲でパワーを変化させる実験を行った人は

§4.2 実験例―シリコン系薄膜の堆積―

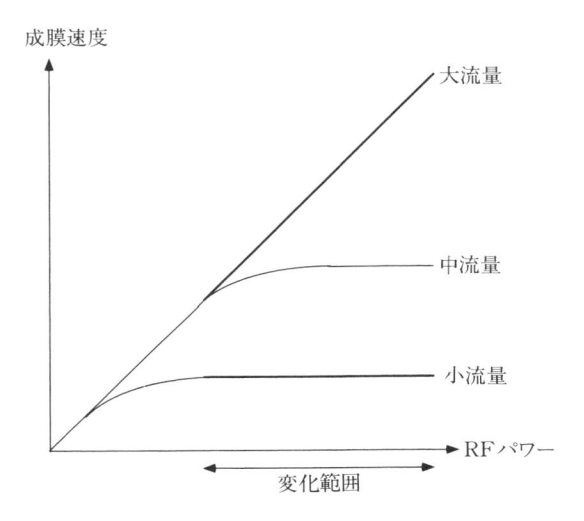

図 4.17 RF パワーに対する成膜速度.

「パワーに対して成膜速度は増加する」と結論を出すであろうが，小流量で図 4.17 のパワーの範囲で実験を行った人は「パワーに対して成膜速度は変化しない」と結論を出すであろう．表 4.5 の成膜条件の組合せは，ほぼデバイスグレードの膜が得られる成膜条件の組合せを基準にして，その近傍で 1 つの成膜条件を変えた場合の物性に与える影響を示している．

表 4.6 に，アモルファスシリコンゲルマニウム（a-SiGe）について，成膜条件がプラズマパラメータおよび膜の物性に与える影響を示す．成膜条件としてゲルマン（germane）とシラン（silane）のガス流量比（GeH_4/SiH_4）を付け加えている．図 4.15，図 4.16 に示したように，最も高品質な a-SiGe 膜においても，E_g が小さくなると膜質が急激に悪化する．したがって，成膜条件と膜の物性の関係を調べる場合，成膜条件によって物性が変化したのか，成膜条件によって E_g が変化したため物性が変化したのか，区別する必要がある．表 4.6 では，GeH_4/SiH_4 を適宜調整して E_g を 1.6 eV 一定にした場合について，成膜条件が物性に与える影響を示した[4.33]．ただし，成膜条件の GeH_4/SiH_4 の行および物性の E_g の列は除く．表 4.6 で a-SiGe の成膜時の圧力がプ

表 4.6 成膜条件がプラズマパラメータおよび物性に与える影響（アモルファスシリコンゲルマニウム）．

成膜条件	記 号	T_e	N_e	V_p	R_d	E_g	σ_{ph}	σ_d	σ_{ph}/σ_d	N_d	C_H	$SiH_2/(SiH+SiH_2)$
パワー c)	P_w ↑	→	↑	↑	↑	→	→	→	→	↑	↑	→
基板温度 c)	T_s ↑	→	→	→	→	↓	↑	↑	∩	∪	↓	↓
圧力 c)	p ↑	↑	→	↑	↑	↓	↓	↓	↓	↓	↑	↓
電極間隔 c)	d ↑	↓	→	↓	↓	↑	↑	↑	↑	↑	↓	↓
水素希釈比	$H_2/(SiH_4+GeH_4)$ ↑	↑	→	↑	↓	↑	↑	↑	↑	↑	↓	↓
GeH_4 比	GeH_4/SiH_4 ↑	↓	→	↓	↑	↓	↓	↓	↓	↓	↑	↑

a) SiH_4, GeH_4 ガスを用いた平行平板形 RF グロー放電プラズマ CVD
b) ↑：増加，↓：減少，→：変化なし，∩：極大値あり，∪：極小値あり
c) E_g 以外の物性およびプラズマパラメータは，E_g が 1.6 eV 一定になる用に GeH_4 比を調整したときのデータ

表 4.7 成膜条件がプラズマパラメータおよび物性に与える影響（微結晶シリコン）．

成膜条件	記 号	T_e	N_e	V_p	R_d	I_{520}/I_{480}	GS
パワー	P_w ↑	→	↑	↑	↑	∩	∩
基板温度	T_s ↑	→	→	→	→	↑	↑
圧力	p ↑	↓	∩	↓	∩	∩	∩
電極間隔	d ↑	↓	→	↓	↓	↓	↓
流量	FR ↑	→	↑	→	↑	↓	↓
周波数	f ↑	↓	↑	↓	↑	↑	↑
水素希釈比	H_2/SiH_4 ↑	↑	→	↑	↓	↑	↑

a) SiH_4 ガスを用いた平行平板形 RF グロー放電プラズマ CVD
b) ↑：増加，↓：減少，→：変化なし，∩：極大値あり，∪：極小値あり

ラズマパラメータに与える影響が a-Si と異なる理由については文献(4.33)で詳細に論じられているので参照いただきたい．

表 4.7 に，微結晶シリコンについて，成膜条件がプラズマパラメータおよび膜の物性に与える影響を示す．微結晶シリコンの結晶性の指標として，ラマ

ン散乱スペクトルの結晶ピークとアモルファスピークの強度比 (I_{520}/I_{480}),および結晶粒径 (GS) を示した.

参 考 文 献

4.1　W. E. Spear and P. G. LeComber, *Solid State Commun.*, **17**, 1193 (1975).
4.2　D. E. Carlson and C. R. Wronski, *Appl. Phys. Lett.*, **28**, 671 (1976).
4.3　P. G. LeComber, W. E. Spear and A. Ghaith, *Electron Lett.*, **15**, 179 (1979).
4.4　市川, 成田, 応用物理, **71**, 895 (2002).
4.5　J. W. Osenbach and W. R. Knolle, *IEEE Trans. Electron Devices*, **17**, 1522 (1990).
4.6　K. Tanaka and A. Matsuda, *Materials Sci. Rep.*, **2**, 139 (1987).
4.7　田中, 丸山, 嶋田, 岡本, "アモルファスシリコン", オーム社, p. 45-53 (1993).
4.8　市川, 伊藤, 酒井, 内田, 電気学会プラズマ放電合同研究会資料, EP-86-23, ED-86-93 (1986).
4.9　V. S. Nguyen and P. H. Pan, *Appl. Phys. Letters*, **45**, 134 (1984).
4.10　K. Tachibana, Proc. 8th Symp. Ion Sources and Ion-assisted Tech., p. 319 (Tokyo, 1984).
4.11　H. Itoh et al., Proc. 6th EC Photovoltaic Solar Energy Conf., p. 735 (London, 1985).
4.12　Y. Ichikawa, H. Sakai and Y. Uchida, Proc. 10th Int. Conf. Chemical Vapor Deposition (Electrochemical Society Proc. Vol. 87-8) p. 967 (1987).
4.13　市川, 電気学会論文誌 A, **121-A**, 52 (2001).
4.14　A. Matsuda et al., *Surface Science*, **227**, 50 (1990).
4.15　N. Itabashi et al., *Jpn. J. Appl. Phys.*, **29**, L 505 (1990).
4.16　K. S. Stevens and N. M. Johnson, *J. Appl. Phys.*, **71**, 2628 (1992).
4.17　N. M. Johnson, P. V. Santos, C. E. Nebel, W. B. Jackson, R. A. Stevens and J. Walker, *J. Non-Cryst. Solids*, **137 & 138**, 235 (1991).
4.18　M. Hayashi, "Swarm Studies and Inelastic Electron-Molecule Collisions", ed. L. C. Pitshford, B. V. Mckoy, A. Chutjian and S. Trajmar, Springer, New York, p. 167-187 (1987).
4.19　H. Tawara, Y. Itikawa, H. Nishimura and M. Yoshino, J. Phys. Chem. Ref. Data, Vol. 19, No. 3, p. 617-636 (1990).
4.20　W. Luft and Y. S. Tsuo, "Hydrogenated Amorphous Silicon Alloy Deposition Processes", Marcel Dekker, Inc., New York, p. 21 (1993).
4.21　W. Luft and Y. S. Tsuo, "Hydrogenated Amorphous Silicon Alloy Deposition Processes", Marcel Dekker, Inc., New York, p. 50 (1993).
4.22　S. Fujikake, H. Ohta, A. Asano, Y. Ichikawa and H. Sakai, *Mat. Res. Soc.*

Symp. Proc., **258**, 875 (1992).

4.23 W. B. Jackson and N. M. Amer, *Phys. Rev.*, **B25**, 5559 (1982).

4.24 D. E. Carlson, R. R. Araya, M. S. Benett and A. Catalano, Semiannual Report for Period 2/1/1987-7/31/1987, STR-211-3375, Solar Energy Research Inst, NTIS Accession No. DE 89000843 (1988).

4.25 S. Guha, J. S. Yang, P. Nath and M. Hack, *Appl. Phys. Lett.*, **49**, 218 (1986).

4.26 J. Meier, P. Torres, R. Platz, S. Dubail, U. Kroll, J. A. Anna Selvan, N. Pellaton-Vaucher, Ch. Hof, D. Fischer, H. Keppner, A. Shah, K.-D Ufert, P. Giannoules and J. Koeler, *Mat. Res. Symp. Proc.*, **420**, 3 (1996).

4.27 近藤, 松田, 応用物理, **66**, 1047 (1997).

4.28 M. Goerlitzer N. Beck, P. Torres, U. Kroll, H. Keppner, J. Meier, J. Koehler, N. Wyrsch and A. V. Shah, *Mat. Res. Soc. Symp. Proc.*, **467**, 301 (1997).

4.29 U. Kroll, J. Meier and A. H. Shah, *J. Appl. Phys.*, **80**, 4971 (1996).

4.30 U. Kroll, J. Meier, H. Keppner, S. D. Littlewood, I. E. Kelly, P. Giannoules and A. Shah, *Mat. Res. Soc. Symp. Proc.*, **377**, 39 (1995).

4.31 T. Sasaki, S. Fujikake, K. Tabuchi, T. Yoshida, T. Hama, H. Sakai and Y. Ichikawa, *J. Non-Cryst. Solids*, **266-269**, 171 (2000).

4.32 C. C. Tsai, "Amorphous Silicon and Related Materials", ed. H. Fritzsche, World Scientific Publishing Co., p. 123-147 (1988).

4.33 佐々木, 市川, 堤井, 電気学会論文誌, **120A**, 936 (2000).

4.34 久保田, 佐々木, 市川, 松村, 応用物理学会プラズマエレクトロニクス分科会, 第18回プラズマプロセッシング研究会, No. P 2-47, p. 371 (2001, 京都).

4.35 堤井信力, "プラズマ基礎工学(増補版)", 内田老鶴圃, p. 163-171, p. 211 (1997).

第5章
薄膜の評価方法

本章では，薄膜の物性の評価方法をシリコン系薄膜を例に取って説明する．

§5.1　評価項目と測定方法

シリコン系薄膜には，アモルファスシリコン（a-Si），アモルファスシリコン合金（a-SiM：MはGe，C，O，Nなど），微結晶シリコン（μc-Si）などが

```
┌─────────────────────────────────────────┐
│              シリコン系薄膜              │
│                                         │
│  ナローギャップ    $E_g$    ワイドギャップ │
│   1.1eV ------ 1.7~1.8eV ------ 3eV     │
│                               a-SiC     │
│                               a-SiO     │
│   a-SiGe ←―――― a-Si ――――→    a-SiN     │
│                  │                      │
│                  │ 結晶化               │
│                  ↓                      │
│         微結晶シリコン（μc-Si）          │
│              結晶成分：10％からほぼ100％  │
│              結晶粒径：数nm~1μm          │
└─────────────────────────────────────────┘
                   │
                   ↓
              多結晶シリコン
                  結晶成分：100％
                  結晶粒径：数μm~10mm
                   │
                   ↓
              単結晶シリコン
```

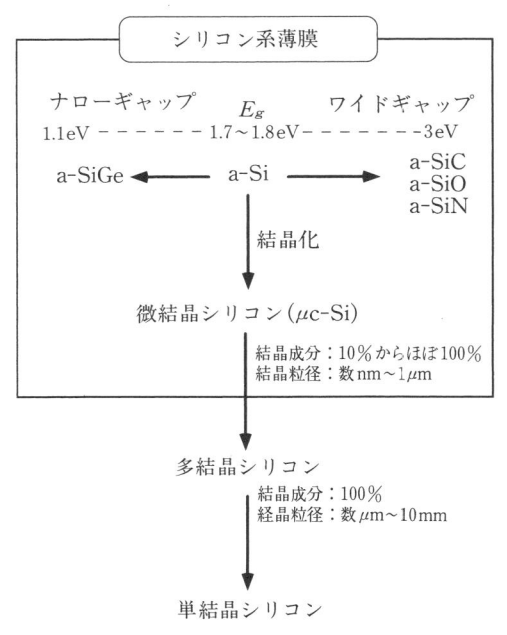

図5.1　シリコン系薄膜の分類．

表 5.1 シリコン系薄膜の評価項目と測定方法.

No.	評価項目	記号	測定方法	基板[a]	説明	測定対象[b]
1	膜厚	D	触針段差計、透過・反射スペクトル、エリプソメトリ	ガラス	膜の厚さ	a-Si, a-SiM, μc-Si
2	成膜速度	R_d	膜厚を成膜時間で割る.	ガラス	単位時間当りの堆積膜厚	a-Si, a-SiM, μc-Si
3	光学ギャップ	E_g	透過・反射スペクトル	ガラス	光学的吸収端の目安となる禁制帯の幅	a-Si, a-SiM
4	吸収係数 $10^4\mathrm{cm}^{-1}$ の光エネルギー	E_{04}	透過・反射スペクトル	ガラス	光学的吸収端の目安となる光エネルギー	a-Si, a-SiM
5	吸収係数 $10^3\mathrm{cm}^{-1}$ の光エネルギー	E_{03}	透過・反射スペクトル	ガラス	光学的吸収端の目安となる光エネルギー	a-Si, a-SiM
6	屈折率	n	透過・反射スペクトル、エリプソメトリ	ガラス	屈折率. 大まかに膜の密度の評価に使える	a-Si, a-SiM, μc-Si
7	光導電率	σ_{ph}	AM1.5照射光導電率	ガラス	ソーラーシミュレータの光を照射したときの導電率	a-Si, a-SiM, μc-Si
8	光劣化後光導電率	$\sigma_{ph(\mathrm{sat})}$	AM1.5照射光導電率	ガラス	長時間照射して劣化した後の光導電率	a-Si, a-SiM, μc-Si
9	暗導電率	σd	導電率	ガラス	暗い状態で測定した導電率	a-Si, a-SiM, μc-Si
10	光感度	σ_{ph}/σ_d	AM1.5照射光導電率	ガラス	光導電率と暗導電率の比	a-Si, a-SiM, μc-Si
11	活性化エネルギー	E_a	暗導電率温度依存性	ガラス	伝導電率または価電子帯からフェルミエネルギーまでのエネルギー差	a-Si, a-SiM, μc-Si
12	欠陥密度	N_d	ESR, PDS, CPM	ガラス	4配位からずれた配位欠陥（未結合手など）の密度	a-Si, a-SiM, μc-Si
13	光劣化後欠陥密度	$N_{d(\mathrm{sat})}$	ESR, PDS, CPM	ガラス	長時間照射して劣化した後の欠陥密度	a-Si, a-SiM, μc-Si
14	アーバックエネルギー	E_u	PDS, CPM	ガラス	E_g より低いエネルギーの領域で指数的に変化する吸収係数の傾斜	a-Si, a-SiM, μc-Si
15	水素密度	C_H	FTIR	ガラス	Si に結合している水素の密度	a-Si, a-SiM, μc-Si
16	Si-H₂ 結合割合	$\mathrm{SiH_2/(SiH+SiH_2)}$	FTIR	c-Si	伸縮モードで Si に2個結合している水素密度の割合	a-Si, a-SiM, μc-Si
17	酸素、炭素、窒素密度	[O], [C], [N]	SIMS	c-Si, 導電性基板	不純物として膜中にある酸素、炭素、窒素密度	a-Si, a-SiM, μc-Si
18	B, P 密度	[B], [P]	SIMS	c-Si, 導電性基板	ドーピング不純物として膜中にある B, P の密度	a-Si, a-SiM, μc-Si
19	Ge, C, O 密度	[Ge], [C], [O]	ESCA, EPMA	c-Si, ガラス	合金材料として膜中にある Ge, C, O の密度	a-SiM
20	c-Si/a-Si ピーク強度比	I_{520}/I_{480}	ラマン散乱	ガラス, c-Si	ラマン散乱の 520 cm⁻¹ 付近の結晶シリコン TO ピークと 480 cm⁻¹ 付近のアモルファスシリコン TO ピークの強度比. μc-Si の結晶成分とアモルファス成分の体積比を反映	μc-Si
21	配向性		X線回折	c-Si, ガラス	結晶粒の配向	μc-Si
22	結晶粒径	GS	X線回折	c-Si, ガラス	結晶粒の粒径. ただし、結晶の粒径にばらつきや方向性がある場合、最小の粒径を反映	μc-Si
23	膜応力	σ_f	X線回折	c-Si(111)	膜の圧縮応力または引張り応力	a-Si, a-SiM, μc-Si
24	縦方向結晶粒径	GS_{lat}	TEM	c-Si, 導電性基板	膜厚方向の結晶サイズ	μc-Si

a) c-Si: 単結晶シリコン基板、c-Si(111) は、(111) 配向単結晶シリコン基板、導電性基板としては、金属基板、透明導電膜つきガラスなどが挙げられる.
b) a-Si: アモルファスシリコン、μc-Si: 微結晶シリコン、a-SiM: アモルファスシリコン合金で、M は C, Ge, O, N.

ある．シリコン系薄膜の分類を**図 5.1** に示す．アモルファスシリコンにゲルマニウムを添加するとバンドギャップが狭くなる．アモルファスシリコンに炭素，酸素または窒素を添加するとバンドギャップが広くなる．アモルファス中に結晶粒が 10 からほぼ 100％混在した膜は微結晶シリコンと呼ばれる．結晶化が進み結晶成分が 100％になると**多結晶**（poly-crystalline）となる．さらに結晶化が進むと膜全体が 1 つの結晶粒である**単結晶**（single crystalline）となる．プラズマ CVD で作製可能なのは，a-Si，a-SiM，μc-Si のシリコン系薄膜である．

表 5.1 に，シリコン系薄膜について，物性の主な評価項目とその測定方法を示す．表 5.1 にあげた測定方法は，シリコン系薄膜の分野で多数の研究機関から報告のある確立された手法のみを示している．また，これらの測定方法は，市販の測定機が入手可能か，分析専門の会社に依頼することで分析可能である．ただし，PDS は市販の測定機はないが，CPM の光学系を一部変更することで測定機を組むことが可能である．

§ 5.2　膜　　厚

シリコン系薄膜の評価は，まず膜厚を求めることから始める必要がある．表 5.1 の No. 2 の成膜速度から No. 15 の水素密度までは，評価のために膜厚の値が必要である．膜厚の測定方法には，電子顕微鏡（TEM，SEM，STEM など）で直接測定する方法もあるが，測定に時間がかかり，簡便でもないことから，以下の方法で測定するのが一般的である．

　① 触針段差計
　② 透過スペクトル，反射スペクトル
　③ エリプソメトリ

これらの方法について，順次概説する．

5.2.1 触針段差計

触針段差計（stylus profiler）を用いた膜厚の測定方法について述べる．触針段差計は，あらかじめ段差をつけておいたサンプルの上を，針でサンプルに触れて水平に表面をなぞることによって，サンプルの段差に応じて針を上下させる測定方法である．わずかな針の振幅を拡大するために，てこを用いたり，電気的に増幅する．測定結果は，横軸が針の水平方向の移動距離，縦軸が針の高さのグラフとして，紙のチャートもしくはディスプレイに表示される．図5.2にサンプルの段差の例と，測定結果の例を概念的に示す．サンプルの表面は完全に水平ではないので，針が斜めに上がっていくか下がっていくグラフが得られる．なるべく針が水平に移動するように段差計を調整するとともに，得られたグラフの水平面を校正してから，膜厚を求めたほうが正確である．グラフの2点を指定して，水平面を自動的に校正する装置も市販されている．段差は，図5.2(a)のような階段状のステップよりも，1〜3mm幅程度の溝（図

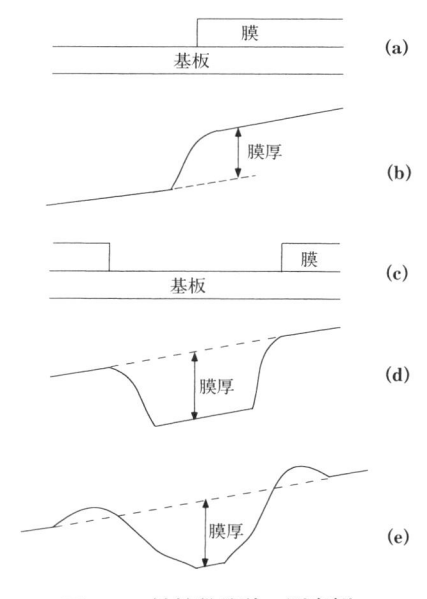

図5.2 触針段差計の測定例．

5.2(c))もしくは凸部を作製したほうが水平面の校正が容易である．最小の分解能は約 10 nm である．針をサンプルに落とす圧力は 1～10 mg/cm² で，針の圧力を上げると針のぶれが少なくなるが，膜を傷つけやすくなる．

　段差をつけるために，ガラス基板にマスクをつけて成膜する，ガラス基板上の膜にレジストをつけてエッチングする，ガラス基板上の膜をカッターで削るなどを行う．マスクをつけた成膜による段差のグラフは，図 5.2(e)に示すようにマスクのそばの膜が盛り上がったりマスクの下に膜のだれこみが出たりするので，針が水平面をなぞる距離を長めに取る必要がある．エッチングは，レジストをつけておいて，KOH または NaOH を 40～50℃に加熱した液でウェットエッチするか，プラズマエッチングする．簡易的に段差を作製するには，カッターかかみそりで膜を削って溝を作る．膜を削るときにガラス基板まで削らないようにコツがいるが，図 5.2(d)のようにグラフ上で溝の底が平らならば基板は削れていないと判断してほぼ正しい．a-Si，a-SiGe はカッターで比較的容易に削れるが，a-SiC，a-SiO，μc-Si は硬くて削るのが困難である．

5.2.2　透過スペクトル，反射スペクトル

　透過スペクトル（transmittance spectra）または**反射**スペクトル（reflectance spectra）から膜厚を測定する方法を説明する．図 5.3，図 5.4 に，分光器を用いて測定したシリコン系薄膜の透過スペクトルと反射スペクトルをそれぞれ示す．この例は微結晶シリコンである．透過スペクトル，反射スペクトルには，膜の干渉によって山と谷が生じる．この山と山，または谷と谷の波長を用いて膜厚が計算できる．その際，屈折率の値が計算に必要になるが，屈折率の求め方は次の項で説明する．

　反射スペクトルの山や谷ができる条件を求めてみよう．屈折率 n_1 の媒質から n_2 の媒質に光が入射すると，界面で透過光の位相は変わらない．界面で反射光は，$n_1 < n_2$ で位相が反転し（π ラジアン＝180°位相がずれる），$n_1 > n_2$ で位相は反転しない．

　図 5.5 のように，光が空気側から薄膜に入射する場合を考える．空気の屈折率を n_0，薄膜の屈折率を n_f，基板の屈折率を n_s とする．ガラス基板上に

152 第5章 薄膜の評価方法

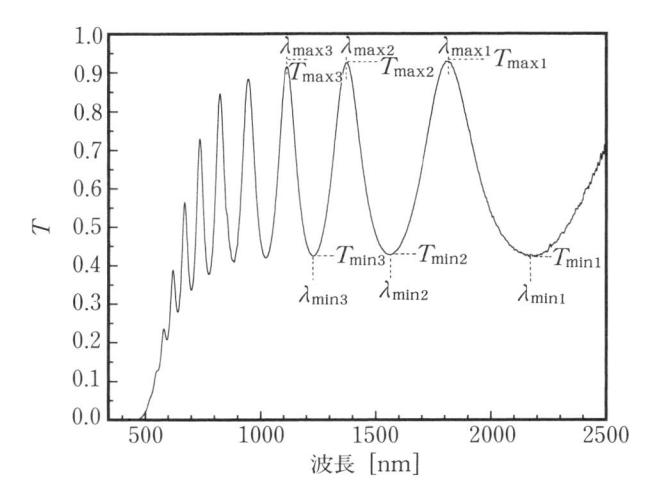

図 5.3 シリコン系薄膜の透過スペクトル．

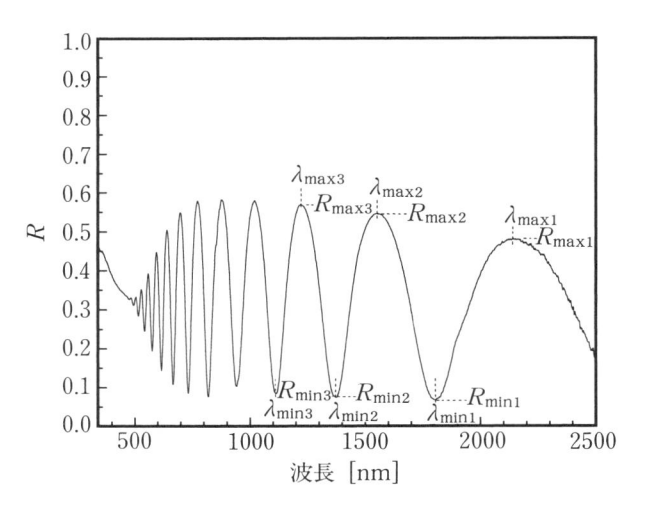

図 5.4 シリコン系薄膜の反射スペクトル．

§5.2 膜　　厚

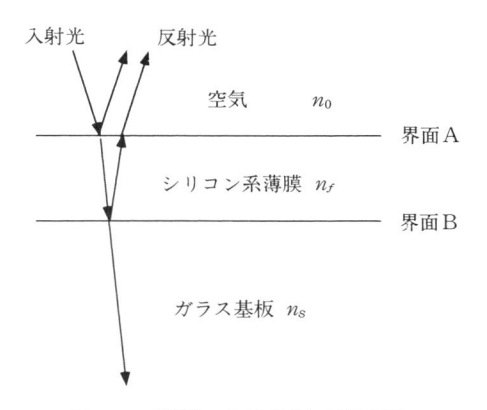

図 5.5　薄膜への光入射の模式図.

シリコン系薄膜を堆積した場合，空気の屈折率 $n_0=1.0$，ガラス基板の屈折率 $n_s=1.5$，シリコン系薄膜の屈折率 $n_f=3.2\sim3.8$ なので，$n_0<n_s<n_f$ である．空気とシリコン系薄膜の界面 A の反射は位相が反転し，シリコン系薄膜とガラス基板の界面 B の反射は位相が反転しない．界面 A で反射した光と，界面 B で反射した光の光路差は $2n_f d_f$ である．そのとき位相差 (δ) は，界面 A の反射の位相反転を考慮して，

$$\delta = \frac{2\pi}{\lambda} \cdot 2n_f d_f - \pi = \frac{4\pi n_f d_f}{\lambda} - \pi \tag{5.1}$$

ここで，λ は光の波長，n_f はシリコン系薄膜の屈折率，d_f はシリコン系薄膜の膜厚である．$\delta=2m\pi$ （m は整数）で，干渉によって反射光の強度が極大になる．$\delta=(2m+1)\pi$ では，逆に反射光の強度が極小になる．

反射スペクトルの山から膜厚を求めてみる．反射光強度が極大になる隣り合う波長をそれぞれ λ_a, λ_b とすると ($\lambda_a>\lambda_b$)，

$$\frac{4\pi n_f d_f}{\lambda_a} - \pi = 2m\pi \tag{5.2}$$

$$\frac{4\pi n_f d_f}{\lambda_b} - \pi = 2m\pi + 2\pi \tag{5.3}$$

(5.2), (5.3)式から m を消去して膜厚 d_f を求めると，

$$d_f = \frac{1}{2n_f} \cdot \frac{\lambda_a \lambda_b}{\lambda_a - \lambda_b} \tag{5.4}$$

あらかじめ，屈折率 n_f が分かっていれば，反射の隣り合う山の波長から膜厚 d_f が求まる．(5.4)式の λ_a, λ_b を，反射スペクトルの隣り合う谷の波長に置き換えても，膜厚 d_f を求めることが可能である．

透過スペクトルの場合，界面 B と界面 A で反射してから透過した光と，一度も反射せずにそのまま透過した光の位相差は，次式で表される．

$$\delta = \frac{2\pi}{\lambda} \cdot 3n_f d_f - \frac{2\pi}{\lambda} \cdot n_f d_f = \frac{4\pi n_f d_f}{\lambda} \tag{5.5}$$

(5.1)式と(5.5)式で π 位相差が異なるので，反射スペクトルの強度が山になる波長で透過スペクトルの強度は谷になり，反射スペクトルの強度が谷になる波長で透過スペクトルの強度は山になる．透過スペクトルの隣り合う山の波長，または隣り合う谷の波長を(5.4)式の λ_a, λ_b に代入しても，膜厚 d_f が求まる．

表5.2 に，反射スペクトルおよび透過スペクトルの極大，極小の関係を整理して示す．ガラス基板上のシリコン系薄膜は光路長 $2n_f d_f$ が波長の整数倍のときに，透過スペクトルは極大になり，反射スペクトルは極小になる．

表5.2 透過スペクトル，反射スペクトルの極大・極小．

	光路差 $2n_f d_f = m\lambda$		光路差 $2n_f d_f = (m+1/2)\lambda$	
	$n_0 < n_f$	$n_0 > n_f$	$n_0 < n_f$	$n_0 > n_f$
$n_f < n_s$	反射：極大	(反射：極小)	反射：極小	(反射：極大)
	透過：極小	(透過：極大)	透過：極大	(透過：極小)
$n_f > n_s$	反射：極小	(反射：極大)	反射：極大	(反射：極小)
	透過：極大	(透過：極小)	透過：極小	(透過：極大)

（ガラス基板上のシリコン系薄膜）

注1) 光は，空気→薄膜→基板の順に透過
注2) n_0：空気の屈折率，n_f：薄膜の屈折率，n_s：基板の屈折率
　　 d_f：薄膜の膜厚，λ：光の波長，m：整数
注3) 光入射側が空気の場合，$n_0 > n_f$ のケースはない

図 5.3 の透過スペクトルから，n_f=3.24 を仮定し，λ_a に $\lambda_{\max1}$=1804 nm，λ_b に $\lambda_{\max2}$=1374 nm を用いて(5.4)式で膜厚を計算すると，膜厚 d_f=890 nm となる．

いくつかあるスペクトルの山または谷から，λ_a, λ_b を選ぶ場合，なるべく長い波長の 2 つを選ぶことが重要である．波長が短いと，以下の影響が出てくる．

① シリコン系薄膜の吸収の影響がある．
② 短い波長では分散効果によって，波長の減少とともに屈折率 n_f が急増して，n_f が一定と近似できなくなる．

シリコン系薄膜では，1000 nm 以上，望ましくは 1500 nm 以上の波長の山または谷を λ_a, λ_b に選ぶとよい．

膜の表面に凹凸がある場合でも，凹凸の高さが波長の 10 分の 1 以下ならばスペクトルの山や谷の波長はあまり影響を受けないので，(5.4)式を用いて 10%程度の誤差で膜厚を求めることが可能である．ただし，凹凸のある膜ではスペクトルの山と谷の高さの差が小さくなるので，ピーク位置の同定に注意が必要である．

5.2.3　エリプソメトリ

エリプソメトリ（ellipsometry：偏光解析法）は，試料表面からの反射光の偏光状態の変化を測定する方法である．測定する反射率の比率 ρ は次式のように，プサイ（ψ）とデルタ（$\varDelta$）で表される．

$$\rho = \frac{R_p}{R_s} = \tan(\psi) e^{i\varDelta} \tag{5.6}$$

ここで，R_p は p 偏光の反射率，R_s は s 偏光の反射率である．**図 5.6** に示すように，**p 偏光**（p-polarized light）とは，入射光，反射光，試料の法線方向を含む平面（すなわち入射面）内で，電界が変化する偏光である（p は「平行」の意味のドイツ語 Parallel より）．**s 偏光**（s-polarized light）とは入射面に垂直で p 偏光と直行する方向に電界が変化する偏光である（s は「垂直」の意味のドイツ語 Senkrecht より）．ψ, $\varDelta$ は，波長，入射角，各媒質の**複素屈折率**

156　　　　　　　　　第 5 章　薄膜の評価方法

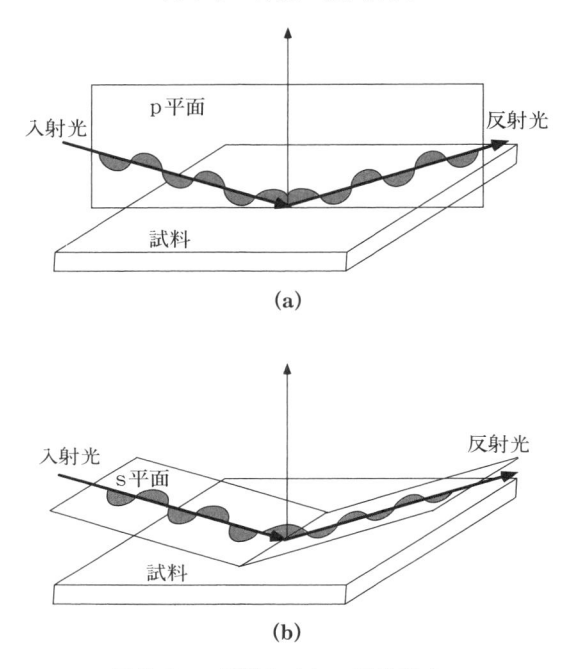

図 5.6　p 偏光 (a) と s 偏光 (b) .

(complex refractive index : $n-ik$) および膜厚 (D) の関数になっている．波長と入射角が一定の場合に測定されるパラメータは $\tan\psi$ と $\varDelta$ の 2 つなので，n, k, D のうち 2 つは求まるが，残りの 1 つも求める場合は入射角または波長を変えて測定パラメータを増やす必要がある．エリプソメトリは，透過スペクトル，反射スペクトルに比べて，非常に薄い膜厚から評価可能である．例えば 500 nm の波長の光を用いれば，0.5 nm から 1000 nm の膜厚の評価が可能である．その反面，測定値から解析解は得られず，n, k, D の組合せをエリプソメトリの測定値が合うように収束させて，膜厚を求める．そのため，コンピュータによる解析が不可欠である．

　エリプソメトリの測定装置の構成には大きく分けて，消光法と測光法がある．

　消光法（null ellipsometry）は，以下の構成を取る．

§5.2 膜　　厚

光源→偏光子→試料→1/4波長板→検光子→受光器

偏光子（polarizer）は，光源から出た光を直線偏光にする．1/4波長板は，補償板，移相子とも呼ばれ，1/4波長（90°）の遅延を起こして，直線偏光を楕円偏光に変換する．試料がなくて偏光子から1/4波長板を直接通過すれば，直線偏光は円偏光になる．検光子は，受光側にある偏光子である．消光法では，偏光子と検光子を適宜回転させて，受光器に入射する光がなくなる（消光する）角度を求めることによって，$\tan \psi$ と Δ を求める．消光法は，$\tan \psi$ と Δ の測定精度が非常に高い長所がある．その反面，消光する角度を求めるのに時間がかかるので時間変化のある試料の測定にはむかない，1/4波長板に波長依存性があるので分光測定ができないなどの短所がある．

測光法（photometric ellipsometry）は，光学素子をモータなどで連続的に回転させて，受光器で検出光強度の変化を測定して，フーリエ解析によって，$\tan \psi$ と Δ を求める．測光法の構成としては，以下の構成が一般的である．

光源→偏光子→試料→回転検光子→受光器

原理的には，偏光子を回転して，検光子を固定しても装置を構成できるが，現実には，無偏光の光源を得ることが困難なので，検光子を回転する．自動エリプソメータとして市販されているものの多くはこの構成である．測光法は，光強度の変化を測定するので，光源はハロゲンランプを直流安定化電源で点灯するのが望ましい．受光器は，偏光特性が少ない必要があるので，光電子増倍管は不適当で，半導体受光素子が適当である．測光法は，構成が簡単，高速測定が可能で時間変化のある試料を測定できる，分光測定が可能などの長所がある反面，消光法に比べて測定精度が低い，Δ が 0° と 180° で感度が低下するなどの短所がある．

測光法のエリプソメトリは，プラズマCVD装置に取り付けてその場観察（in situ）に用いて，アモルファス太陽電池の多層膜の成長過程の観察[5.1]，微結晶シリコンの成長初期過程の観察[5.2, 5.3] などの研究にも用いられている．

§5.3 屈 折 率

シリコン系薄膜の**屈折率**（refractive index）は，単結晶シリコンと異なり，成膜条件によって値が変化する．屈折率は膜の元素組成，密度などを反映しており，重要な測定項目である．また，透過スペクトルなど光学的に膜厚を求めるときに屈折率の値が必要になる．

屈折率を求めるには，以下の方法があげられる．

①透過または反射スペクトルの山谷の波長から(5.4)式を使って屈折率を求める．ただし，膜厚の値が必要．

②透過スペクトルの干渉を考慮した式から膜厚と同時に，屈折率を求める．

③エリプソメトリで入射角を変化または分光測定を行って，測定データの解析から膜厚と同時に屈折率を求める．

これらの屈折率測定方法の中で②は，透過スペクトルから膜厚を求める際に必要になるので，以下に詳しく説明する[5.4]．

図5.5のような単層膜モデルで

仮定1) 基板が透明

仮定2) 測定波長範囲でシリコン系薄膜の吸収が無視できる

仮定3) 基板および薄膜が平らで乱反射や乱透過が無視できる

が成り立つ場合の試料の透過率（T）は次式で与えられる[5.5]．

$$T = \frac{n_s(1+g_1)^2(1+g_2)^2}{n_0\{1+g_1^2 g_2^2 + 2g_1 g_2 \cos(\delta)\}} \tag{5.7}$$

ここで，

$$g_1 = \frac{n_0 - n_f}{n_0 + n_f}, \quad g_2 = \frac{n_f - n_s}{n_f + n_s}, \quad \delta = \frac{4\pi n_f d_f}{\lambda} \tag{5.8}$$

n_0，n_f，n_s はそれぞれ空気，シリコン系薄膜，ガラス基板の屈折率，d_f はシリコン系薄膜の膜厚，λ は測定光の波長である．$n_0 < n_s < n_f$ が成り立つので，$g_1 < 0$，$g_2 > 0$ となる．$\delta = 2m\pi$ のとき透過率の最大値（$T_{\max}$）になり，$\delta = (2m+1)\pi$ のとき最小値（$T_{\min}$）になる．そのとき，

$$T_{\max}=\frac{n_s(1+g_1)^2(1+g_2)^2}{n_0(1+g_1g_2)^2} \tag{5.9}$$

$$T_{\min}=\frac{n_s(1+g_1)^2(1+g_2)^2}{n_0(1-g_1g_2)^2} \tag{5.10}$$

$T_{\max}$, $T_{\min}$ からシリコン系薄膜の屈折率 n_f は，次式で表される．

$$n_f=\frac{1}{2}\left\{(n_0+n_s)\sqrt{\frac{T_{\max}}{T_{\min}}}+\sqrt{(n_0+n_s)^2\frac{T_{\max}}{T_{\min}}-4n_0n_s}\right\} \tag{5.11}$$

ここで，$T_{\min}/T_{\max}=T_c$ とおき，$n_0=1.0$ を代入して(5.11)式を変形すると，

$$n_f=\frac{(1+n_s)+\sqrt{(1+n_s)^2-4n_sT_c}}{2\sqrt{T_c}} \tag{5.12}$$

となる．

図5.3の透過スペクトルで，$T_{\max}$ に $T_{\max1}=0.929$，$T_{\min}$ に $T_{\min1}=0.424$ を用いて(5.12)式から屈折率を計算すると，屈折率 $n_f=3.24$ となる．

§5.4 吸 収 係 数

吸収係数（absorption coefficient：α）は，シリコン系薄膜の光学的設計に必要な重要な物性である．また，光学ギャップや欠陥密度などを求める際の基礎データになる．

シリコン系薄膜のバンドギャップ付近のエネルギーの光に対する吸収係数は，分光測定による透過スペクトル，または透過および反射スペクトルから求められる．

透過スペクトルだけを用いて α を求める場合，薄膜の透過率（T_f）は次式で示される．

$$T_f=\frac{T}{T_s}=\frac{4T_se^{-\alpha d}}{(1+T_s)^2-(1-T_s)^2e^{-2\alpha d}} \tag{5.13}$$

ここで，T は基板に薄膜をつけた試料全体の透過率，T_s は基板の透過率，α は薄膜の吸収係数，d は薄膜の膜厚である．透過率を測定する際に，実際に得られるデータは T である．単色光の光路が1つの分光器（シングルビーム分光器）の場合，あらかじめ基板の透過スペクトルを測定してデータを記憶させ

ておき，試料の透過スペクトルを基板の透過スペクトルで割ることによって，T_f が求められる．単色光の光路が 2 つあって試料とリファレンスを同時に測定可能な分光器（デュアルビーム分光器）の場合，サンプル光側に試料を設置し，リファレンス光側に薄膜のついていない基板を設置することによって，T/T_s を直接測定して T_f が求めることができる．(5.13)式を変形して α は次式になる．

$$\alpha = -\frac{1}{d}\ln\left\{\frac{-2T_s + \sqrt{4T_s^2 + (1-T_s)^2(1+T_s)^2 T_f^2}}{(1-T_s)^2 T_f}\right\} \tag{5.14}$$

透過スペクトルと反射スペクトル両方測定する場合，

$$T_f = e^{-\alpha d} = \frac{T}{1-R} \tag{5.15}$$

となる．ここで R は試料の反射率である．したがって α は

$$\alpha = -\frac{1}{d}\ln\left(\frac{T}{1-R}\right) \tag{5.16}$$

となる．

　分光器の透過率，反射率の測定限界が 0.1% 程度なので，膜厚 1 μm のシリコン系薄膜の吸収係数の測定限界は，$\alpha = 10^3$ cm^{-1} 程度である．分光器の測定限界は，光学ギャップを求めるためには十分であるが，欠陥密度を求めるためには不十分である．微小な吸収係数の測定方法については，欠陥密度の項で説明する PDS，CPM の手法で測定を行う．

§5.5　バンドギャップ

　シリコン系薄膜のバンドギャップ（band gap：禁制帯幅）は，吸収係数のエネルギー依存性のスペクトルから求める．図 5.7 に結晶シリコンとアモルファスシリコンの**禁制帯**（forbidden band）の相違を示す．結晶シリコンは，**価電子帯**（valence band）で電子のエネルギー準位（E）が大きくなると，**状態密度**（density of states：$N(E)$）が急速に減少して，禁制帯に入ると $N(E)$ がほぼ 0 になる．同様に**伝導帯**（conduction band）で E が小さくなると，$N(E)$ が急速に減少して，禁制帯で $N(E)$ がほぼ 0 になる．すなわち，価電子

§5.5 バンドギャップ

(図: 結晶シリコンの状態密度 N(E) 対 E、価電子帯と伝導帯の間に禁制帯、バンド端は急峻、E_v, E_c)

(a)

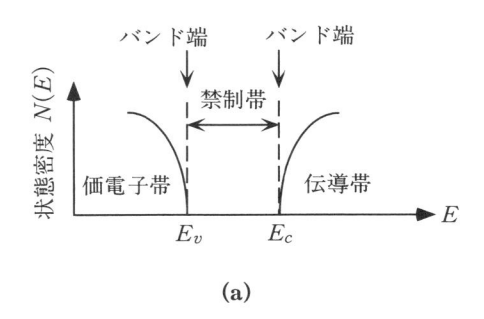

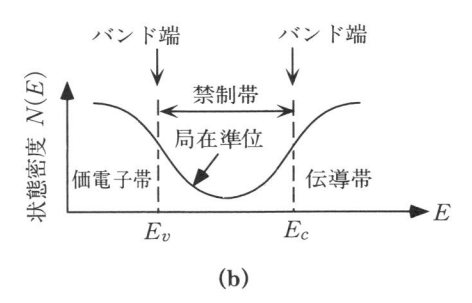

(図: アモルファスシリコンの状態密度 N(E) 対 E、バンド端がなだらかで局在準位が禁制帯中に存在、E_v, E_c)

(b)

図 5.7 結晶シリコンおよびアモルファスシリコンの禁制帯の相違．(a) 結晶シリコン，(b) アモルファスシリコン．

帯および伝導帯の**バンド端**（band edge）が急峻で，かつ禁制帯の $N(E)$ はほぼ 0 である．

アモルファスシリコンにおいても，結晶と同様に価電子帯，禁制帯，伝導帯が存在する．ただし，図 5.7(b) に示すように，**局在準位**（localized states）があるために，禁制帯中に状態密度がある程度存在する（局在準位は欠陥を発生させるので，ほぼ同じ意味で**欠陥準位**（defect states）とも呼ばれる）．また，価電子帯および伝導帯のバンド端は急峻ではなく，状態密度が裾を引き，バンド端を明確に定義できない．そこで，吸収係数測定から得られる**光学ギャップ**（optical gap）をバンドギャップの目安として用いる．

状態密度のエネルギー依存性（$N(E)$）を放物線で近似すると，

$$\sqrt{\alpha E} = B(E - E_g) \tag{5.17}$$

が一般的に成り立つ[5.6]．ここで，α は吸収係数，B は定数，E は光エネルギー，E_g は光学ギャップである．図 5.8 に示すように，実験から得られる光吸収スペクトル α を元に，E に対して $\sqrt{\alpha E}$ をプロットすると，直線部分の延長線と X 軸との交点から E_g が求まる[5.7]．図 5.8 は典型的なアモルファスシリコンの例で，E_g は約 1.73 eV である．この手法は，提案者にちなんで**タウスプロット**（Tauc plot）と呼ばれる．求められた光学ギャップは**タウスギャップ**（Tauc gap）とも呼ばれ，アモルファスシリコン，アモルファスシリコン合金で広く用いられている．

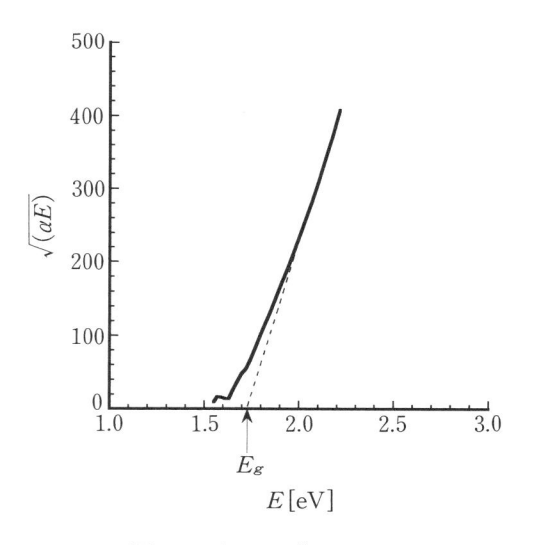

図 5.8 タウスプロット．

また，吸収係数の生のスペクトルから光学ギャップを判断する場合，経験的に $\alpha = 2000$ cm^{-1} になるエネルギー（E_{2000}）が ± 0.02 eV 程度の誤差で光学ギャップになる．

微結晶シリコンの場合，アモルファスシリコンと結晶シリコンの中間的な光学的特性を示すので，タウスプロットが丸みをおびて直線部分があまりなく，

光学ギャップを明確に定義できない．微結晶シリコンの光学ギャップを相対的に評価するために，$\alpha=10^4\,\mathrm{cm}^{-1}$ になるエネルギー E_{04}，$\alpha=10^3\,\mathrm{cm}^{-1}$ になるエネルギー E_{03}，または E_{2000} が用いられる．微結晶シリコンを pin 形太陽電池の窓層である p 層に用いる場合は，可視光領域の透明度が重要になるので，E_{04} が大きいほど光学特性としてよい．微結晶シリコンを pin 形太陽電池の光吸収層である i 層に用いる場合，赤外領域まで光吸収ができるほうがよいので，E_{03} または E_{2000} が小さいほど光学特性としてよい．

§5.6 導 電 率
5.6.1 光 導 電 率

光導電率（photoconductivity；σ_{ph}）は，模擬太陽光を照射したときの薄膜の導電率である．σ_{ph} は，

$$\sigma_{ph} \propto \alpha \eta \mu \tau \tag{5.18}$$

で示される．ただし，α は吸収係数，η は量子効率，μ はキャリア移動度，τ はキャリア寿命である．厚さ 300 nm 以上のシリコン系薄膜のサンプルで，検知可能範囲は $10^{-12}\sim10^{-2}$ S/cm である．(5.18)式から分かるように σ_{ph} は τ に比例する．τ は欠陥密度（N_d）に逆比例するので，σ_{ph} が大きいほど欠陥密度の少ない高品質な膜といえる．σ_{ph} は，N_d に比べて簡便に測定できる．また，薄いサンプルでも測定可能なため，成膜時間が短い，反応室クリーニングまでの実験回数を多くできるなどの利点がある．

σ_{ph} を測定するには，**図 5.9** に示すようにガラス基板上の薄膜に電極をつけた試料で測定する．図 5.9 のように，基板上の薄膜に平行に流れる電流を測定するようにつけた電極を，**コプラナー形電極**（coplanar electrode configuration）と呼ぶ．これに対して薄膜の断面方向に流れる電流を測定する電極は**サンドイッチ形電極**（sandwich electrode configuration）である．電極は，マスクを用いてアルミニウムなどの金属を蒸着して作製する．模擬太陽光を照射した状態で，直流電圧を試料の電極に印加して，電流をピコ・アンメータで測定する．模擬太陽光としては，エアマス 1.5（AM 1.5），100 mW/cm² の条件

(a)

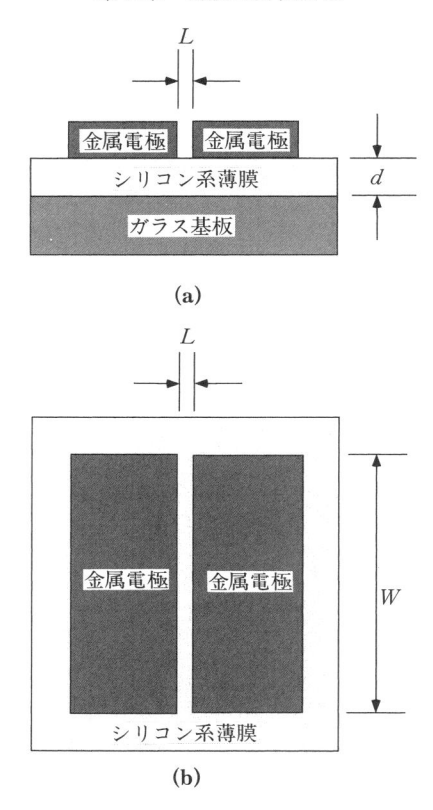

(b)

図 5.9 コプラナー形電極.
(a)断面図, (b)平面図.

が一般的である[5.8]. 測定した電圧, 電流から σ_{ph} は次式で求められる.

$$\sigma_{ph} = \frac{LI}{WdV} \quad [\text{S/cm}] \tag{5.19}$$

ここで, L は電極間距離 [cm], I は電流 [A], W は電極幅 [cm], d は膜厚 [cm], V は電圧 [V] である. L は 0.01～0.1 cm 程度, W は 0.5～2 cm 程度が測定しやすい.

測定時の注意として, 電圧を 50 V から 100 V 程度の範囲で変化させて, 電流が電圧にほぼ比例して増加することを確認する. 電流が電圧に対して非線形

に変化する場合は，アルミニウム電極とシリコン系薄膜の間にオーミック接続が取れていないことを意味する．その場合，異なる測定点を用いる，蒸着をやり直す，試料を150°C程度で約2時間加熱するなどを行って，オーミック接続が取れる条件で σ_{ph} の測定を行う．真性形（i形）のアモルファスシリコンの場合，最適化された膜で，σ_{ph} は $1 \sim 5 \times 10^{-5}$ S/cm である．

5.6.2 暗導電率，活性化エネルギー

暗導電率（dark conductivity；σ_d）は，光を照射しないときの導電率である．σ_{ph} と同じ試料を用いて，暗箱に入れて，測定を行う．σ_d も，σ_{ph} と同様に(5.19)式で求まる．

n形およびi形シリコン系薄膜の場合，キャリアは電子が主体であり，暗導電率は次式で示される[5.9]．

$$\sigma_d \propto N_c \mu_e \exp[-(E_c - E_F)/k_B T] \quad (5.20)$$

ここで，N_c は伝導帯状態密度，μ_e は電子の移動度，E_c は伝導帯端エネルギー，E_F はフェルミエネルギー，k_B はボルツマン定数，T は測定温度 [K] である．シリコン系薄膜に不純物として酸素が入ると，n形になり σ_d が大きくなる．酸素が 2×10^{19} cm^{-3} 以下に低減されたアモルファスシリコンの σ_d は 10^{-10} S/cm 台である．

(5.20)式は，σ_d が活性化形の温度特性を持つことを示している．また，**活性化エネルギー**（activation energy：E_a）は，伝導帯の底とフェルミエネルギーの差になり，$E_a = E_c - E_F$ である．(5.20)式の両辺の10の対数を取り，$E_a = E_c - E_F$ として eV 単位で示すと，

$$\log_{10} \sigma_d = \log_{10} N_c \mu_e - \frac{eE_a[\mathrm{eV}]}{1000(\ln 10)k_B T} \frac{1000}{T} = B - C\frac{1000}{T}$$

$$\text{切片 } B = \log_{10} N_c \mu_e \quad (5.21)$$

$$\text{傾き } C = \frac{eE_a[\mathrm{eV}]}{1000(\ln 10)k_B T} = 5.04 E_a[\mathrm{eV}]$$

したがって，

$$E_a[\mathrm{eV}] = 0.198 C \quad (5.22)$$

σ_d の温度依存性を測定し,縦軸 $\log_{10}\sigma_d$,横軸 $1000/T[\mathrm{K}]$ のアレニウスプロットをしたときの傾き (C) に約 0.2 をかければ,eV 単位の活性化エネルギー E_a が得られる.

p 形シリコン系薄膜の場合,キャリアは正孔(ホール)が主体で,暗導電率は次式で表される[5.9].

$$\sigma_d \propto N_v \mu_h \exp[-(E_F-E_v)/k_B T] \tag{5.23}$$

ここで,N_v は価電子帯状態密度,μ_h は正孔の移動度,E_v は価電子帯端エネルギー,E_F はフェルミエネルギー,k_B はボルツマン定数,T は測定温度 [K] である.p 形シリコン系薄膜の場合,(5.23)式から E_a は,フェルミエネルギーと価電子帯の上端との差になり,$E_a = E_F - E_v$ である.

5.6.3 光感度

光感度(photo sensitivity;σ_{ph}/σ_d)は,光導電率(σ_{ph})と暗導電率(σ_d)の比である.n 形および i 形シリコン系薄膜は,キャリアは電子が主体であり,そのとき σ_{ph}/σ_d は次式で表される.

$$\frac{\sigma_{ph}}{\sigma_d} \propto \frac{\alpha\eta\mu\tau}{N_c\mu\exp[-(E_c-E_F)/k_B T]} \propto \frac{\tau}{\exp[-(E_c-E_F)/k_B T]} \tag{5.24}$$

ここで,N_c は伝導帯状態密度,E_c は伝導帯端エネルギー,E_F はフェルミエネルギー,k_B はボルツマン定数,T は測定温度 [K] である.σ_{ph}/σ_d は以下の理由から τ,すなわち欠陥密度の指標になる.

1) サンプル間の μ のばらつきの影響を抑制して,τ を反映.
2) 不純物などによる E_F のばらつきの影響を抑制して,τ を反映.

σ_{ph}/σ_d が τ に比例することから,この値が大きいほど,欠陥密度の少ない高品質膜である.

§5.7 FTIR

FTIR(フーリエ変換赤外吸収分光法;Fourier Transform Infrared Spectroscopy)は,赤外線スペクトルを測定する手法である.FTIR の測定

§5.7 FTIR

から，シリコン系薄膜の**結合水素密度**（bonded hydrogen content），水素の結合状態が得られる．また，不純物として1%以上の酸素，炭素の有無を調べることができる．

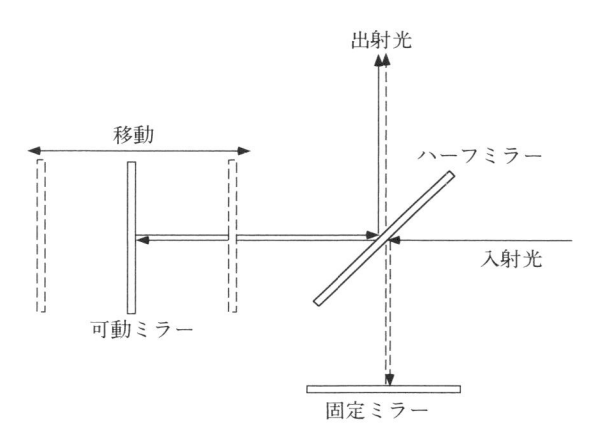

図5.10 マイケルソン干渉計．

FTIRは，**図5.10**に示すような**マイケルソン干渉計**（Michelson interferometer）を用いる．入射光はハーフミラーで分かれる．ハーフミラーで反射した光は固定ミラーで反射してから出射する．ハーフミラーを透過した光は可動ミラーの反射，ハーフミラーの反射を経て出射する．2つの光は光路長の差により干渉を起こす．可動ミラーの位置を変化させたときの干渉パターンをフーリエ変換すると，赤外線のスペクトルが得られる．

FTIRの測定には，高抵抗の単結晶シリコン基板（$\rho>100\ \Omega\cdot\mathrm{cm}$）上に成膜したシリコン系薄膜を用いる．シリコン系薄膜の膜厚は400 nm以上が望ましい．図5.11は典型的なアモルファスシリコンの赤外線の透過スペクトルである．横軸は波長の逆数である波数，縦軸は透過率である．透過率が谷になっているところが，赤外線の吸収があることを示す．**図5.11**では，2000 cm^{-1}付近にSiHの伸縮モードのピークが，600 cm^{-1}付近にSiHの変角モードのピークがあるのが分かる．スペクトル全体がゆるやかに増減しているのは薄膜の干渉によるものである．

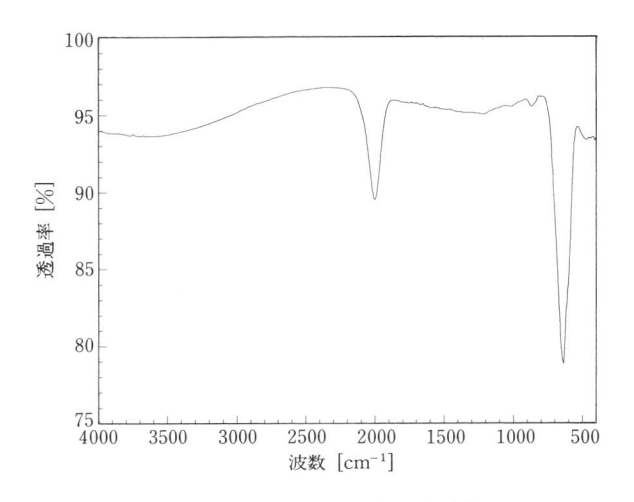

図 5.11 アモルファスシリコンの赤外線透過スペクトル．

　FTIR の測定時に注意しないと，測定試料の赤外線吸収ピーク以外に，空気中の二酸化炭素や水の吸収ピークが同時に観測される．二酸化炭素は，2340 cm^{-1} と 2360 cm^{-1} の 2 つピークを持つ特徴的な吸収ピークを持つ．水は 1300〜2100 cm^{-1} に多数のピークのある広がった吸収ピークを持つ．二酸化炭素と水の影響を除くために，試料室を真空にする，試料室を窒素で置換（パージ）するなどを行う．水の影響のみを除去する場合は，試料室を乾燥空気でパージする．

　表 5.3 に，アモルファスシリコンの水素結合による振動形と，吸収ピークの波数を示す[5.10, 5.11]．水素結合の吸収ピークとしては，630 cm^{-1} 付近が一番強く，次に 2000 cm^{-1} 付近，900 cm^{-1} 付近に現れる．630 cm^{-1} 付近のピークは様ざまな振動モードが同じ波数で重なっているので，結合水素密度の定量には向かない．そこで，結合水素密度の定量には 2000 cm^{-1} 付近の伸縮モードのピークを用いる．以下に結合水素密度の定量の手順を示す．

①単結晶シリコン基板の赤外線透過スペクトル（T_s）を測定する．
②単結晶シリコン基板につけたシリコン系薄膜の試料の赤外線透過スペクト

§5.7 FTIR

表5.3 アモルファスシリコンの水素結合ピーク．

結合型	振動型　　● H　　○ Si
SiH	伸縮 (Stretching) 2000 cm^{-1}／変角 (Bending)／横揺れ (Rocking)／縦揺れ (Wagging) 630 cm^{-1}
SiH$_2$	伸縮 (Stretching) 2090 cm^{-1}／変角はさみ (Bending-Scissors) 880 cm^{-1}／横揺れ (Rocking) 630 cm^{-1}
(SiH$_2$)n	伸縮 (Stretching) 2090〜2100 cm^{-1}／変角はさみ (Bending-Scissors) 890 cm^{-1}／縦揺れ (Wagging) 845 cm^{-1}／横揺れ (Rocking) 630 cm^{-1}
SiH$_3$	伸縮 (Stretching) 2140 cm^{-1}／縮退変形 (Degenerate Deformation) 905 cm^{-1}／対称変形 (Symmetric Deformation) 860 cm^{-1}／横揺れ (Rocking) 630 cm^{-1}

ル (T) を測定する．

③シリコン系薄膜の透過率 ($T_f = T/T_s$) を求める．

④赤外線スペクトルは干渉の影響やオフセットが載っているため，2000 cm^{-1} 付近で適宜 T_f のスペクトルにベースラインを引く．例えば，1700 cm^{-1} の透過率と 2300 cm^{-1} の透過率を直線で結ぶ．

②T_f のデータからベースラインを引いた値 (ΔT) を求める．

③吸収係数 α[cm^{-1}] を下式で求める．これは (5.14) 式と同じ式である．

$$\alpha = -\frac{1}{d}\ln\left\{\frac{-2T_s + \sqrt{4T_s^2 + (1-T_s)^2(1+T_s)^2(\Delta T)^2}}{(1-T_s)^2\Delta T}\right\} \quad (5.25)$$

ここで，T_s は単結晶シリコンの透過率で，高抵抗の単結晶シリコン基板の場合，$T_s=0.53$ である．d は膜厚［cm］である．

④結合水素密度 N_H［cm^{-3}］を下式から求める[5.12, 5.13]．

$$N_H = A \times \int \frac{\alpha(\omega)}{\omega} d\omega \quad (5.26)$$

ここで，A は比例定数で 1.4×10^{20} cm^{-2}，α は吸収係数で単位は cm^{-1}，ω は波数［cm^{-1}］である．

⑤アトミックパーセント［at.%］単位（原子数密度の割合）の結合水素密度（C_H）で示すときは，アモルファスシリコンの Si 原子数密度を，結晶シリコンの Si 原子数密度 5.0×10^{22} cm^{-3} で近似して，下式から求める[5.14]．

$$C_H = \frac{N_H}{5.0\times10^{22}} \times 100 \quad [\text{at.}\%] \quad (5.27)$$

太陽電池や TFT に適用可能なデバイスグレードのアモルファスシリコンは，$C_H=8\sim15$ at.% である．

水素の結合状態としては，SiH 結合密度と SiH$_2$ 結合密度の割合を主に評価する．その場合，上記の $\alpha(\omega)$ を，ガウス関数を仮定して 2000 cm^{-1} 付近のピークと 2100 cm^{-1} 付近のピークに分離する．ガウス関数 $f(\omega)$ としては，次式を用いる．

$$f(\omega) = \frac{h}{\sqrt{2\pi}\sigma}\exp\left(-\frac{(\omega-\omega_p)^2}{2\sigma^2}\right) \quad (5.28)$$

ここで，h はピーク高さ，σ はピーク幅，ω_p はピーク波数に，それぞれ対応するフィッティングパラメータである．2000 cm^{-1} 付近のピークと 2100 cm^{-1} 付近のピークのガウス関数の合計がデータに合うように 3 つのフィッティングパラメータを変化させる．分離したそれぞれのピークに対して，(5.27)式を適用して，SiH 結合密度と SiH$_2$ 結合密度の割合を評価する．

図 5.12 に，FTIR スペクトルのガウス関数分離の例を示す．2000 cm^{-1} 付近のピーク（SiH）と 2100 cm^{-1} 付近のピーク（SiH$_2$）に分離し，それらの合計（total）が，実測値（data）に合うようにフィッティングしている．具

§5.7　FTIR　　　171

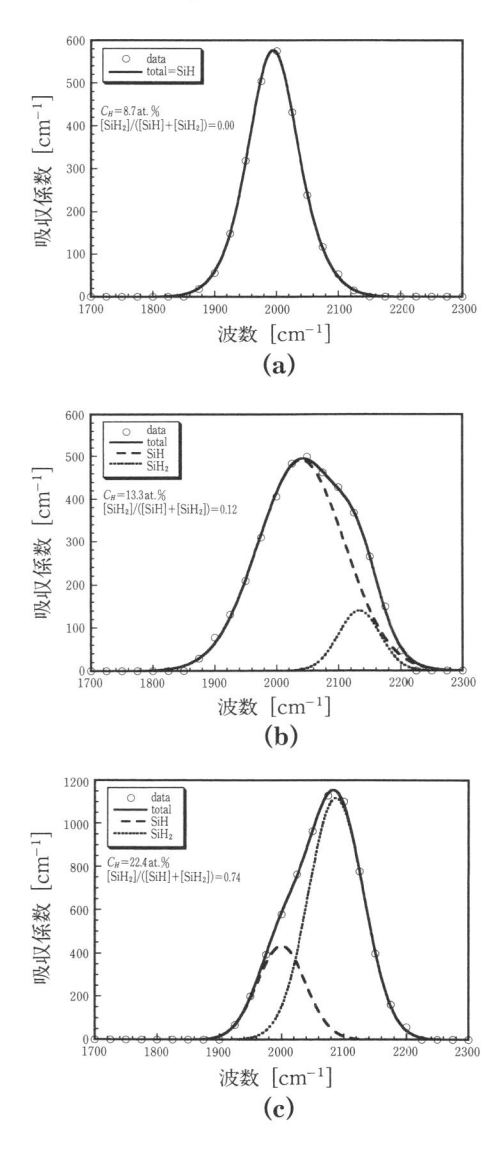

図 5.12　FTIR スペクトルのガウシアン分離例.
（a）結合水素密度 $C_H=8.7$ at.%，（b）結合水素密度 $C_H=13.3$ at.%，
（c）結合水素密度 $C_H=22.4$ at.%.

体的には，total と data の誤差の 2 乗和が最小になるように，(5.28)式の h，σ，ω_p を収束させている．結合水素密度 C_H が 8.7 at.%，13.3 at.%，22.4 at.%と増加するに従い，SiH_2 結合の割合 $[SiH_2]/([SiH]+[SiH_2])$ が増加していることが分かる．

アモルファスシリコンゲルマニウムの場合，GeH の伸縮モードが 1870 cm^{-1} 付近に，GeH_2 伸縮モードが 2000 cm^{-1} 付近に現れる[5.15]．GeH_2 のピークは，SiH の 2000 cm^{-1} のピークと重なるので，1870 cm^{-1}，2000 cm^{-1}，2100 cm^{-1} に 3 つの山のある吸収ピークとして観測される．

シリコン系薄膜に，不純物として酸素が入った場合，1000〜1100 cm^{-1} に Si-O-Si の強い吸収ピークが観測される[5.12]．また，SiHO，SiH_2O の結合ができた場合，SiH と SiH_2 の伸縮モードのピークをそれぞれ約 100 cm^{-1} 高波数側にシフトした孫ピークが観測される[5.16]．概略の膜中酸素密度 $[O]$（単位は at.%）は，Si-O-Si ピークから次式で求まる[5.16]．

$$[O] = 2.7 \times 10^{-3} \times \alpha_{1000\text{cm}^{-1}} \tag{5.29}$$

ただし，$\alpha_{1000\text{cm}^{-1}}$ は波数 1000 cm^{-1} 付近の吸収係数（単位 cm^{-1}）のピーク値である．

不純物として炭素が入った場合，SiC の伸縮モードのピークが 720〜760 cm^{-1} 付近に出るが[5.17]，ピーク強度が小さいので同定が難しい．$CH_x (x=1〜3)$ のピークは，2850〜2870 cm^{-1}，2920 cm^{-1}，2960 cm^{-1} の 3 つの山がある吸収ピークが出る[5.18]．この波数領域に他の振動モードの吸収が重なっておらず，強度は小さいが特徴的な 3 つの山のピークなので，炭素不純物の有無の同定には CH_x のピークが分かりやすい．

§5.8 ラマン散乱

5.8.1 測定方法

ラマン散乱（Raman scattering）とは，試料に当てた入射光に対して波長がずれた散乱光が生じる現象である．散乱光の波長のずれ（ラマンシフト：Raman shift）と強度は，物質の振動エネルギーによって決まり，物質に固有

§5.8 ラマン散乱

のものである．ラマン散乱の名は，1928年にこの現象を発見したインド人物理学者 C. V. Raman に由来し，Raman はこの業績で1930年にノーベル賞を受賞している．

シリコン系薄膜のラマン散乱スペクトルを測定すると，以下のことが分かる．

①微結晶シリコンの，結晶成分とアモルファス成分の体積分率．
②アモルファスシリコンの乱れの度合い．
③アモルファスシリコンゲルマニウム，微結晶シリコンゲルマニウムの結合状態の評価．

図 5.13 に，ラマン散乱スペクトルの測定装置として，最近，よく使われるようになってきた顕微ラマン装置を示す．レーザ光は，NDフィルタを通り，ハーフミラーで反射され，レンズで集光されて試料に照射される．レーザ光としては，アルゴンイオンレーザ（波長 514.5 nm），ヘリウムネオンレーザ（波長 632.8 nm）などがよく使われる．**NDフィルタ**（Neutral Density Filter）

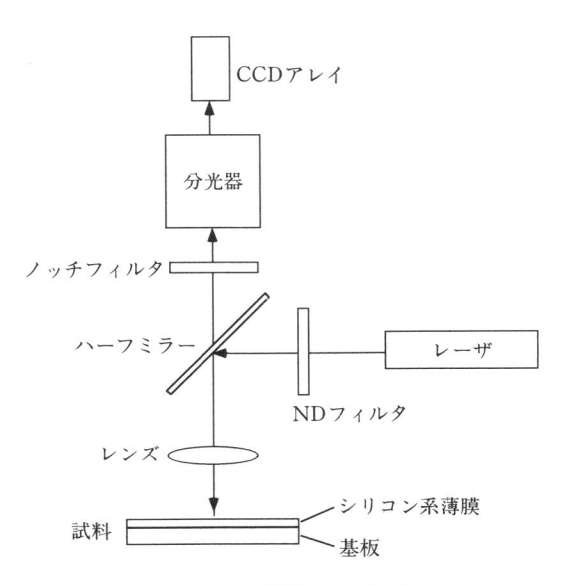

図 5.13 顕微ラマン装置．

は，レーザ光の強度を減衰させるときに使う．試料を出た散乱光は，レンズで集光され，ハーフミラーを透過して，ノッチフィルタ，分光器を通って，検出器に入る．ノッチフィルタは特定の波長だけを透過しないフィルタで，レーザ光と同じ波長の強い散乱光であるレイリー散乱を遮断する．分光器で散乱光の波長を分解する．検出器にはCCDを直線状に並べたCCDアレイが便利である．検出器にCCDアレイを用いると，分光器の回折格子を回転しなくても，1回の測定で特定の波数範囲のラマン散乱スペクトルを測定できる．

顕微ラマン装置が最近開発されて，装置の小形化，低価格化，S/N比の向上，測定時間の短縮が急速に進んだ．ラマン散乱光は非常に微弱であるため，以前は明るい大形の分光器を用いた大掛かりな装置で，S/N比を上げるために30分から1時間の長時間の積算時間をかけて，ラマン散乱スペクトルの測定を行っていた．顕微鏡を用いることにより，照射光の強度および散乱光の検出強度が増加してS/N比が大幅に向上した．このため，低価格の小形の分光器を使用して装置の小形化が進み，積算時間も数秒から1分程度ですむようになった．また，CCDアレイの導入もS/N比の向上と測定時間の短縮に役立っている．

測定時の注意をいくつかあげる．①レーザ光の強度が強すぎるとアモルファ

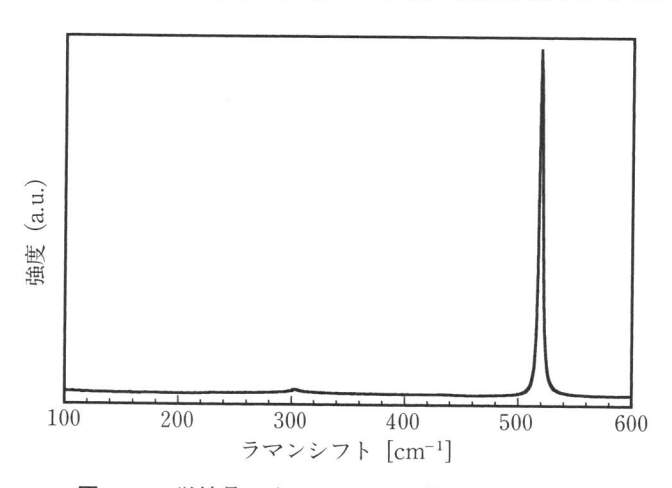

図5.14 単結晶シリコンのラマン散乱スペクトル．

スシリコンが測定中に結晶化してしまうので，ND フィルタで照射光強度を減衰させて結晶化が起こらないようにする．②ラマン散乱スペクトルは，サンプル間の絶対値の評価が再現性の点で困難なので，スペクトルの半値幅や，異なる波数のスペクトル強度比をサンプル間の比較に用いる．③ラマン散乱測定装置を立ち上げたときは，単結晶シリコンのラマン散乱スペクトルを測定して，波数の校正を行う．図 5.14 に示すように，単結晶シリコンは，520 cm^{-1} に TO モードの鋭いピークを持つ．横軸は波数単位で示したラマンシフト（レーザ光に対する散乱光の波長ずれの逆数），縦軸は散乱光の強度である．

5.8.2 アモルファスシリコンの乱れの度合い

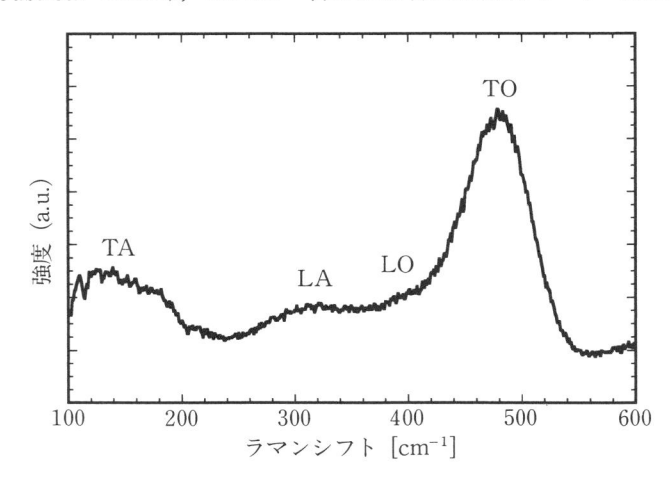

図 5.15 に，アモルファスシリコンのラマン散乱スペクトルを示す．横軸は波数単位で示したラマンシフト，縦軸は任意目盛で示した散乱光の強度である．アモルファスシリコンのラマン散乱スペクトルのピークは，高波数側から順に，480 cm^{-1} 付近に**光学的横振動モード**（TO モード：Transverse Optical Mode），380 cm^{-1} 付近に**光学的縦振動モード**（LO モード：Longitudinal Optical Mode），310 m^{-1} 付近に**音響的縦振動モード**（LA モード：Longitudinal Acoustical Mode），150 cm^{-1} 付近に**音響的横振動モード**（TA モード：

図 5.15 アモルファスシリコンのラマン散乱スペクトル．

Transverse Acoustical Mode）が現れる．

　音響的振動とは，隣り合った原子が同じ方向に変位して振動する状態である．音響的振動は2種類あり，波の進行方向と直角に原子が変位する横波（TAモード）と，波の進行方向に原子が変位する縦波（LAモード）がある．また，光学的振動とは，隣り合った原子が反対方向に変位して振動する状態で，音響的振動と同様に横波（TOモード）と縦波（LOモード）がある．Si-Si結合に対して，4つの振動モードが現れる．

　アモルファスシリコンの乱れの指標として，Siの結合角の分布幅（$\Delta\theta$）と，TOモードピークの半値幅（Δ_{TO}）は比例関係にあると解釈されている[5.19]．すなわち，

$$\Delta\theta \propto \Delta_{TO} \tag{5.30}$$

の関係があり，Δ_{TO}が大きいほどアモルファスシリコンの乱れの度合いが大きいと言える．また，$\Delta\theta$はTAモードのピーク強度（I_{TA}）とTOモードのピーク強度（I_{TO}）比にも比例する[5.19]．

$$\Delta\theta \propto \frac{I_{TA}}{I_{TO}} \tag{5.31}$$

5.8.3　微結晶シリコンの結晶体積分率

　図5.16に微結晶シリコンのラマン散乱スペクトルを示す．図5.16の微結晶シリコンは，プラズマCVDによる作製時のH_2流量とSiH_4流量の比（H_2/SiH_4）を10倍，20倍，40倍と変えて，結晶性を変化させている．微結晶シリコンは，結晶シリコン成分に起因した520 cm^{-1}付近の鋭いピークと，アモルファスシリコン成分に起因にした480 cm^{-1}付近の幅の広いピークが重畳したTOモードピークを持つ．H_2/SiH_4＝10のときは，480 cm^{-1}のピークだけが観測され，膜がアモルファスシリコンであることが分かる．H_2/SiH_4＝20になると，520 cm^{-1}にピークが現れはじめて結晶成分を含む微結晶シリコンになったことが分かる．H_2/SiH_4＝40になると，520 cm^{-1}のピークがさらに強くなり，結晶化が進んでいることが分かる．

　520 cm^{-1}と480 cm^{-1}のピークの比は**結晶体積分率**（volume fraction）を

§5.8 ラマン散乱

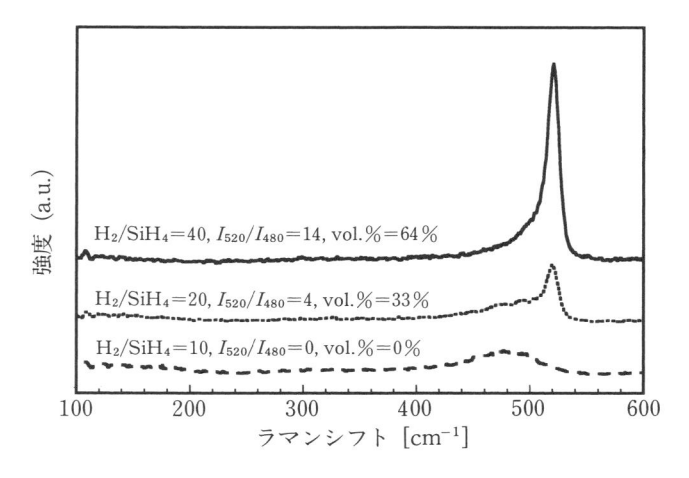

図5.16 微結晶シリコンのラマン散乱スペクトル．

反映する．結晶体積分率を相対比較する指標として，以下の3種類の比が便宜的に用いられている．

① 520 cm^{-1}付近のピーク強度（I_{520}）と，480 cm^{-1}付近のピーク強度（I_{480}）から求めた強度比（I_{520}/I_{480}）を結晶体積分率の指標とする．

② ピーク波数を520 cm^{-1}，480 cm^{-1}付近に持つ2つのガウス関数に分離して，520 cm^{-1}付近のピークの面積強度（A_{520}）と，480 cm^{-1}付近のピークの面積強度（A_{480}）から求めた面積強度比（$A_{520}/(A_{520}+A_{480})$）を，結晶体積分率（vol.%）とする．

③ ピーク波数を520 cm^{-1}，510 cm^{-1}，480 cm^{-1}付近に持つ3つのガウス関数に分離して，各ピークの面積強度をA_{520}，A_{510}，A_{480}として，面積強度比（$(A_{520}+A_{510})/(A_{520}+A_{510}+A_{480})$）を結晶体積分率（vol.%）とする．510 cm^{-1}付近のピークは，粒径が微小な結晶成分と仮定されている[5.20]．

いずれの手法も一長一短がある．①の単純な強度比は，体積分率を直接表さない短所があるが，3つの手法の中でサンプル間の再現性が一番よい．このため，異なる研究機関との比較や，結晶体積分率の高いサンプルの相対比較には都合がよい．

②の2つのガウス関数による面積強度比は，結晶体積分率にほぼ近い値を示すと考えられるが，実際のデータにうまくフィッティングしない場合がある．この理由は，520 cm^{-1}付近のピーク，480 cm^{-1}付近のピークともに，実際には対称形ではないことによる．また，LOモードの存在のために400 cm^{-1}付近のラマン散乱強度が，600 cm^{-1}付近に比べて大きいため，400 cm^{-1}付近と600 cm^{-1}付近のラマン散乱強度を結んだ直線をベースラインにすると，ベースラインが斜めになる．このため，ベースラインを差し引いたデータはピークの非対称性が強くなって，ガウス関数でのフィッティング性が悪いだけでなく，本質的ではない．ベースラインを550～600 cm^{-1}付近を基準に水平に引くほうが本質的だが，この場合もガウス関数のフィッティングがよくない場合がある．

③の3つのガウス関数は比較的フィッティングはよくなるが，初期値の与え方で様ざまな比を取り得る．また，510 cm^{-1}付近のピークの根拠も微小な結晶の形状を仮定した計算値であり，実際の結晶の粒径や形状を反映しているかどうか確認はできない．

さらに，図 5.17 に示すように，ピーク面積比が60%以上に大きくなると，ピーク強度比は変化してもピーク面積比は変化しなくなってきて，サンプル間

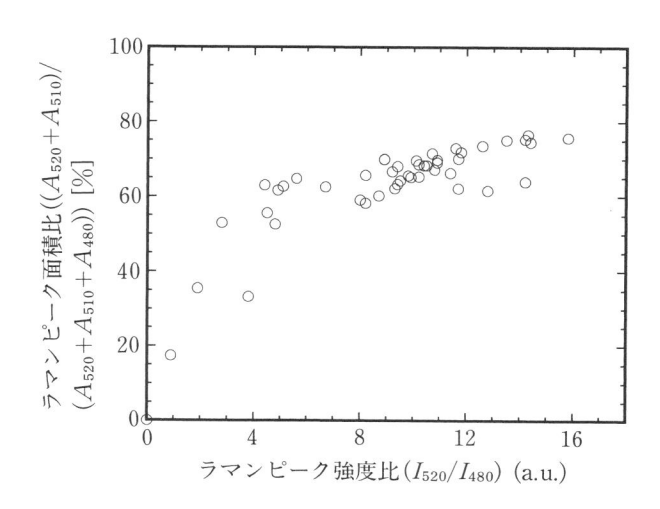

図 5.17 ラマンピーク強度比に対するラマンピーク面積比．

の比較が困難になってくる．

　上記から，結晶体積分率の比較的低いサンプルについて体積分率の目安を求めるためには②または③の手法を用い，サンプル間の相対比較には簡便で再現性のよい①の手法が向いている．

5.8.4　シリコンゲルマニウムの結合状態の評価

　図 5.18 に，アモルファスシリコンゲルマニウムのラマン散乱スペクトルを示す．高波数側から TO モードの Si–Si 結合ピーク，Si–Ge 結合ピーク，Ge–Ge 結合ピークである．図 5.18 のサンプルの膜中 Ge 濃度は約 30% である．Si–Si 結合，Si–Ge 結合，Ge–Ge 結合は，それぞれ TO, LO, LA, TA モードのピークを持つが，一番強い TO モード以外の観測は困難である．また，各ピーク波数は，Si と Ge の組成によってシフトする．参考までに Ge 100% のアモルファスゲルマニウムの場合のピーク位置は，280 cm^{-1}（TO モード），230 cm^{-1}（LO モード），180 cm^{-1}（LA モード），80 cm^{-1}（TA モード）である．

　図 5.19 に，微結晶シリコンゲルマニウムのラマン散乱スペクトルを示す[5.21]．プラズマ CVD による成膜時の GeH$_4$ と SiH$_4$ の流量比を変化させて

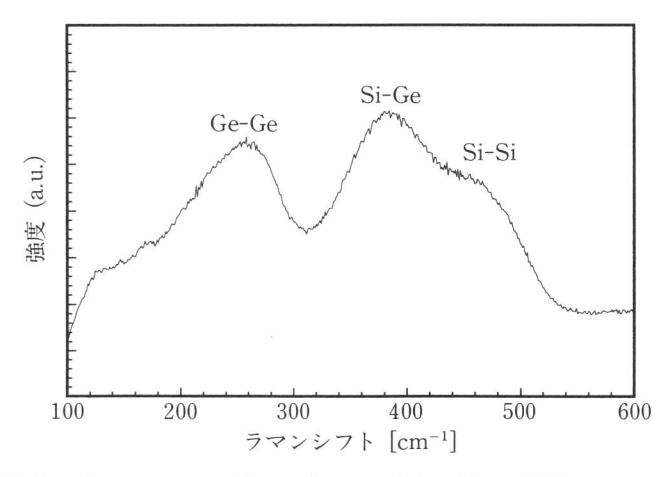

図 5.18　アモルファスシリコンゲルマニウムのラマン散乱スペクトル．

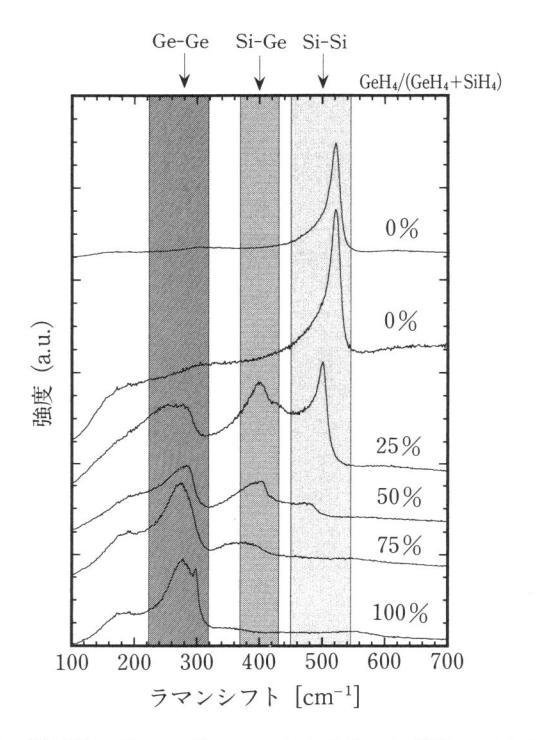

図 5.19 微結晶シリコンゲルマニウムのラマン散乱スペクトル．

いる．高波数側から TO モードの Si-Si 結合ピーク，Si-Ge 結合ピーク，Ge-Ge 結合ピークである．GeH_4 流量比を増加させるに従って，400 cm^{-1} 付近の Si-Ge 結合ピーク，300 cm^{-1} 付近の Ge-Ge 結合ピークが現れる．GeH_4 流量が 100％になると Ge-Ge 結合ピークだけが現れる．100％GeH_4 のスペクトルをよく見ると，280 cm^{-1} に中心を持つアモルファスゲルマニウムの幅の広いピークと，300 cm^{-1} に中心を持つ微結晶ゲルマニウムの鋭いピークが認められる．

Si-Si 結合，Si-Ge 結合，Ge-Ge 結合のピーク波数は，Ge と Si の組成比によってピーク波数がシフトする．図 5.20 に微結晶シリコンゲルマニウムおよび多結晶シリコンゲルマニウムの Ge 組成を変化させたときの，結晶成分の

§5.8 ラマン散乱

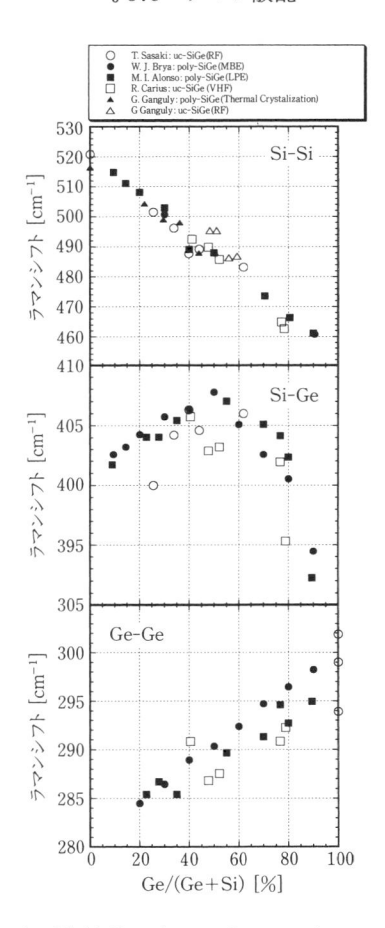

図 5.20 微結晶および多結晶シリコンゲルマニウムのラマンピーク波数.

Si-Si 結合ピーク，Si-Ge 結合ピーク，Ge-Ge 結合ピークの波数を示す[5.21〜5.25]．膜中 Ge の増加に伴い，Si-Si 結合ピークの波数は直線的に減少し，Ge-Ge 結合ピークの波数は直線的に増加する．SiGe 結合ピークの波数は Ge が 50％付近で波数が最大になる．図 5.20 から，ラマン散乱の Si-Si 結合ピーク波数または Ge-Ge 結合ピーク波数を測定すれば，微結晶シリコンゲルマニウムの膜中 Ge の割合を同定することが可能である．

表 5.4 ラマン散乱スペクトルのピーク波数（cm^{-1}）．

物質	結合	振動モード			
		TA	LA	LO	TO
アモルファスシリコン（a-Si）	Si-Si	150	310	380	480
結晶シリコン（c-Si）	Si-Si				520
アモルファスゲルマニウム（a-Ge）	Ge-Ge	50	180	230	280
結晶ゲルマニウム（c-Ge）	Ge-Ge				300
アモルファスシリコンゲルマニウム（a-SiGe）	Si-Si				440〜480
	Si-Ge				370〜390
	Ge-Ge				240〜280
結晶シリコンゲルマニウム（c-SiGe）	Si-Si				460〜520
	Si-Ge				390〜410
	Ge-Ge				285〜300

注1) TO モード以外のピークは，a-Si を除いて同定が困難である
注2) a-Si および a-Ge は，作製方法によってピーク波数が表の値から 5 cm^{-1} 程度変化する
注3) a-SiGe および c-SiGe は，Si と Ge の組成比によってピーク波数が変化する

　表 5.4 に，ラマン散乱スペクトルのピーク波数をまとめる．アモルファスシリコン（a-Si），結晶シリコン（c-Si），アモルファスゲルマニウム（a-Ge），結晶ゲルマニウム（c-Ge），アモルファスシリコンゲルマニウム（a-SiGe），結晶シリコンゲルマニウム（c-SiGe）のラマン散乱ピーク波数を示す．a-Si と a-Ge については，成膜方法や条件によってピーク波数の位置が 5 cm^{-1} 程度，表 5.4 の値からずれる．また，a-SiGe と c-SiGe は Si と Ge の組成比によってピーク波数が変化する（図 5.20 参照）．LO，LA，TA モードのピークは，a-Si と a-Ge について示す．a-Si を除いて，TO モード以外のピークの同定は困難である．

§5.9 X 線 回 折
5.9.1 測定方法

X線回折（X-ray diffraction spectroscopy）の測定からシリコン系薄膜について，以下の情報が得られる．

①微結晶シリコンの結晶化度，結晶の配向性，結晶粒径．
②シリコン系薄膜の応力．

図5.21(a)に，X線回折の概念図を示す．1の回折光と2の回折光は，光路差が波長の整数倍のときに強め合う．

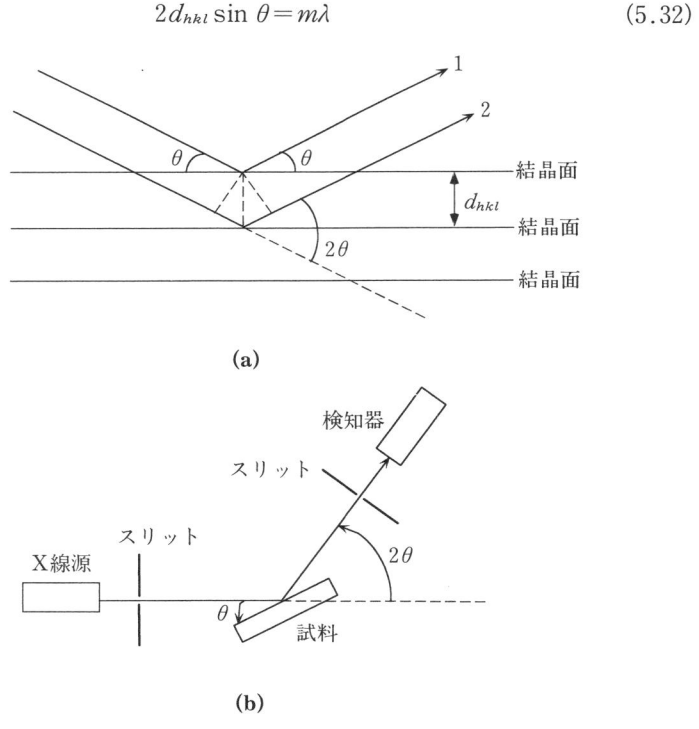

$$2d_{hkl} \sin \theta = m\lambda \tag{5.32}$$

図 5.21 X線回折の原理と装置構成．
（a）X線回折の概念図，（b）θ-2θ法のX線回折装置の構成．

これを**ブラッグの式**（Bragg's formura）という．ここで，d_{hkl} は (hkl) 結晶面の面間隔，θ は入射角，λ は X 線の波長で CuKα 線の場合 0.15405 nm，m は整数である．d_{hkl} は立方晶系の場合は次式で示される．

$$d_{hkl} = \frac{a}{\sqrt{h^2+k^2+l^2}} \tag{5.33}$$

ただし，a は格子定数で単結晶シリコンは 5.41977 Å (0.541977 nm)，単結晶ゲルマニウムは 5.64613 Å (0.564613 nm) である．(111)，(220)，(311) 面について，d_{hkl} および CuKα 線を用いたときの θ，2θ を**表 5.5** に示す．微結晶シリコンおよび微結晶ゲルマニウムは，ほぼ単結晶と同じ回折角 (2θ) にピークが現れる．微結晶シリコンゲルマニウムは，シリコンとゲルマニウムの回折角 (2θ) を，シリコンとゲルマニウムの組成比で比例配分した値に回折角が現れる．

表 5.5 面間隔（d_{hkl}），X 線入射角（θ），2θ．

面	Si			Ge		
	d_{hkl} (Å)	θ (°)	2θ (°)	d_{hkl} (Å)	θ (°)	2θ (°)
(111)	3.13	14.25	28.50	3.26	13.67	27.34
(220)	1.92	23.70	47.40	2.00	22.70	45.39
(311)	1.63	28.12	56.24	1.70	26.90	53.80

X 線回折のスペクトルを得るためには，θ を固定して白色 X 線を用いるか（ラウエ法），λ を固定して θ を変化させる（θ-2θ 法）．図 5.21(b) に θ-2θ 法の X 線回折装置の構成を示す．X 線源を固定して，試料を θ 回転させると同時に検知器を 2θ 回転させる．

試料の基板には単結晶シリコンまたはガラスを用いる．(111) 単結晶シリコン基板は，基板の Si(111) ピークが強く出てしまうので，使わない．(100) 単結晶基板を用いるときは，$2\theta=69.3°$ に基板の Si(400) ピークが強く出るので，$2\theta=69.3°$ 付近は測定範囲から外す．ガラス基板を用いる場合は，$2\theta=30°$ 付近に幅の広いガラスのピークが現れて，Si(111) ピークに重なるので，シリコン系薄膜の膜厚を厚くするなどサンプルに工夫を要する．

§5.9 X線回折

シリコン系薄膜の膜厚としては，少なくとも 1 μm 以上が望ましい．膜厚の異なるサンプルを比較する場合は，粉末回折（試料が X 線をすべて吸収する）相当の強度に，次式で規格化する．

$$A_n = \frac{A}{1-\exp\left(-\alpha \cdot \dfrac{2d}{\sin\theta}\right)} \tag{5.34}$$

ここで，A_n は粉末回折に規格化した強度，A は測定した面積強度，α は X 線の吸収係数で CuKα 線でシリコンを測定した場合は $\alpha=26.0\,\mathrm{cm}^{-1}$，$d$ は試料の膜厚 [cm]，θ は X 線の入射角である．

1 μm 以下の薄い膜を感度よく測定するためには，斜め入射法を行う．斜め入射法は，入射角を約 1° の小さい角度にして，試料の角度は固定で，検知器だけを回転させて測定する．斜めに X 線を入射することにより，X 線が膜の中を通る光路が長くなり，測定感度がよくなる．斜め入射法は，基板にほぼ鉛直な結晶面を測定しているので，配向性の評価は θ-2θ 法とは異なる結晶面を見ていることに注意を要する．

5.9.2　結晶化度，配向性，粒径

図 5.22 に，θ-2θ 法で測定した微結晶シリコンの X 線回折スペクトルを示す．上から順に，〈100〉単結晶シリコン（c-Si）基板のリファレンス，c-Si 基板上の微結晶シリコン（μc-Si），ガラス基板上の μc-Si である．c-Si 基板上の μc-Si は，結晶シリコン成分に起因して，$2\theta=28.5°$ に Si(111) ピーク，$2\theta=47.4°$ に Si(220) ピーク，$2\theta=56.2°$ に Si(311) ピークが観察される．また，c-Si 基板に起因した (200) ピークも観察される．リファレンスの 〈100〉 c-Si 基板は，(200) ピークのみ観察されるので，それ以外は μc-Si のピークといえる．ガラス基板上の μc-Si は，ノイズが多いが，c-Si 基板上と同様に，Si(111)，Si(220)，Si(311) ピークが観察される．Si(111) ピーク付近がゆるやかに盛り上がっているのは，ガラス基板に起因している．

X 線スペクトルのピーク強度が強いほど結晶化度が高い．膜厚の異なるサンプル間の結晶化度を比較する場合，(5.34)式の規格化強度を用いる．

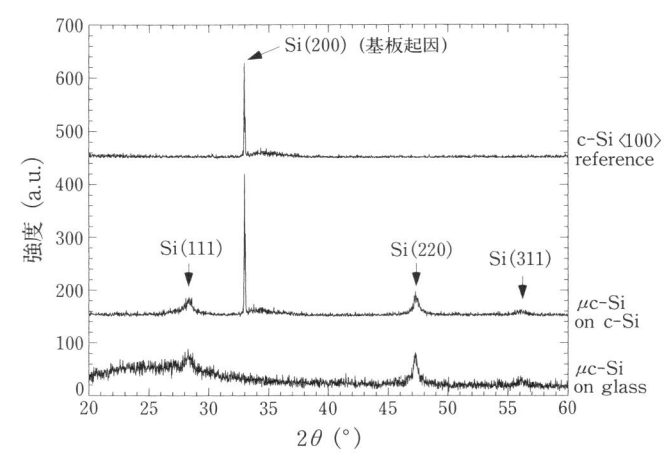

図 5.22 X 線回折スペクトル.

配向性（orientation）を大まかに見るには，どのピークが強いか比較する．ただし，完全に無配向の粉末散乱でも，ピークの強度比は

$$(111):(220):(311)=1:0.6709:0.3993 \tag{5.35}$$

である．正確に配向性を比べるには，以下の手順を踏む．

① (5.34)式で粉末回折の強度に規格化する．

② (111)ピーク強度で(220)と(311)ピーク強度を規格化してから，(5.35)式と比較する．

結晶粒径（Grain Size: GS）を求めるには，シェラーの式を用いる[5.26]．

$$GS = \frac{K\lambda}{(B-\theta_0)\cos\theta} \tag{5.36}$$

ここで，GS は結晶粒径 [nm]，K は定数で 0.9，λ は X 線の波長で CuKα 線の場合 0.15405 nm，B はピークの半値幅（rad），θ は回折角（rad），θ_0 は装置固有のピーク広がり（rad）である．θ_0 はスリット幅で決まり，例えば 0.1°（1.74×10^{-3} rad）程度である．シリコン系薄膜の結晶粒が柱状構造など方向性がある場合は，GS は最小粒径を反映する．

5.9.3 膜応力

図 5.23 に X 線回折による**膜応力**（film stress）測定の原理図を示す．アモルファスシリコンを基板に成膜すると，膜応力のため基板がそる．アモルファスシリコンはたいてい圧縮応力を持つので，膜面が凸にそる．単結晶シリコン基板を用い，基板のそり量（曲率半径）から膜応力を求めることができる．基板に単結晶 Si(111) ウェーハを用いると，基板に垂直な方向に (220) 面があり，この面の X 線回折方向を精密に測定する．サンプルを図 5.23 の Z 方向に一定の間隔で走査させながら，Z 方向の各位置でサンプルの微小回転を行って，回折 X 線強度が最大になるサンプルの角度を精密に求める．

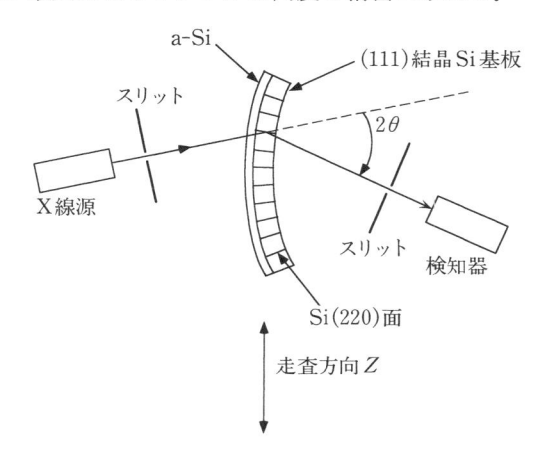

図 5.23 X 線回折による膜応力測定の原理．

単位長さ当たりのサンプルの角度変化 $\Delta\theta/\Delta z$ [rad/m] を測定値からまず求める．すると，曲率半径 R [m] は，

$$R=\frac{1}{\Delta\theta/\Delta z} \tag{5.37}$$

となる．アモルファスシリコンの応力 σ_f [Pa] は，

$$\sigma_f=\frac{E}{6(1-\nu)}\frac{d_s^2}{d_f}\frac{1}{R} \tag{5.38}$$

ただし，R は基板の曲率半径 [m]，E はヤング率で Si(111) 基板の場合は 1.85×10^{11} Pa，ν はポアソン比で Si(111) 基板の場合は 0.26，d_s は基板の厚さ [m]，d_f はアモルファスシリコンの膜厚 [m] である．デバイスグレードのアモルファスシリコンの膜応力は，300〜600 MPa である．

§5.10 欠陥密度

5.10.1 アモルファスシリコンの欠陥

アモルファスシリコンの**欠陥**（defects）は，太陽電池や TFT などのデバイスの特性を著しく低下させるので，**欠陥密度**（defect density：N_d）の測定は重要である．まず，アモルファスシリコンの欠陥とは何かをここで説明する．

「アモルファス（amorphous）」の語源は，ギリシャ語の"a-morphe"で「はっきりした形のないもの」，「分類不可能なもの」といった意味を持つ[5.27]．アモルファスシリコンとは，「はっきりした形を持たないシリコン」すなわち「結晶構造を持たないシリコン」のことである．

図 5.24 に，結晶シリコンとアモルファスシリコンの状態を二次元モデルで模式的に示す．アモルファスといっても完全にランダムな原子構造を持つわけではなく，固体中の1つの原子は必ず周囲の他の原子と原子価によって決まる化学結合の法則に従うため，結合手の数（**配位数**：atom coordination），結合長，結合角などは，結晶と似た値になっている．これを**短距離秩序**（short range order）と呼ぶ．シリコンは炭素と同様に，周期律表で四族の元素に属し，4本の結合手（ボンド）を持つ．したがって，アモルファスシリコンも，ほとんどのシリコン原子が4配位になっている．しかし，数原子から数十原子離れると結晶のような周期性がなくなり，いわゆる**長距離秩序**（long range order）がなくなる．

アモルファスシリコンでは長距離秩序を持たないため，欠陥の定義も結晶の場合と異なる．連続的な不規則ネットワークを持つアモルファスでは格子の概念はなく，空孔，転位，格子間原子などをそのまま欠陥とは定義できない．a-Si において短距離秩序が保たれていることから，配位数から決まるすべての

§5.10 欠陥密度

```
-Si-Si-Si-        長距離秩序(周期性)　あり
-Si-Si-Si-        短距離秩序　　　　　あり
-Si-Si-Si-        欠陥(空孔,転移,格子間原子等)
```
(a)

長距離秩序(周期性)　なし
短距離秩序　　　　　あり
欠陥(配位欠陥)
欠陥密度　　　　　　大

未結合手
(Dangling Bond)

作製方法
スパッタ,蒸着

(b)

長距離秩序(周期性)　なし
短距離秩序　　　　　あり
欠陥(配位欠陥)
欠陥密度　　　　　　小

作製方法
プラズマCVD法
光CVD法

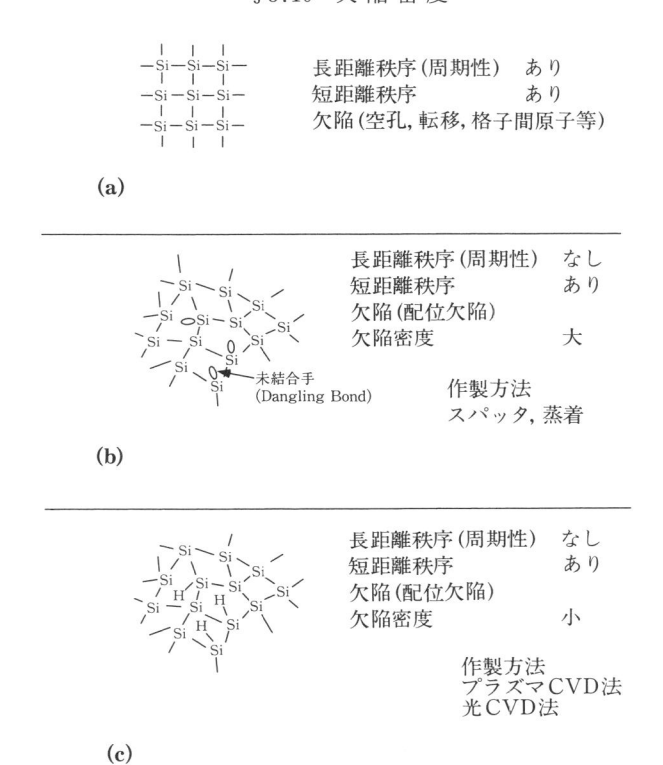

(c)

図5.24　二次元モデルで表現した物質の状態．
(a)単結晶シリコン (c-Si), (b)水素を含まないアモルファスシリコン
(a-Si), (c)水素を含むアモルファスシリコン (a-Si：H).

ボンドが互いに結合している状態を理想的な a-Si と考え，これからのズレを欠陥と定義する (**配位欠陥**：coordination defects). 図5.24(b)に示すような**未結合手** (Dangling Bonds：DB) などが配位欠陥に相当する．

熱 CVD や蒸着で作製したアモルファスシリコンにはこの欠陥が約 10^{20} cm^{-3} 存在し，デバイスとして使い物にならない．しかし，プラズマ CVD で作製したアモルファスシリコンは膜中に 10% 前後の水素が入っており，図 5.24(c)に示すように未結合手がこの水素で終端されて欠陥密度が 10^{15}〜10^{16}

cm^{-3} まで低減する．この膜は，**水素化アモルファスシリコン**（hydrogenated amorphous silicon：a-Si：H）と呼ばれ，p形，n形制御可能な良質の半導体膜となって[5.28, 5.29]，太陽電池[5.30]やTFT[5.31, 5.32]などのデバイスに使うことができる．

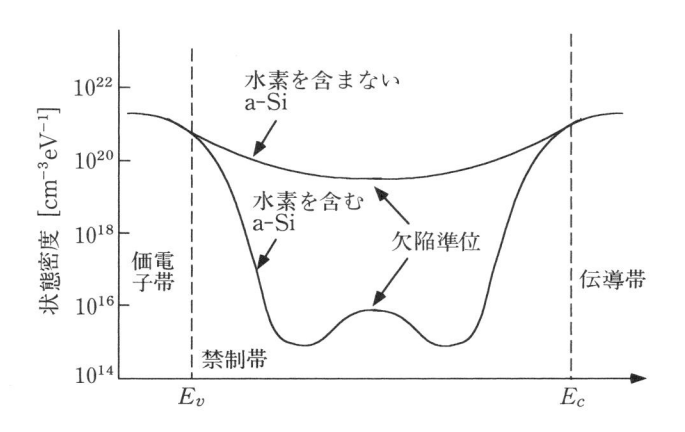

図 5.25 アモルファスシリコン（a-Si）のバンド構造．

図 5.25 に，アモルファスシリコンのバンド構造を概念的に示す．未結合手（DB：ダングリングボンド）などの配位欠陥は，図 5.25 に示すように禁制帯の中心付近に欠陥準位（局在準位）を生む．このため，禁制帯幅（バンドギャップ）よりも小さいエネルギーの光（サブギャップ光）に対して，微弱な光吸収を起こす．サブギャップ光の光吸収係数（**サブギャップ吸収**：sub-gap absorption）を測定すれば，間接的にアモルファスシリコンの欠陥密度を求めることができる．

欠陥密度の測定方法は以下のように分類できる．
① ダングリングボンド密度の直接測定（ESR）
② サブギャップ吸収測定（CPM，PDS）
③ その他（キャパシタンス測定など）

以下，ESR，CPM，PDS の詳細について説明する．

5.10.2 ESR

ESR（Electron Spin Resonance：電子スピン共鳴）は，別名 EPR（Electron Paramagnetic Resonance：常磁性共鳴）とも呼ばれる．**スピン密度**（spin density）すなわち**不対電子**（unpaired electron）の密度に比例した信号が得られる．a-Si では欠陥（ダングリングボンド）が不対電子を持つので，ESR によって欠陥密度を絶対定量できる．ただし，正や負に荷電した欠陥は不対電子を持たないので測定にかからず，**中性欠陥**（neutaral defects）だけが ESR で測定されることに注意を要する．また，ESR の測定限界が比較的高い（膜厚 1 μm で欠陥密度 10^{16} cm^{-3} 以上，膜厚 10 μm で 10^{15} cm^{-3} 以上）ので，いわゆるデバイスグレードと呼ばれる欠陥密度の少ない膜（欠陥密度 10^{15} ～10^{16} cm^{-3}）については定量が困難である．

以下の共鳴条件で，サンプルに外部磁界をかけた状態で電磁波の共鳴吸収が起こる現象を電子スピン共鳴という．

$$h\nu = g\mu_B H \tag{5.39}$$

ここで，h はプランク定数（6.6262×10^{-34} Js），ν は電磁波の周波数［Hz］，μ_B はボーア磁子（9.2741×10^{-24} J/T），H は外部磁界［T］である．g は **g 値**（g-value）と呼ばれる物質固有の定数である．孤立電子の場合に g 値はちょうど 2 に等しくなるが，実際の原子や分子の中の電子は相対論的補正が加わり，g 値は 2 に近い半端な値になる[5.33]．a-Si の場合は，$g=2.0055$，a-Ge の場合は $g=2.02$ である[5.34]．マイクロ波の吸収強度は，スピン密度すなわち中性の欠陥密度に比例する．

実際の測定は，マイクロ波の周波数を固定して磁界の大きさを変化させるので，g 値に反比例した大きさの H にスペクトルが現れる．(5.39)式を変形するとスペクトルの現れる H は，

$$H\text{［gauss］} = 714.5\nu\text{［GHz］}/g \tag{5.40}$$

となる．ただし，1 T＝10000 gauss である．

図 5.26 に実際の ESR の測定装置の構成例を示す．マイクロ波発振器から出たマイクロ波は 2 つに分割されて，一方のマイクロ波は信号波として空洞共

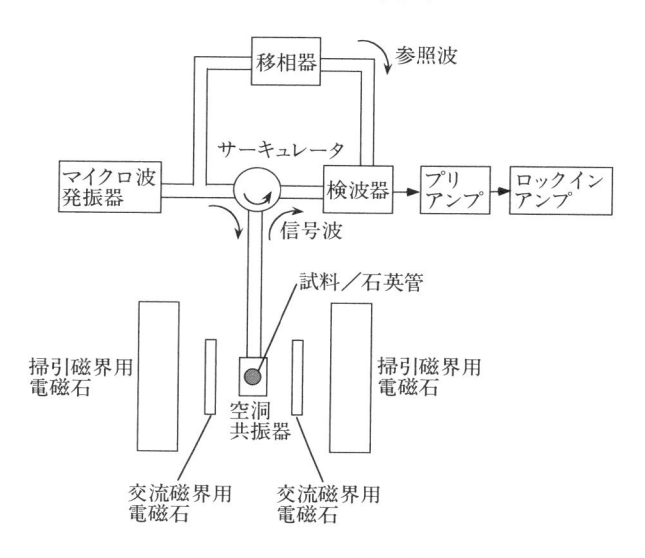

図 5.26 ESR 測定装置.

振器に入る．もう一方の参照波は移相器で信号波と同じ位相になるように調整されてから検波器で信号波と合流する．電子スピンの共鳴周波数は，1 T 前後の外部磁界でマイクロ波の領域になる．細い石英管に入れた試料を，空洞共振器の中に挿入し，電磁石により静磁界を加え，それと直角方向にマイクロ波磁界を加える．用いるマイクロ波の周波数としては X バンド（8～12 GHz；典型的には 9 GHz），Q バンド（27～40 GHz；典型的には 35 GHz）がよく用いられている[5.35]．マイクロ波の周波数 ν を固定し，電磁石の励磁電流を変化させて静磁界の大きさ H を変えると，(5.40)式を満たす条件でマイクロ波の共鳴吸収が起こる．このマイクロ波の吸収信号は微弱なため，外部磁界に微小な交流磁界を重畳してロックインアンプで出力信号を取り出す．そのとき得られる波形は，マイクロ波の吸収を磁界の大きさで一次微分した波形になる．

図 5.27 に ESR の測定信号波形を示す．X バンドのマイクロ波を用いて，アモルファスシリコン（a-Si）を測定した例である．この波形は吸収の一次微分波形なので，1 回積分すると，マイクロ波の吸収波形が得られる．さらにもう 1 回積分した吸収の面積強度が，欠陥密度に比例する．アモルファスシリコ

§5.10 欠陥密度

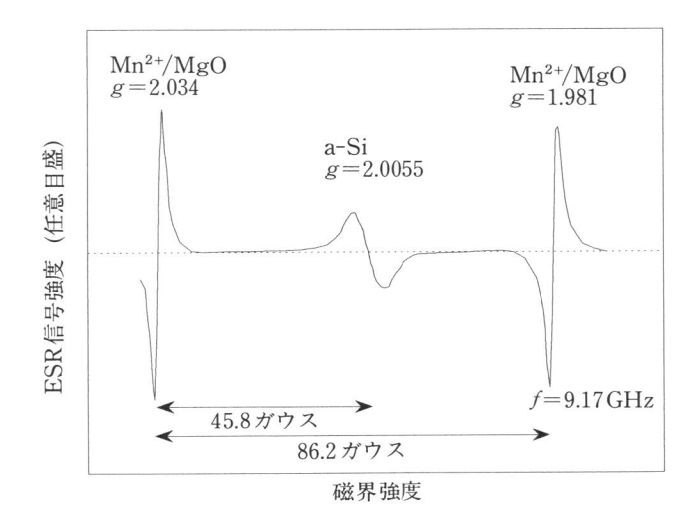

図 5.27 ESR 信号波形.

ンの試料と一緒に，g 値校正用の Mn^{2+}/MgO も空洞共振器に入れているため，そのスペクトルが同時に観測されている．Mn^{2+}/MgO は磁場変調の位相が a-Si と異なるので，ESR 信号波形の位相が逆になっている．

同じ四族のアモルファス半導体であるアモルファスゲルマニウム（a-Ge）のスペクトルの幅は，a-Si に比べて 5 から 10 倍広い．したがって，同じ欠陥密度でも a-Ge の ESR 信号は強度が弱くかつ横に広がった扁平なスペクトルになるため，a-Si よりも定量が困難である．

g 値の校正は，a-Si と異なる g 値（$g=1.981, 2.034$）に鋭いピークを持つ Mn^{2+}/MgO で行う．これは，Mn を MgO 中に分散した固溶体の粉末である．通常，a-Si の測定試料とは別に，空洞共振器内に固定して入れておく．

絶対密度の校正は，スピン密度が既知の標準試料で行う．a-Si の場合，ピッチと呼ばれるコールタールの一種を標準試料に使う．スピン密度の低いものは weak coal，スピン密度の高いものは strong coal と呼ばれる．a-Si の欠陥密度の絶対値（N_d）は，

$$N_d = \frac{\Sigma_{a\text{-}Si}/\Sigma_{Mn}}{\Sigma_p/\Sigma_{Mn}} N_p \tag{5.41}$$

ただし，N_p はピッチのスピン密度，$\Sigma_{a\text{-}Si}$ は a-Si のマイクロ波吸収信号の面積強度（ESR の生のスペクトルの2回積分値），同様に Σ_{Mn} は Mn^{2+}/MgO の信号の面積強度，Σ_p はピッチの信号の面積強度を示す．標準試料の測定を数週間に1回程度行っておけば，装置状態が変わらない限り，一連の試料の欠陥密度の校正は通常可能である．

ESR の S/N 比を上げるためには，試料の a-Si の体積をなるべく大きくして，基板の体積をなるべく小さくする工夫が行われている．例えば，a-Si を薄いガラス基板に堆積して複数枚を石英管に入れたり，アルミ箔に a-Si を堆積して塩酸でアルミ箔を溶かして粉末にした a-Si を石英管に入れるなどの工夫が行われている．

5.10.3　CPM[5.36]

CPM（Constant Photocurrent Method：一定光電流法）は，光吸収係数 α を，高感度に検出する測定方法である．通常の透過率・反射率の測定で検知可能な吸収係数は約 10^3 cm^{-1} 以上である（§5.4 参照）．このため，欠陥密度を評価するためにサブギャップ光の微弱な吸収係数を測定しようとすると，アモルファスシリコンの膜厚が数十μm 以上必要になってしまう．以下，CPM の原理，測定装置，欠陥密度の求め方について順に説明する．

まず，CPM の原理について説明する．干渉の効果を無視すると，光導電率（σ_{ph}）は，下式で示される[5.37]．

$$\sigma_{ph} = \frac{e}{d}\eta\mu\tau F(1-R)\{1-\exp(-\alpha d)\} \propto \eta\mu\tau\alpha F \tag{5.42}$$

ここで，e は電荷素量，d はシリコン系薄膜の膜厚，η は量子効率，μ は移動度，τ はキャリア寿命，F は単位面積当たりの光子数，R は反射率，α は吸収係数である．右辺は以下の近似を用いた．

$$1-\exp(-\alpha d) = 1-\left\{1-\alpha d+\frac{(\alpha d)^2}{2!}-\frac{(\alpha d)^3}{3!}+\cdots\right\} \approx \alpha d \tag{5.43}$$

入射光の波長を変化させてエネルギー $E=h\nu$ を変化したとき，E に対して

§5.10 欠陥密度

η, μ はほぼ一定と見なせる．光電流一定すなわち σ_{ph} 一定にすると，疑フェルミ準位が固定されて，E に対して τ も一定と近似できる．すると，

$$\sigma_{ph} \propto \alpha(E) F(E) \tag{5.44}$$

となる．$\alpha(E)$ はエネルギー E のときの吸収係数，$F(E)$ はエネルギー E のときに σ_{ph} 一定となるように決めた入射光子数である．結局下式から，吸収係数のエネルギー依存性の相対値を測定できる．

$$\alpha(E) \propto \frac{\sigma_{ph}}{F(E)} \tag{5.45}$$

次に，CPM の測定装置について説明する．図 5.28 に，CPM の測定装置の構成例を示す．光源から出た光は，チョッパを通り，分光器で単色光になり，ND フィルタとウェッジフィルタで強度を調整して，ハーフミラーを通過してサンプルに照射される．ND フィルタは，波長によらず透過する光の強度を減衰させるフィルタである．ウェッジフィルタは円盤状のフィルタで回転させると透過する光の強度が連続的に変わる．チョッパは，円周上にいくつか穴のあいた円盤で，試料に当てる光を断続する（チョッピングする）．チョッピング周波数は，光電流の過渡状態が飽和する数 Hz から 100 Hz の低い周波数を選

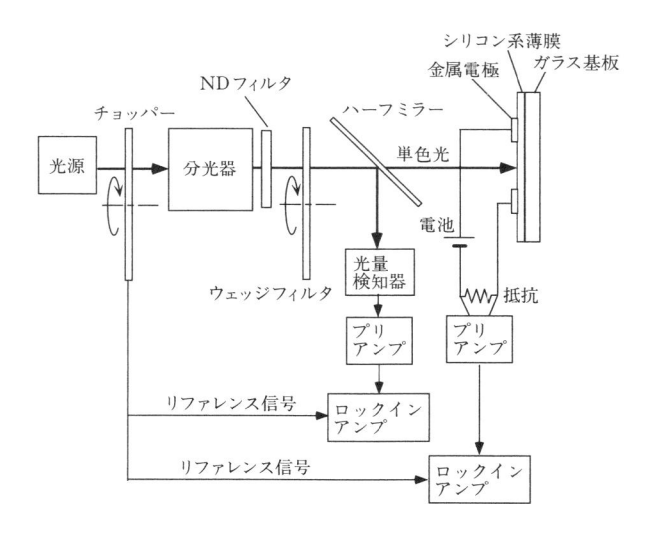

図 5.28 CPM 測定装置．

ぶ．また，電源周波数のノイズの影響を避けるため，50 Hz または 60 Hz の整数倍は避ける．

　試料は，光導電率の測定と同様にコプラナー形の電極をつけたものを使う．ノイズの影響を避けるため，直流電圧は電池で与える．光電流は，プリアンプと，チョッパに同期したロックインアンプで増幅する．

　ハーフミラーで分かれた光は，光量検知器で光量を検知し，プリアンプと，ロックインアンプで増幅する．光電流が一定になるように，ND フィルタとウェッジフィルタを調整して光量を変化させる．

　次に，欠陥密度 (N_d) の求め方について説明する．CPM の生データは，横軸は波長 (λ)，縦軸は光検知器強度 (I) である．これをまず，横軸を光エネルギー E[eV]，縦軸を $1/F(E)$ に直す．横軸は次式で，波長 λ[nm] を E[eV] に変換する．

$$E = \frac{1240}{\lambda} \tag{5.46}$$

縦軸は次式で，$I(E)$ を $1/F(E)$ に変換する．

$$\alpha(E) \propto \frac{1}{F(E)} = \frac{E}{I(E)} = \frac{\lambda}{1240 \cdot I(E)} \tag{5.47}$$

　次に，CPM で測定される吸収係数は相対値なので，吸収係数の絶対値を決める必要がある．そのため，同じ試料について透過率・反射率測定または後述のPDS 測定から吸収係数スペクトルを求めておき，同じエネルギーの範囲の吸収係数が重なるように CPM の吸収スペクトルを定数倍して上下させる．絶対値の決定を簡便に行う場合は，次式を用いて，

$$\alpha(E_g) = 2000 \quad [\text{cm}^{-1}] \tag{5.48}$$

バンドギャップ (E_g) のエネルギーの吸収係数を $2000\,\text{cm}^{-1}$ とする．

　最後に，$\alpha(E)$ から欠陥密度 (N_d) を求める．吸収スペクトル $\alpha(E)$ を片対数にプロットしたときの直線部分（バンドテイルに相当）を低エネルギー側に延長した線を $\alpha_0(E)$ とする．この傾きはアーバックエネルギー (E_u) と呼ばれ，最適化された i 形アモルファスシリコンで 50 meV 未満である．

$$\alpha_0(E) \propto \exp\left(\frac{E}{E_u}\right) \tag{5.49}$$

§5.10 欠陥密度

$\alpha(E)$ から N_d への変換は，次の2つの方法が提案されている．

① Smith の式[5.38]

$$N_d = 1.9 \times 10^{16} \times \int (\alpha - \alpha_0) dE \qquad (5.50)$$

② Ganguly の式[5.39]

$$N_d = 1.0 \times 10^{16} \times \int \left(\frac{\alpha - \alpha_0}{E}\right) dE \qquad (5.51)$$

ここで，N_d の単位は [cm^{-3}]，α は吸収係数 [cm^{-1}]，α_0 はバンドテイルによる吸収 [cm^{-1}]，E は照射光エネルギー [eV] である．積分範囲は，α と α_0 の交わる点から低エネルギー側である．

いずれの式を用いても N_d はほぼ近い値になる．CPM で，同じサンプルを2回測定しても，N_d の値に2倍程度のばらつきがある．約2倍のばらつきの範囲で，Smith の式と Ganguly の式いずれか一方の式を用いれば，実際上の問題はないと考えられる．

CPM の長所として，ESR に比べて測定が簡便である，ESR では検知できない低い欠陥密度が測定できる（1 μm の膜厚で検知限界 $N_d \sim 5 \times 10^{14}$ cm^{-3}），ESR では測定されない正や負に帯電した欠陥（**荷電欠陥**：charged defects）の情報を含む，ESR で測定できない**アーバックエネルギー**（Urbach energy）や欠陥のエネルギー準位が分かる，などがあげられる．一方，短所として，サブギャップ吸収の相対測定である，光導電率が低い膜は測定できない，フェルミ準位が大きく異なる膜は絶対値の比較だけでなく相対値の比較も難しい（p 形膜と i 形膜など）ことがあげられる．

CPM の注意点として，光電流は膜の中の σ_{ph} の高い部分を流れるので，部分的に欠陥が多く σ_{ph} の低い部分の欠陥は測定値に反映されない．例えば，膜表面や，基板と膜の界面の欠陥の影響が反映されない．すなわち，膜全体の欠陥密度の平均より，CPM で測定した欠陥密度は低めに出る．特に膜厚が薄いときは注意を要する．また，n 形および i 形アモルファスシリコンは，欠陥準位から伝導帯に励起された電子によって，光電流が決まる．価電子帯から欠陥準位に励起された電子は伝導に寄与しないので，CPM の測定にかからない．

このため,表面の影響の少ない充分厚い膜についても,CPM で測定した $\alpha(E)$ は,後述する PDS で測定した $\alpha(E)$ の約半分になる.

5.10.4　PDS$^{(5.40, 5.41)}$

PDS(Photo-thermal Deflection Spectroscopy:**光熱偏向分光法**)は,CPM と同様に光吸収係数を高感度に測定して,サブギャップ光吸収から欠陥密度を求める手法である.図 5.29 に PDS の原理図を示す.PDS の原理を,利用している物理現象を箇条書きにして説明する.

①単色光をシリコン系薄膜に垂直な方向から照射する.
②照射光によって電子または正孔が励起されて,薄膜が光を吸収する.
③励起された電子または正孔が,非発光遷移によって緩和し,薄膜表面に熱を発生する.
④薄膜に接する媒質に,膜面から遠ざかるにつれて減衰する温度分布ができる.

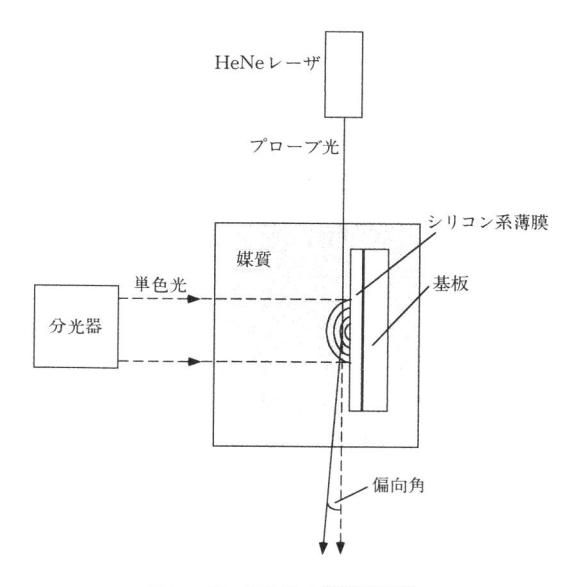

図 5.29　PDS の測定原理.

§5.10 欠陥密度

⑤媒質の屈折率は温度に依存するので，屈折率分布が生じる．
⑥屈折率分布のある領域を通過するプローブ光は蜃気楼効果により偏向する．
⑦偏向の大きさから，吸収量が分かる．

単色光の強度で規格化した偏向の大きさ S は次式で表される[5.40]．

$$S = \frac{1}{n}\frac{\partial n}{\partial T} L \frac{k_d \exp(-k_d x)}{\chi_d k_d + \chi_s k_s}\{1 - \exp(-\alpha D)\} \tag{5.52}$$

ここで，n は媒質の屈折率，$\partial n/\partial T$ は媒質の屈折率の温度係数，L はプローブ光が偏向を受ける距離，添え字 d, s はそれぞれ媒質と基板を示し，k は熱拡散長の逆数，χ は熱伝導率，x はプローブ光のシリコン系薄膜表面からの距離，α は吸収係数，D は膜厚である．

PDS 信号 S は，$\alpha D \gg 1$ のときに一定値となり，これを S_{sat} と書くことにすると，

$$S = S_{sat}\{1 - \exp(-\alpha D)\} \tag{5.53}$$

となる．したがって，

$$\alpha = \frac{1}{D}\ln\left(\frac{S_{sat}}{S_{sat} - S}\right) \tag{5.54}$$

(5.54)式から分かるとおり，PDS は吸収係数の絶対値を直接測定することができる．

図 5.30 に PDS の測定装置の構成例を示す．注意深く装置を構成すれば，$\alpha D = 1\times 10^{-5}$ 程度，すなわち 1 μm の膜厚で $\alpha = 10^{-1}$ cm^{-1} まで測定可能である．光源を出た光は，チョッパを通り，分光器で単色光になり，ND フィルタ，集光系を通り，ハーフミラーを透過して試料に照射される．試料は単色光を吸収して，非発光遷移による緩和によって発熱し，まわりの媒質に温度分布と屈折率分布を生じる．試料は，屈折率の温度係数の大きい媒質である CCl$_4$ を入れた石英容器の中に入れる．シリコン系薄膜の表面が単色光と垂直，プローブ光と平行になるように，X-θ微動台で調整する．プローブ光は，媒質の屈折率分布によって偏向し，チョッピング周波数で偏向角が振動する．偏向角は位置検出器で測定され，プリアンプと，差動式のロックインアンプで増幅され

200　　　　　　　　第5章　薄膜の評価方法

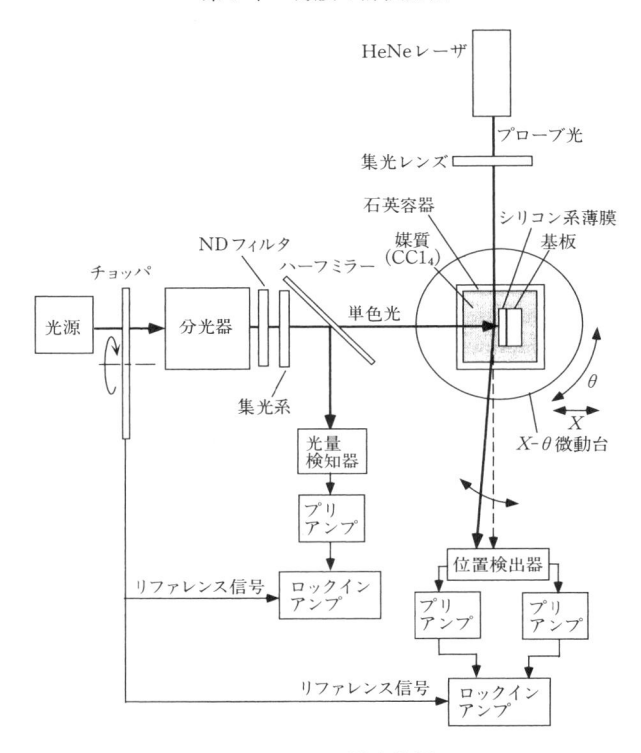

図5.30 PDS測定装置．

る．ハーフミラーで反射された単色光は光量検知器で強度を測定され，プリアンプとロックインアンプで増幅される．

　PDSの測定感度を上げ，ノイズを減らすための手法を述べる．
　① 単　色　光
　単色光の照射強度をできるだけ強くする．そのために，光源はキセノンアークランプを用い，なるべくアーク面積が小さく高輝度のものを選ぶ．また，分光器は分解能よりも明るさ（開口比）を重視して選定する．ただし，測定波長以外の迷光があると本来のスペクトルが測定できなくなるので，スリット幅に注意し，必要に応じて高次光カットフィルタを追加する．単色光の集光系は，レンズを用いないで，色収差の少ない（波長依存性の小さい）凹面鏡または楕

§5.10 欠陥密度

円鏡を用いる．

② チョッピング周波数

媒質の屈折率の温度による変化は応答が遅いので，チョッピング周波数は 10 Hz 程度にする．チョッピング周波数を上げ過ぎると，偏向の振幅が小さくなる．

③ 媒　　質

S を大きくするために，$\partial n/\partial T$ ができるだけ大きい媒質を用いる((5.52)式参照)．媒質に CCl_4 を用いると，信号強度を空気より 3 桁増加することが可能である．媒質にゴミや粉などの微粒子が混じると，散乱ノイズになるので，媒質はろ過してから石英容器に入れる．また，媒質を交換した直後は散乱ノイズが大きいので，微粒子が沈殿するまで 1 時間程度待ってから測定を開始する．シリコン系薄膜は，成膜条件によっては非常に剝離しやすく，PDS の測定中に剝離するとその試料のデータが取れないだけでなく，媒質がだめになってしまう．剝離した粉による散乱ノイズが大きくなってしまうため，媒質の交換と石英容器の洗浄が必要になる．あらかじめ試料をアセトンまたはエタノールに浸して，剝離が起こらないことを確認してから測定を開始する．

④ プローブ光と薄膜表面の距離

プローブ光のシリコン系薄膜表面からの距離 x をできるだけ小さくする．(5.52)式から分かるように，x は PDS 信号強度 S に指数的に効く．CCl_4 の場合，x を 50 μm 程度まで近づける必要がある．

⑤ プローブ光のレンズ

プローブ光のビーム径も x と同程度までレンズで絞り込む必要がある．レンズの焦点距離が短いほどビームを絞りやすいが，焦点からの広がり角が大きくなってビームが偏向を受ける距離 L が短くなってしまう．また，広がり角が大きいとビームの一部が薄膜表面に照射されて，散乱ノイズが大きくなる．このため，レンズの焦点距離に最適値がある．図 5.30 の例では，焦点距離 100 mm である．

⑥ 位置検出器

位置検出器にはフォトダイオードの一種である **PSD**（Position Sensing

Device) を用いる．位置検出信号はプリアンプ，チョッパに同期したロックインアンプで増幅する．プリアンプはノイズの影響を避けるため電池駆動のものを用いる．PSD に入った光の一部が反射して He-Ne レーザに入ると，レーザの発振が不安定になる．PSD の入射面は，プローブ光の光軸に正対する向きよりも，わずかに傾けたほうがよい．

⑦ 試料の位置調整

プローブ光と試料の距離の位置調整は，試料を X-θ 微動台で動かして行う．試料をプローブ光に対して平行に保ったまま，できるだけプローブ光に近づける．単色光を 500 nm 程度にして試料に照射して，PSD の出力が最大となるようにロックインアンプの表示を見ながら，X-θ 微動台を調整する．次に，単色光をアルミ箔などでさえぎって，ロックインアンプの表示が 3 桁以上低くなって，散乱ノイズが小さいことを確認する．

⑧ 光量検出器

波長依存性のない焦電素子（サーモパイル）を用いる．ハーフミラーで単色光を分けた後，凹面鏡で焦電素子に単色光を集光する．

⑨ 振動，風の対策

微小な偏向を検出するため，振動があるとノイズ源になる．He-Ne レーザ，レンズ，X-θ 微動台，位置検出器は防振台に固定する．風が吹くと空気の屈折率が局所的に変化するので，空気中の光路が変わり，ノイズ源になる．光路をカーテンや箱で覆って保護する．

⑩ 光学系の材料

単色光が透過する光学部品は，測定する広い波長範囲で透過率の高い石英製のものを使う．ハーフミラー，媒質を入れる石英容器，焦電素子の窓などを石英製にする．

⑪ 基　　板

基板には石英を用いる．基板に通常の光学用ガラス（Corninng 7059 など）を用いると，サブギャップ光の波長に基板の吸収が出てしまうので，これを避けるために石英を用いる．

図 5.31 に，PDS で測定したアモルファスシリコンの吸収スペクトルの例を

§5.10 欠陥密度

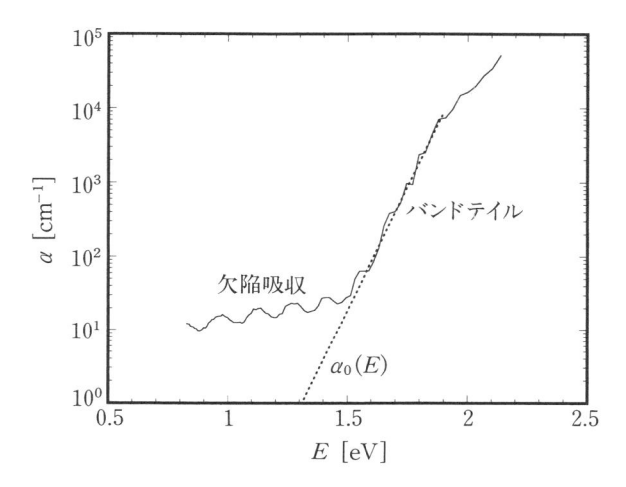

図 5.31 PDS で測定した吸収係数スペクトル．

示す．PDS で測定した吸収係数スペクトル $\alpha(E)$ から欠陥密度 N_d への変換は，次の方法が提案されている（Jackson の式）[5.40]．

$$N_d = 7.9 \times 10^{15} \times \int (\alpha - \alpha_0) dE \tag{5.55}$$

ここで，N_d の単位は [cm^{-3}]，α は吸収係数 [cm^{-1}]，α_0 はバンドテイルによる吸収 [cm^{-1}]，E は照射光エネルギー [eV] である．積分範囲は，α と α_0 の交わる点から低エネルギー側である．PDS では，欠陥準位から伝導帯に励起する電子だけでなく，価電子帯から欠陥準位に励起して捕捉される電子も，信号に反映される．これに対して，CPM は欠陥準位から伝導帯に励起する電子だけが信号に反映される．その結果，PDS で測定した吸収係数は，CPM で測定した吸収係数の約 2 倍になる．(5.55)式の比例定数が(5.50)式の約半分になっているのはこのためである．また，PDS は熱によって試料の吸収を検知するので，試料表面や基板界面の欠陥の多い部分も信号に反映される．このため，1 μm 前後のシリコン系薄膜の欠陥密度は PDS で測定した値が，CPM で測定した値より高くなる．膜厚 5 μm 以上に厚くすれば，CPM と PDS の欠陥密度の値は一致する．図 5.31 の例では，アーバックエネルギー $E_u = 63$

meV, 欠陥密度 $N_d = 8.9 \times 10^{16}$ cm^{-3} である.

表 5.6 に欠陥密度の測定方法の比較を示す. ESR は，欠陥密度を直接測定するので，欠陥密度の値の信頼性が最も高い. ただし，短所として，欠陥密度の測定下限が大きい（欠陥密度の高い膜しか測定できない），アーバックエネルギー（E_u）が測定できない，荷電欠陥に測定感度ない，操作性に難があり価格が高い，などがあげられる. CPM は，測定感度が高く，E_u が測定可能であり，操作が容易で，価格も ESR に比べて手ごろである. ただし，短所として，吸収係数の相対値を絶対値に直すために透過・反射データが必要，欠陥密度の測定範囲に上限がある，ドープ膜が評価できない，表面欠陥に測定感度がないため欠陥密度が低めに出る，などがあげられる. PDS は，サブギャップ光の吸収係数の絶対値を測定可能で，ほぼすべての欠陥に対して感度を持ち，

表 5.6 欠陥密度の測定方法の比較.

測定方法	ESR	CPM	PDS
測 定 量	中性欠陥密度	サブギャップ光吸収（相対値）	サブギャップ光吸収（絶対値）
透過・反射データ	不用	必要	不用
中性欠陥	○	○	○
荷電欠陥	×	○	○
表面欠陥	○	×	○
正孔励起吸収	— b)	×	○
ドープ膜の評価	○	×c)	○
欠陥密度測定下限（膜厚 1 μm）	10^{16}cm^{-3}	5×10^{14}cm^{-3}	10^{15}cm^{-3}
欠陥密度測定上限（膜厚 1 μm）	なし	5×10^{17}cm^{-3} d)	なし
アーバックエネルギー（E_u）	×	○	○
操 作 性	難	容易	やや難
価　　格	高	中	中

a)　○：測定感度あり，×：測定感度なし
b)　ESR は，測定量がサブギャップ光吸収ではないため対象外
c)　CPM では，フェルミ準位の異なる膜の直接比較はできない
d)　欠陥密度が高すぎる膜は光導電率が低いので，CPM では測定できない

E_u 測定可能で，測定下限，操作性，価格も手ごろである．ただし，短所として，操作性が CPM に比べてやや悪い，測定下限は ESR より低いが CPM より高い，などがあげられる．

参考文献

5.1 P. I. Rovira, A. S. Ferlauto, Joohyun Koh, C. R. Wronski and R. W. Collins, *J. Non-Cryst. Solids*, **266-269**, 279 (2000).
5.2 T. Akasaka, Y. Araki, M. Nakata and I. Shimizu, *Jpn. J. Appl. Phys.*, **32**, 2607 (1993).
5.3 H. Fujiwara, Y. Toyoshima, M. Kondo and A. Matsuda, *J. Non-Cryst. Solids*, **266-269**, 38 (2000).
5.4 坂田功, 電子技術総合研究所研究報告, **898**, p. 158-161 (1988).
5.5 O. S. Heavens, "Optical Properties of Thin Solid Films", Dover, New York, ch 4 (1995).
5.6 菊池誠, 田中一宜編, "アモルファス半導体の基礎", オーム社, p. 90 (1982).
5.7 J. Tauc et al., Proc. Int. Conf. Physics of Non-Cryst. Solids, p. 606 (1965, North Holland).
5.8 AM (Air Mass, エアマス):地球表面に到達する太陽光の大気圏通過空気量. 天頂から垂直に入射する空気量を基準にして表し, このとき AM 1 と書く. 大気圏外では AM 0 である. 具体的には, 次式で示される.

$$AM = \frac{b}{b_0} \sec Z \quad (b:測定時の気圧, b_0:標準気圧, Z:太陽の天頂角)$$

地球表面に降り注ぐ太陽光スペクトルは, 空気中の分子による散乱, 水蒸気や酸素による吸収などにより, 強度だけでなくスペクトル形状が変化するため, 標準スペクトルを示す単位として AM 値が用いられる. 太陽電池の測定には, AM 1 もしくは AM 1.5 のスペクトルのソーラーシミュレータが一般に用いられる. AM 1.5 は東京で晴天の冬の南中時の太陽光スペクトルに相当する. また, 南中時の太陽光の強度は 100 mW/cm^2 である.
5.9 S. M. Sze, "半導体デバイス", 産業図書, p. 24, 35 (1987).
5.10 M. H. Brodsky, M. Cardona and J. J. Cuomo, *Phys. Rev.*, **B16**, 3556 (1977).
5.11 G. Lucovsky, R. J. Nemanich, and J. C. Knights, *Phys. Rev.*, **B19**, 2064 (1979).
5.12 E. C. Freeman and W. B. Paul, *Phys. Rev.*, **B18**, 4288 (1978).
5.13 M. H. Brodsky, M. H. Frisch and J. F. Ziegler, *Appl. Phys. Lett.*, **30**, 561 (1977).
5.14 田中一宣, 丸山瑛一, 嶋田壽一, 岡本博明, "アモルファスシリコン", 応用物理学会編, オーム社, p. 66-68 (1993).
5.15 W. Paul, D. K. Paul, J. Blake and S. Oquz, *Phys. Rev. Lett.*, **46**, 1016 (1981).
5.16 G. Lucovsky, S. S. Chao, J. E. Tyler and W. Czubatyj, *Phys. Rev.*, **B28**, 3225

(1983).

5.17 Y. Catherine and G. Turban, *Thin Solid Films*, **70**, 101 (1980).
5.18 P. J. Zanzucchi, "Semiconductors and Semimetals 21, Hydrogenated Amorphous Silicon Part B", ed. J. I. Pankove, Academic Press, Inc., Orlando, p. 132 (1984).
5.19 田中一宣, 丸山瑛一, 嶋田壽一, 岡本博明, "アモルファスシリコン", 応用物理学会編, オーム社, p. 74, 75 (1993).
5.20 I. H. Campbell and P. M. Fauchet, *Solid State Commun.*, **58**, 739 (1986).
5.21 佐々木敏明, 酒井博, 原嶋孝一, 吉田隆, 市川幸美, 第61回応用物理学会学術講演会, p. 823 (2000).
5.22 R. Carius, J. Forsch, D. Lundszien, L. Houben and F. Finger, *Mat. Res. Soc. Symp. Proc.*, **507**, 813 (1998).
5.23 G. Ganguly, T. Ikeda, K. Kajiwara and A. Matsuda, *Mat. Res. Soc. Symp. Proc.*, **467**, 681 (1997).
5.24 M. I. Alonso and K. Winer, *Phys. Rev.*, **B39**, 10056 (1989).
5.25 W. J. Brya, *Solid State Commun.*, **12**, 253 (1973).
5.26 P. Sherrer, Nacher, Goettinger Gesel. 98, Zsigmondy's Kolloidchemie 3 rd Ed., p. 394 (1918).
5.27 田中一宣, 丸山瑛一, 嶋田壽一, 岡本博明, "アモルファスシリコン", 応用物理学会編, オーム社, p. 1, 2 (1993).
5.28 W. E. Spear and P. G. LeComber, *Solid State Commun.*, **17**, 1193 (1975).
5.29 R. C. Chittik J. H. Alexander and H. F. Sterling, *J. Electrochem. Soc.*, **116**, 77 (1969).
5.30 D. E. Carlson and C. R. Wronski, *Appl. Phys. Lett.*, **28**, 671 (1976).
5.31 P. G. LeComber, W. E. Spear and A. Ghaith, *Electron Lett.*, **15**, 179 (1979).
5.32 A. J. Snell, K. D. Mackenzie, W. E. Spear, P. G. LeComber and A. J. Hughes, *Appl. Phys.*, **24**, 357 (1081).
5.33 大矢博昭, 山内淳, "電子スピン共鳴", 講談社サイエンティフィック編, 講談社, p. 15-20 (1989).
5.34 清水立生, "アモルファス半導体", 培風館, p. 14 (1994).
5.35 マイクロ波の周波数帯の名称:Lバンド (1〜2.6 GHz), Sバンド (2.6〜4 GHz), Cバンド (4〜8 GHz), Xバンド (8〜12 GHz), JまたはKuバンド (12〜18 GHz), Kバンド (18〜27 GHz), QまたはKaバンド (27〜40 GHz), Vバンド (46〜75 GHz).
5.36 M. Vanechek, J. Kocka, J. Stuchlik, Z. Kozisek, O. Stika and A. Triska, *Solar Energy Mater.*, **8**, 411 (1983).

5.37 清水立生, "アモルファス半導体", 培風館, p.17 (1994).
5.38 Z. E. Smith, V. Chu, K. Shepard, S. Alijishi, D. Slobodin, J. Kosodzey, S. Wagner and T. L. Chu, *Appl. Phys. Lett.*, **50**, 1521 (1987).
5.39 G. Ganguly and A. Matsuda, *Jpn. J. Appl. Phys.*, **31**, L 1269-L 1271 (1992).
5.40 N. M. Amer and W. B. Jackson, "Semiconductors and Semimetals 21, Hydrogenated Amorphous Silicon Part B", ed. J. I. Pankove, Academic Press, Inc., Orlando, p.83-112 (1984).
5.41 浅野明彦, 酒井博, 応用物理, **55**, 713-717 (1986).

第6章
プラズマエッチング技術

　現代のULSIプロセスに用いられる超微細パターンの形成は，パターン転写技術と加工のためのエッチング技術が融合して，初めて可能になる．エッチングには種々の手法が開発されてきたが，現在の主流はプラズマを用いたプロセスであり，今後もこの技術を中心とした展開が続くものと予想される．プラズマはエッチングの反応種となるラジカルやイオンを効率的に発生させることができるだけでなく，イオンを電界で加速してエッチング面に照射することも可能である．さらにはプラズマからの発光を観察することで，エッチングが終了した時点をモニターすることもできる．これらの特徴を有効に活用して，微細な加工の極限に挑戦しようとするのが，現在のプラズマエッチング技術である．

　半導体プロセスにおけるプラズマエッチングの応用は多岐にわたっている．それらについての詳細な解説はプロセス技術の専門書に譲り，本章ではこれまで学んできたプラズマの性質がエッチング技術にどのように応用されているのかを理解することに主眼をおいて説明を行う．

§6.1　化学的なエッチングと物理的なエッチング

　半導体プロセスにおけるエッチングの役割は，電子デバイスを構成する各種薄膜材料やSiウェーハの微細なパターンをマスクのとおりに加工することである．微細なパターンが要求されない用途では，対象とする材料の特性に応じたエッチング液に所定の時間だけウェーハを浸して，エッチングを行う**ウェットエッチング**（wet etching）が用いられる．この方法は，装置が安価である

ことと，一度に大量のウェーハを処理できることから，生産性も高い．しかし，一方では，エッチング反応速度を一定にするための制御が難しい，エッチングの終点検出ができない，エッチング液の処理が大変である，などの欠点がある．

そこでウェットエッチングに代わる手段としてプラズマプロセスの応用が検討され，1970年代の前半から，ICの製造に導入されるようになった．このようなプラズマを用いるエッチングは**プラズマエッチング**（plasma etching）あるいは液体を使わないことから**ドライエッチング**（dry etching）と呼ばれる．その当時のエッチングに用いられたプラズマは，ガス圧も数十Paと高く，放電パワーも小さいため，イオンの平均自由行程は0.1mm程度，密度も10^{10} cm^{-3}程度である．したがって，ウェーハに入射するイオンのエネルギーは小さく，その数も少ないため，エッチングへのイオンの寄与は無視でき，プラズマ中で電子衝突による解離で生成されたラジカルがエッチング反応の主役となる．すなわち，薬液によるウェットエッチングを気相に置き換えたものであった．Siのエッチングを例に取ると，CF_4を含むガスを放電させ，プラズマ中で以下のような解離反応でF原子を生成させる．

$$CF_4 + e \longrightarrow CF_3 + F + e \tag{6.1}$$

発生したF原子はウェーハ表面まで拡散し，表面で以下のような反応を起こしてSiをエッチングする（詳細は§6.4参照）．

$$Si(固体) + 4F \longrightarrow SiF_4(気体) \tag{6.2}$$

しかし，プラズマエッチングではF原子は衝突によりランダムな方向からウェーハ面に飛び込んでくる．そのため，こうした純粋な化学反応だけを用いると，深さ方向のエッチングに加えて，マスクの端部から横方向にもエッチング（サイドエッチング）が進行し，結果的にウェットエッチングと同様に**図6.1(a)**に示すような**等方性エッチング**（isotropic etching）が起こる．等方性エッチングではマスクの下にアンダーカットが生ずるので，マスクパターンに対して仕上がりが不正確になる．そのため，マスク設計の段階でアンダーカット分を見込んだ寸法でパターンを形成するなどの工夫も行われるが，微細パターンへの適用には限度がある．

§6.1 化学的なエッチングと物理的なエッチング　　　　　　　*211*

(a)

マスク / アンダーカット / 被加工膜 / 下地層

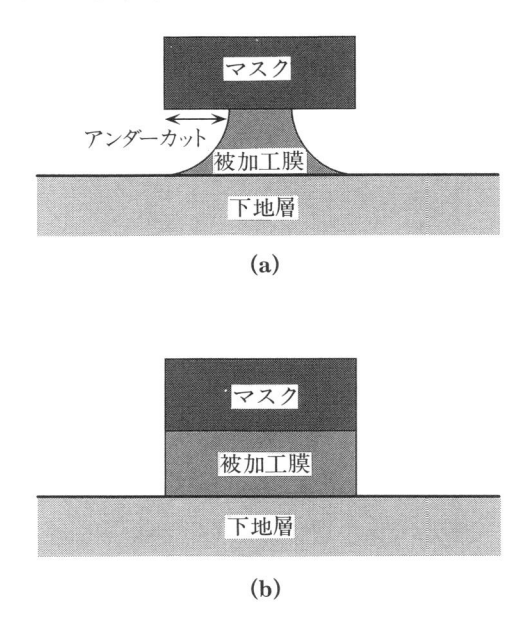

(b)

マスク / 被加工膜 / 下地層

図 6.1 等方性エッチングと異方性エッチング．
（a）等方性エッチング，（b）異方性エッチング．

そこで LSI などのウェーハプロセスでは，図 6.1(b) のようにサイドエッチングがほとんど起こらず，マスクのとおりに深さ方向のみにエッチングが進行する**異方性エッチング**（anisotropic etching）が必要不可欠になる．このようなエッチングは，Ar などの希ガスのイオンを電界で加速してウェーハに垂直に打ち込めば可能になる．高速イオンが被加工層に衝突するとその構成原子をたたき出す，**スパッタリング**（sputtering）が起こるためである．しかし，このような純物理的なエッチングでは材料によるエッチング速度（エッチレート）の差が小さいため，マスクも下地も同様にエッチングされてしまい，エッチングしたい層だけを選択的に加工することは難しい．そこで，マスクや下地に対してはエッチレートが十分に小さく，被加工層に対しては異方性エッチングが確保されるプラズマエッチング技術が開発された．代表的なものとしては，平行平板電極の CCP を用いた**反応性イオンエッチング**（Reactive　Ion

Etching，略して RIE）がまず 1980 年代には実用化され，1990 年代に入ると ICP などの**高密度プラズマ**（High Density Plasma，略して HDP）を用いたエッチングシステムが開発された．これらは化学的なエッチングと物理的なエッチングの両方の長所を活用したものであり，現在のプラズマエッチングの主流になっている．

プラズマエッチングの特徴をまとめると，**表 6.1** のようになる．装置や原理の詳細については§6.3，§6.4 で説明する．

表 6.1 プラズマエッチングの利点と欠点．

利　点	欠　点
・異方性エッチングが可能 ・エッチングの開始，終了が容易 　（制御しやすい） ・エッチングの終点検出が可能 ・反応生成物の除去が容易	・選択比に対する制約が多い ・プラズマによるダメージ 　（物理的，電気的）

§6.2　エッチングに要求される特性

具体的なエッチングプロセスの例を示そう．現在の IC や LSI には多数の微小な MOS-FET が作り込まれている．MOS のゲート電極には多結晶 Si（ポリ Si）が通常用いられ，図 6.2(a)，(b) に示されるようにパターニングされる．MOS-FET の性能はゲート電極の幅に大きく依存するため，ポリ Si はレジストマスクの寸法どおりに加工することが要求され，異方性エッチングが適用される．このエッチングを仕上がりが図(b)になるように確実に行うためには，以下の 2 つの条件が重要になる．

(1) ポリ Si のエッチングが終了した時点でレジストマスクの残厚が十分にあること．すなわち，

$$\frac{R_{PS}}{R_M} \gg \frac{d_{PS}}{d_M} \tag{6.3}$$

(2) ポリ Si の厚さやエッチレートは面内で均一ではないため，ポリ Si を確

§6.2 エッチングに要求される特性

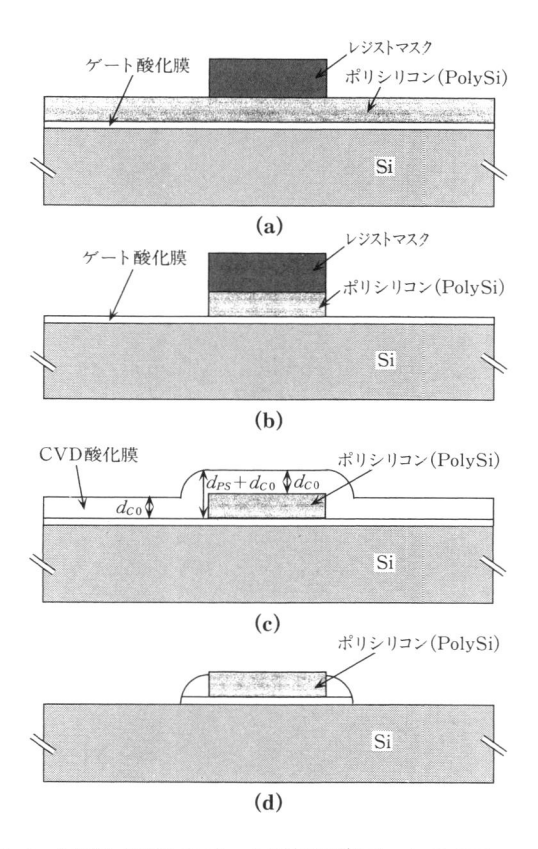

図 6.2 MOS-FETのゲート電極形成プロセスのフロー．

実に除去するためには，ポリSiの下地である酸化膜がプラズマにさらされる部分が必ずある．したがって，この下地への影響を最小限にするためには，

$$\frac{R_{PS}}{R_{OX}} \gg \frac{d_{PS}}{d_{OX}} \tag{6.4}$$

ここで，R はエッチレート，d は膜厚であり，添字 M，PS，OX はそれぞれレジストマスク，ポリSi，酸化膜に対する値を表す．R_{PS}/R_M や R_{PS}/R_{OX} は**選択比**（selectivity）と呼ばれ，以上の理由から，選択比は，エッチング装置や

エッチングガス，放電条件などを選定する上で第1に考慮しなければならない重要な特性になる．例えば HBr，Cl_2，O_2 などの混合ガスをエッチングガスとして用い，上記の異方性エッチングを行うと，$R_{PS}/R_M=3〜5$，$R_{PS}/R_{OX}=10〜30$ の選択比が得られる．

　次に被加工層の厚さの不均一性が発生する原因とその対策，応用について簡単に説明しよう．図 6.2(b) のポリ Si ゲート形成後に CVD で厚さ d_{CO} の酸化膜を堆積すると，図 6.2(c) に示されるような構造が形成される．この状態からマスクなしで異方性エッチングにより酸化膜を全面除去する場合を考えよう．異方性エッチングはウェーハに垂直な方向にしか進行しない．垂直方向の CVD 酸化膜の厚さを考えると，図に示されるようにゲート電極の際ではこの厚さ分が上乗せされ，$d_{PS}+d_{CO}$ となることが分かる．したがって厚さ d_{CO} 分だけエッチングしても，図 6.2(d) のようにゲート電極の脇に酸化膜がエッチングされずに残ることになる．

　このように，段差のある部分に均一に堆積した膜をエッチングで除去する場合には，異方性の場合だけでなく，等方性エッチングでも残渣が残りやすい．また，ウェーハ面内での被加工層の膜厚不均一性やエッチレートの不均一性もあるため，段差がない場合でもエッチングがほぼ終わったと考えられる時点（エッチレートと被加工膜厚から推定されるエッチング時間，あるいは終点検出時（§6.7 参照））で終了すると完全なエッチングができない．それを避けるため，その時点までの時間の 50％から 100％のエッチング時間の延長を行うのが一般的である．これを**オーバーエッチ**（overetch）と呼ぶ．したがって，先に述べたように下地と被加工層の選択比を十分に確保し，オーバーエッチで下地にダメージを与えないことが，適切なエッチングを行うためには重要になる．

　一方，図 6.2(d) のようなエッチング残りを積極的にプロセスに応用することも行われている．例えば MOS-FET ではドレイン側の電界を緩和する **LDD**（Lightly Doped Drain）構造を作るために，この図のように酸化膜を残し（これをスペーサと呼ぶ），これをマスクにして不純物のイオン注入を行うプロセスなどに応用される[6.1]．

被加工層のエッチレートやそのウェーハ面内均一性も生産工程では重要な因子になる．異方性エッチング装置はウェーハを1枚ずつ処理する枚葉式が一般的である．生産性を確保するために1枚の処理に要求される時間は，他のプロセスとの釣合いから考えるとウェーハの搬送も含めて数分である．したがって，均一性とエッチレートを両立できるガスや放電条件の選択が要求される．エッチレートは原理的にはエッチングの前駆体となるラジカル種やイオン種の粒束（§7.2参照）に比例する．ラジカルの生成は電子密度に比例するので（(4.2)式参照），一般論としては，パワーを上げると増加し，その結果粒束も増加して，エッチレートが上がると考えられる．しかし実際には気相中で種々の二次反応が起こるため，必ずしもエッチングに有効なラジカル種の増加につながらないこともある．

ウェーハに入射するイオン種の粒束は，シース内での電離反応が無視できる場合にはプラズマからシースに飛び込む粒束に等しくなるので，プラズマ内のイオンの密度に比例する（(7.89)式参照）．したがって，放電パワーを増加させるとイオン密度は増加するので，粒束は密度が増えた分だけ増加する（放電パワーによるイオンの平均速度の変化は小さい）．イオン成分によるエッチレートは粒束に比例するだけでなく，イオンの衝突速度にも比例することが知られている．また，異方性エッチングではガス圧が重要なパラメータとなるが，ガス圧を下げ過ぎる（RIEで1Pa，HDPで0.1Pa以下）とプラズマ密度が低くなり，実用的なエッチレートが得られなくなる．

§6.3　エッチング装置とエッチングガス

エッチングの対象となる材料や要求される加工形状に応じて，エッチング装置には種々のプラズマ源が用いられる．本節ではそれらの主なものについて概説する．

化学反応のみによる等方性エッチングの代表的なものには，**ケミカルドライエッチング**（Chemical Dry Etching；CDE），バレル（barrel）形プラズマエッチング，平行平板形プラズマエッチングがある．また，物理的エッチングと

組み合わせて異方性エッチングを可能にするものとしては,先に述べたようにRIEとHDPがある.これらのエッチング装置の原理について,以下に説明しよう.

6.3.1 CDE

CDEはポリSiのエッチングやフォトレジストの**灰化**（アッシング；ashing）[注]1 に広く使われている.プラズマ中にウェーハをおくと,荷電粒子や光,熱の影響を避けることができない.そこで,できるだけ化学反応のみのエッチングを実現したいという観点から,**図6.3**に示すように,プラズマ生成部とエッチング反応室を分離する構造を採用している.マイクロ波の導波管内を貫通させた直径数cmの石英管を放電管として用い,その中でマイクロ波放電を起こして,プラズマを発生させる.マイクロ波の周波数は2.45 GHzが一般的

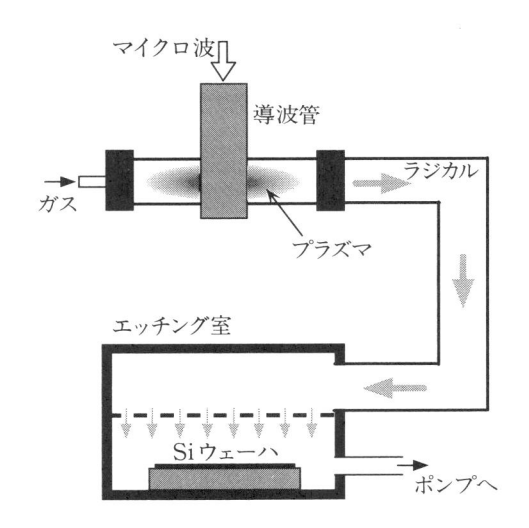

図6.3 CDE装置の構造.

[注]1 フォトレジストはCとHを主成分とする樹脂であり,O_2プラズマによりCO_2とH_2Oにして除去する.これはエッチングではなく灰化と呼ばれる.

である．管内にはCF_4とO_2の混合ガスを流しておき，放電を経験したガスは数十cm下流のエッチング室におかれたウェーハ面にノズルを通して一様に降り注ぐようになっている．このためダウンフローエッチングとも呼ばれる．

マイクロ波放電領域を過ぎると電子温度は急速に減衰するため，荷電粒子の発生はなくなる．一方，荷電粒子は管壁方向に両極性拡散（§7.6参照）で輸送され，管壁で再結合して消滅する．拡散速度は流速に比べるとはるかに速いため，数十cm下流では荷電粒子はほとんど消滅し，FやO，CF_xなどのラジカルだけが到達する．その結果，中性のラジカルのみによる純粋な化学反応によるエッチングが実現される．ポリSiのエッチングではF系のラジカルを増やすためにCF_4の流量を，またレジストのアッシングではO_2流量を増やす．ラジカルはランダムな方向から被加工面をアタックするため，エッチングは等方性になる．

6.3.2　バレル形プラズマエッチング

もっとも早く実用化されたエッチング装置が，このバレル形である．図6.4のように石英管の外部に一対の電極を取り付け，RF電圧（通常は13.56MHz）を印加してCCPを生成する．ガス圧は10～100Paである．ウェーハはホルダー内に垂直にセットし，エッチトンネルと呼ばれる穴の開いた金属シールド内に電気的に浮いた状態で置かれる．

プラズマは主としてシールドと管壁の間の空間に生成される．ここで生成さ

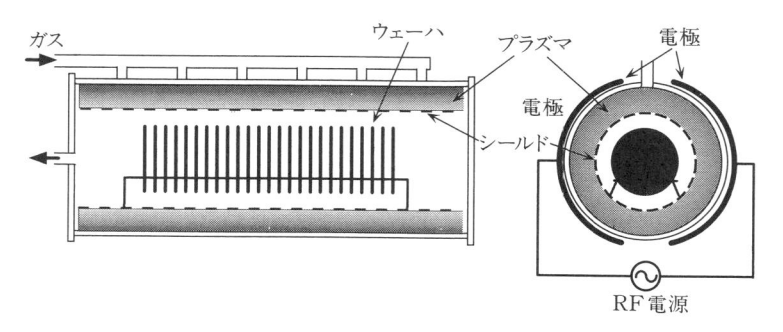

図6.4　バレル形プラズマエッチング装置の構造．

れたラジカルや荷電粒子はシールドの穴を通してウェーハの置かれた空間に導入される．ウェーハは絶縁されているためにプラズマから電流が流れ込むことはない．このときのウェーハの電位は**浮遊電位**（Floating potential）と呼ばれ，プラズマ電位と浮遊電位の間の電位差は，Langmuirプローブ理論から推定することができ，§7.8で説明するように電子温度の数倍程度である[6.2]．エッチトンネル内にはシールドを抜けてきたイオンは多数存在するが，RF電界はシールドによりある程度遮蔽されるため，電子温度は低下する．仮に電子温度が1eVであったとしても，イオンの加速電圧に相当するプラズマとウェーハの電位差は数Vに過ぎず，イオン衝突による物理的な反応は無視でき，ほぼ化学的なエッチングが実現される．

6.3.3　平行平板形プラズマエッチングとRIE

　平行平板電極を持つCCP放電の電極の一方にウェーハをおいてエッチングする装置は，最も一般的なエッチング装置の1つである．§2.2で詳細に説明したように，CCPではプラズマ電位に対して接地電極もRF電極も負にバイアスされる．ただし，バイアス電圧の大きさは異なり，接地電極側の方が小さく，イオンの加速電圧は小さい．したがって，比較的ガス圧を高く（10〜100Pa）設定し，図6.5(a)に示すようにウェーハを接地電極側におく構造にすると，イオン効果の小さな化学的エッチングが実現される（装置構造は基本的にプラズマCVDと同じになる）．

　一方，図6.5(b)のようにRF電極側にウェーハをおくと，プラズマとの直流電位差（バイアス電圧）が大きい．したがって低いガス圧（1〜数十Pa）で放電させると，イオンはシース中でほとんど衝突することなく，バイアス電圧で加速されてウェーハに垂直に入射する．イオンが照射されている面のエッチレートは他の面より大きく（その機構については§6.4参照）なり，結果的に異方性エッチングが実現される．この構造の装置は反応性イオンエッチング（RIE）と呼ばれ，異方性エッチングに最も広く用いられている．しかし，RIEではエッチレートを上げようとしてRF電力を増やすと，それに伴い第2章で説明したようにシース電圧（バイアス電圧）も増加する．そのため，イオ

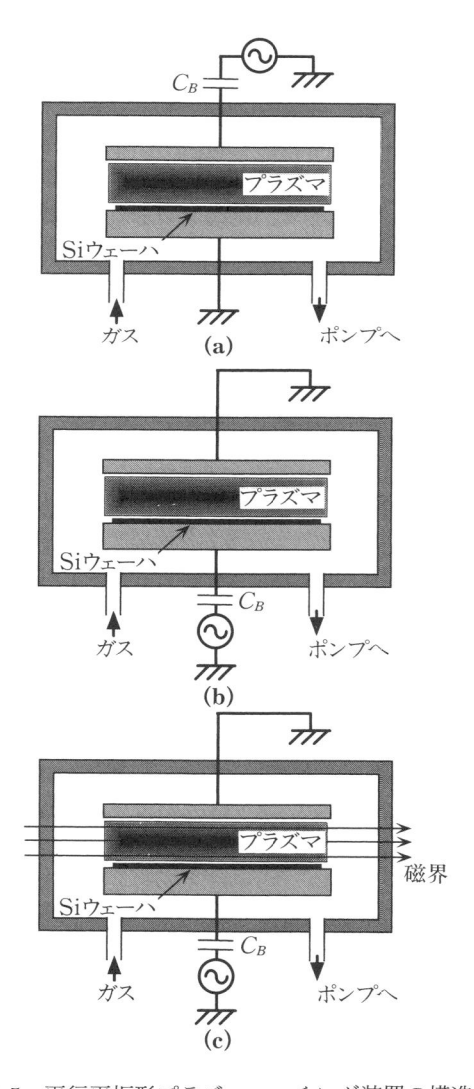

図 6.5 平行平板形プラズマエッチング装置の構造.
(a)プラズマエッチング装置,(b)反応性イオンエッチング装置,(c)マグネトロン反応性イオンエッチング装置.

ンの入射速度が必要以上に増加し,選択比の低下や下地層,被加工層へのダメージが発生する.

この問題を改善するため,図6.5(c)のようにウェーハに平行な磁界をつくり,電子をサイクロトロン運動させることによりプラズマ中にトラップし,RFパワーを低く抑えたままでプラズマ密度を増加させる**マグネトロン**(magnetron) RIEも開発されている[6.3].この装置では,ウェーハ上のプラズマ密度が時間平均して一様になるように,処理時間に比べて十分に早い周期で磁界をウェーハの円周方向に回転させる構造になっている.

6.3.4 高密度プラズマエッチング

上で説明したRIEの問題点を解決するために,プラズマの生成とウェーハへ入射するイオンのエネルギーを独立に制御可能な装置も開発されている.これらの装置は10^{11} cm^{-3}程度の電子密度が得られる**高密度プラズマ**(high density plasma)源を使うことが多いため,それらを総称してHDPエッチング装置と呼ぶ.プラズマ源としては,RF電源を用いたICP,マイクロ波を用いた**ECR**(Electron Cyclotron Resonance)プラズマ,**ヘリコン波**(helicon

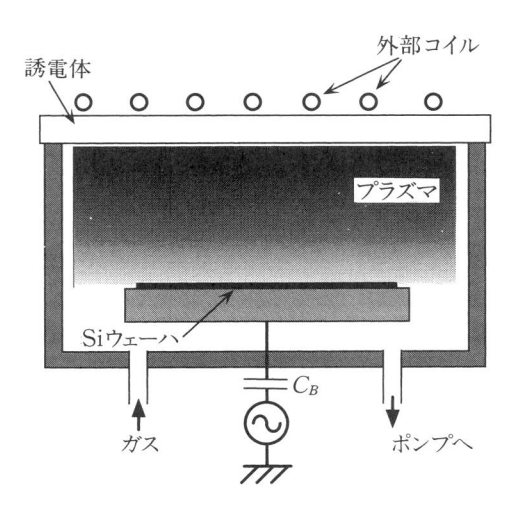

図6.6 ICP形HDPエッチング装置の構造.

§6.3 エッチング装置とエッチングガス

wave）プラズマ，**表面波**（surface wave）プラズマなどが用いられるが[6.4]，ICPが構造的に最も単純であり，広く使われている．

　ICPの構造，原理については§2.2で詳細に説明したとおりである．これをエッチングに応用する場合には，**図6.6**に示す装置構成を用いる．外部コイルにRF電流を流すことにより，エッチング反応室内のウェーハ上部に一様なICPを発生させる．また，ウェーハステージにはブロッキングコンデンサを介してRF電圧が印加できるようになっている．これにより，§2.2の(2.35)式で説明したようにRF電圧の振幅に比例する直流電圧（自己バイアス）をプラズマとウェーハの間に発生する．この構成にすることにより，プラズマ密度は外部コイルに供給するRFパワーで制御され，ウェーハに入射するイオンのエネルギーはウェーハステージに印加するRF電源のパワー（電圧振幅）を変えることにより独立に制御できる．したがって，イオン入射エネルギーに大きく依存する選択比やエッチング形状の制御性がRIEに比べて大幅に改善される．

6.3.5　エッチングに用いられるガス

　プラズマエッチングの原理は，プラズマ中で発生したラジカルやイオンが被加工面に到達し，表面で被加工物質と反応して揮発性の高い物質を作って表面から離脱し，ガスとして反応室から排気されるというものである．したがって，エッチングガスの選定にあたっては，沸点，あるいは低温での蒸気圧が高い反応生成物ができるものでなければならない．エッチングガスとしてF，Cl，Brなどのハロゲン元素を含むガスが使われることが多いのは，被加工材料を揮発性の高いハロゲン化合物にして除去することができるためである．

　表6.2にSiウェーハプロセスに用いられる材料とそれらに対する主要なエッチングガスを示す．ガス組成は，被加工物に要求されるエッチング特性を実現するために最適の選択を行う必要がある．それらの詳細はエッチング関係の専門書に譲るが[6.5]，どのガス系を用いるかは，異方性エッチングを必要とするか，下地の材料とそれに対する選択比が十分に取れるかなどを考慮して決めることになる．

表 6.2 エッチングガスとその性質．

エッチング対象	主なエッチングガス	コメント
多結晶シリコン	・CF_4, SF_6 ・CF_4/H_2, CHF_3 ・CF_4/O_2 ・HBr, Cl_2, $Cl_2/HBr/O_2$, $HBr/SF_6/O_2$	・等方性またはほぼ等方性（アンダーカット大），SiO_2 に対する選択比小 ・異方性大，SiO_2 に対する選択比小 ・等方性，SiO_2 に対する選択比大 ・異方性大，SiO_2 に対する選択比最も大
結晶シリコン	多結晶シリコンと同じ	多結晶シリコンと同じ
酸化シリコン (SiO_2)	・SF_6, NF_3, CF_4/O_2, CF_4 ・CF_4/H_2, CHF_3/O_2, C_2F_6, C_3F_8 ・$CHF_3/C_4F_8/CO$	・ほぼ等方性（アンダーカット大），異方性はイオンエネルギーを増しガス圧を低下させると改善，Si に対する選択比小 ・異方性顕著，Si に対する選択比大 ・異方性大，Si_3N_4 に対する選択比大
窒化シリコン (Si_3N_4)	・CF_4/O_2 ・CF_4/H_2 ・CHF_3/O_2, CH_2F_2	・等方性，選択比は対 SiO_2 大，対 Si 小 ・異方性大，選択比は対 SiO_2 小，対 Si 大 ・異方性大，選択比は対 SiO_2, 対 Si ともに大
Al	・Cl_2 ・$Cl_2/CHCl_3$, Cl_2/N_2	・ほぼ等方性（アンダーカット大） ・異方性大，BCl_3 が酸素除去のために混合されることあり
W	・CF_4, SF_6 ・Cl_2	・エッチレート大，SiO_2 に対する選択比小 ・SiO_2 に対する選択比大
フォトレジスト	・O_2	・他の材料に対する選択比非常に大

選択比やエッチレート，異方性などを制御するために O_2 や H_2 を混合することもよく行われる．CF_4 を使って Si と SiO_2 をエッチングする場合，それらの選択比は比較的小さい．そこで，エッチレートや選択比を制御するために，CF_4 に O_2 や H_2 の添加が有効であることが1970年代後半に報告された[6.6, 6.7]．以下にこれらの機構を簡単に説明しよう．

まず CF_4 に O_2 を少量添加した場合を考えると，プラズマ中では $CF_x (x \leq$

3) ラジカルに加え，酸素系ラジカル（OやO_3など）も同時に生成される．その結果CF_xは，O_2や酸素系ラジカルと反応してCO_2，CO，COF_2などを生成する反応により消費され，密度が減少する．CF_xが減少すると，$F+CF_x$ ⟶ CF_{x+1} の反応で消費されるFの量が減るため，F密度は増加することになる．しかし，O_2の混合比がある値を超えて増加すると，CF_4の分圧が減り，その結果，発生するFも減少することが予想される．実際，図 6.7 の実験結果に示されるように[6.3]，プラズマ中のF密度（F原子からの発光強度に比例）はO_2の混合比と共に増加し，O_2の分圧が20%近辺で最大となり，それ以上では減少する．これに対応してSiのエッチレートもO_2添加により大幅に増加するが，O_2が増え過ぎるとSi表面にOが吸着し，その結果F密度が最大になる前にレートは減少し始める．一方，SiO_2のエッチレートの増加はSiほど顕著でないため，O_2の添加量が10数%までは選択比も改善されることになる．この効果は，ゲート電極であるポリSiのエッチング（図6.2参照）などに応用される．

次にCF_4にH_2を添加する場合を考えよう．この場合にはH_2の増加に伴い，Siのエッチレートは減少し，40%程度まで増やすとついにはエッチングが停止する．一方，SiO_2のレートはわずかに減少するもののほとんど変化しな

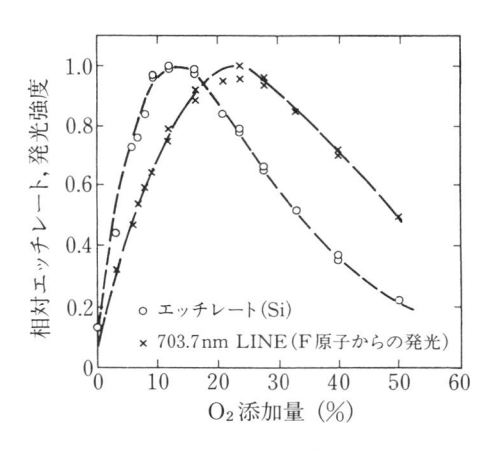

図 6.7　O_2添加量に対するSiエッチレートの変化（発光強度はF密度に対応）．

い．したがって，H_2の添加によりSiO_2の選択比を大幅に改善することができる．この機構は，以下のように説明されている．プラズマ中では電子衝突解離によりCF_xやFラジカルが発生する．ここにH_2を添加すると，以下の水素引抜き反応が起こる．

$$F + H_2 \longrightarrow HF + H \qquad (6.5)$$

この反応によりFラジカルが減少すると，相対的にCF_xラジカルの密度が増加する．SiO_2上では，CF_xはこれと反応してSiF_4とCO，CO_2，COF_2などの揮発性反応生成物を生成するが，Si表面では酸素がないため，CやCH_xF_yなどの炭素系のポリマーが表面に形成される．したがって，H_2の添加量を増やしていくとSi表面にこれらのポリマーが形成されやすくなり，Fによるエッチングが阻止されてレートが減少する．

以上のように，O_2やH_2ガスの添加は選択比の制御に有効であるが，この他にも，異方性エッチングを助長するために側壁に保護膜を積極的に堆積するために用いられる（6.4.3参照）など，種々の状況で利用されている[6.8]．

§6.4 エッチング機構
6.4.1 化学的エッチング

エッチング表面ではどのような機構で反応が進行していくのかを，最もよく調べられているF原子によるSiエッチングの例を取り上げて，もう少し微視的に説明しよう．プラズマ中でCF_4などの解離で生成されたF原子はSi表面に次々と到達する．その粒束は，§7.2で示すようにエッチング表面近傍のプラズマ中のF原子の密度をN_F，その平均熱速度をv_Fとすれば，ウェーハ表面の単位面積当たりに毎秒入射するF原子数は$N_F v_F / 4$で与えられる．これらの内のあるものは反射してプラズマ中に戻り，あるものはSiと反応して表面に留まったのち，最終的にプラズマ中に再放出（すなわち，Siのエッチング）される．定常状態ではそれらがバランスして，表面にはある一定量のF原子が存在することになる．この現象は基本的には4.1.2で説明したプラズマCVDの表面反応と同じである．

§6.4 エッチング機構

　表面に付着した F 原子は，Si の 4 つの結合手の内の 1 つと共有結合する．その結果，図 6.8(a)に示されるようにエッチング表面は F で覆われる．そこに次々と F 原子が飛来し，Si-Si のボンドを切って最終的に(d)に示されるように SiF_4 となって表面から離脱する．このようにエッチング表面には F と Si

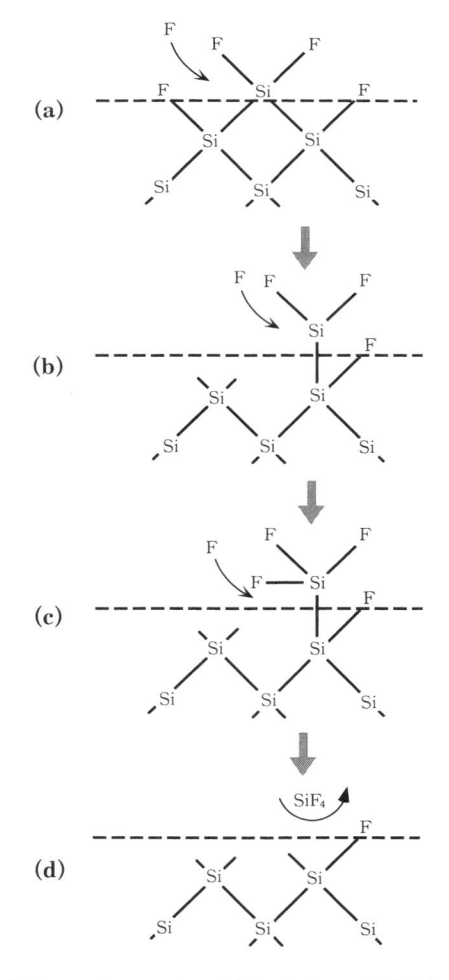

図 6.8　Si エッチング時の F との表面反応．

の混在する遷移層が形成される$^{(6.8, 6.9)}$．これまでの研究から，この遷移層（以下，SiF$_x$層と呼ぶ）は厚さが数原子層あり，室温では安定に存在し，エッチングを停止する（放電を止め，F原子の供給をやめる）とそのままの形で残ることが知られている．SiF$_x$層内のFの密度分布は，Fで覆われた最表面からSiとの界面に向かって減少する．また，SiF$_x$層の厚さはエッチレートを上げると減少することも知られている．この現象の物理的なイメージを明らかにするために，以下のような単純なモデル化を行い，解析してみよう$^{(6.9)}$．

一定のレートR_eでエッチングが進行する系を考え，その方向にx軸をとれば，図6.9のようにΔt後には$R_e \Delta t$だけ表面が削られ，系全体が$R_e \Delta t$だけx方向にシフトする．そこで，いまSiF$_x$層内のFの密度分布を求めるために，エッチレートと同じ速度で動く座標系（これをx'で表す）を考える．この座標系から見るとSiF$_x$層は静止しており，SiF$_x$層内のF原子は速度R_eで反対方向（xの負の方向）に動いてくることになる．このときのF原子の粒束をΓ_Fとおくと，Γ_Fは§4.1で述べた流れのある場合の粒束の式（(4.11)

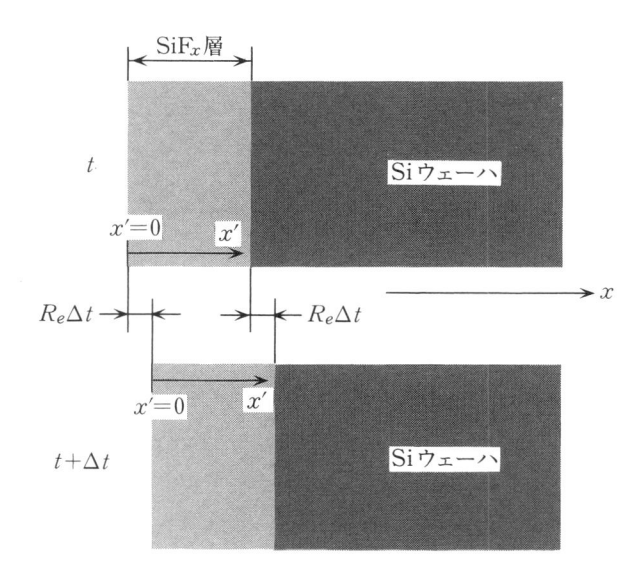

図6.9　エッチング時のSiF$_x$層の解析モデル．

§6.4 エッチング機構

式）で記述できる．したがって，これを一次元の式で表すと，F原子の密度を N_F，拡散係数を D_F で表せば，以下のようになる．

$$\varGamma_F = -D_F \frac{dN_F}{dx'} - R_e N_F \tag{6.6}$$

一方，SiF_x 層内では F 原子の生成がないことを考慮すると，定常状態での一次元の粒子連続の式（(7.23)式で時間微分項および G を零とおく）は，$\frac{d\varGamma_F}{dx'} = 0$ となるから，

$$\varGamma_F = C \tag{6.7}$$

であることが分かる．ここで，C は定数である．(6.6)式と(6.7)式より，

$$\frac{dN_F}{d\xi} = -N_F - \beta \tag{6.8}$$

を得る．ただし，

$$\frac{R_e}{D_F} x' = \xi, \quad \beta = \frac{C}{R_e} \tag{6.9}$$

とおいた．(6.8)式は変数分離法で解くことができる．先に述べたように SiF_x 層の表面には一定量の F 原子が存在するので，その密度を N_{F0} とおけば，$\xi = 0$ での境界条件は $N_F = N_{F0}$ となる．もう一方の境界条件を $\xi = \xi_d$ で $N_F = 0$ とおけば，次式のような解が得られる．

$$N_F = \left(N_{F0} - \frac{N_{F0} e^{-\xi_d}}{1 - e^{-\xi_d}}\right) e^{-\xi} + \frac{N_{F0} e^{-\xi_d}}{1 - e^{-\xi_d}} \tag{6.10}$$

SiF_x 層の厚さは Si ウェーハに比べて十分に薄いので，境界条件を $\xi = \infty$ で $N_F = 0$ (すなわち $\xi_d = \infty$) と与え，便宜的に F 密度が $1/e$ になる点を厚さの目安と考えることにしよう．(6.10)式に $\xi_d = \infty$ を代入すると，

$$N_F = N_{F0} e^{-\xi} \tag{6.11}$$

が得られるので，SiF_x 層の厚さの目安は $\xi = 1$ より D_F/R_e となる．これから，拡散係数が一定であれば，エッチレートが大きくなるほど SiF_x 層は薄くなることが分かり，定性的には実験結果と一致する．厳密には，F の密度変化による D_F の変化や，以下に述べる F が負イオンになった場合の電気的な効果などを考慮する必要がある．

最後にSiエッチング時のレートのドーピング濃度依存性について簡単に説明しよう．FやClなどのハロゲン原子でSiをエッチングする場合，p型Siよりもn型Siの方がエッチレートが早い．Fではエッチレートが2倍程度，Clではもっと大きな差が出る．これは**ドーピング効果**（doping effect）と呼ばれ，その機構は次のように考えられている．ハロゲン原子は電子親和力が大きく，電子を捕獲して容易に負イオンを形成する．例えばF原子を考えると，n型Siには多数キャリアである自由電子が多数存在するため，SiF_x層の表面に付着したF原子はSiウェーハからトンネル効果で供給される電子を容易に捕獲してF$^-$イオンとなる．その結果，導体に近づいた電荷には導体面に誘導される反対符号の電荷との間にクーロン力による引力が働くように，Si表面に誘起される正電荷によりF$^-$イオンはSi表面に向かって引き込まれ，エッチングが促進される．詳細な解析方法については，文献(6.9)を参照していただきたい．

6.4.2　イオンアシスト効果

RIEやHDP装置では，異方性エッチングを実現するために化学的エッチングに加えてイオンの効果を有効に活用している．これらのエッチングにおいて期待されているイオンの役割は，純粋な物理的エッチング（スパッタリング）ではない．イオンが照射される面の化学的エッチングのレートを増大させ，異方性を実現しようとするものである．そのため，これらのエッチングは**イオンアシストエッチング**（ion-assisted etching）あるいは**イオンエンハンストエッチング**（ion-enhanced etching）と呼ばれる．

このイオンアシストエッチングの機構としては，次の2つのモデルが考えられている．
（1）　揮発性物質を生成する表面反応の促進[6.10]
（2）　エッチング表面からの反応生成物の離脱促進[6.11]

F原子によるSiエッチングの場合を例に取って，まず（1）の表面反応の促進について説明しよう．図6.8に示したようにF原子はSi–Siの結合を切ってSi–F結合を形成しなければならない．Si–Siの結合エネルギー（約2 eV）に

比べて Si-F のエネルギー（約 5 eV）は大きいため，この反応はエネルギー的には発熱反応である．しかし，反応を起こすためには，まず Si-Si の結合を切るのに必要なポテンシャル障壁を越えなければならない．このエネルギーはウェーハやガスを加熱して熱的に与えることも可能であるが，もともとシースで加速されて数十 eV のエネルギーを持っているイオンで与える方がはるかに効率がよい．イオンが衝突してくると，そのエネルギーにより図 6.8(b) から (d) への反応が効率よく進展し，エッチングに至る．一方，イオンが照射されない部分（例えばウェーハ面に垂直な側壁）ではウェーハ温度によって律速される純粋な化学反応となり，ゆっくりと反応が進むことになる．

（2）の離脱促進とは，次のような機構を指す．結晶格子の中に組み込まれた Si をイオン衝突でたたき出そうとすると，大きなイオンエネルギーが必要になる（これがスパッタリングである）．しかし，図 6.8(b) や (c) のような状態になっていると，1 つの Si-Si 結合を切るだけで Si は離脱することになる．このときに必要とされるエネルギーは $1\sim2$ eV であり，これを熱的に与えようとすると大変であるが，イオンの衝突エネルギーで与えるのは容易である．したがって，イオンが適当なエネルギーを持って飛来する条件下では揮発性の SiF_4 の生成を待たずに，反応生成物をイオンエネルギーで離脱させるエッチングが容易に起こる可能性は高い．

実際のエッチングでは両方の機構が同時に起こっていると推定される．これらの他に，イオン衝突による表面ダメージ層の形成が反応サイトを増加させ，エッチングを早く進行させるというモデルも提案されている．しかし，Si 系材料では主要な機構とは考えられていない．

6.4.3　トレンチエッチング

VLSI や電力用の MOS-FET などのデバイスでは，微細な溝（トレンチ）構造が頻繁に用いられる．最近では 0.35 μm 幅の微細なトレンチや，数十 μm の深さのトレンチが要求されることも少なくない．**図 6.10** に Si ウェーハに形成したトレンチの断面 SEM（電子顕微鏡）イメージの一例を示すが，こうしたトレンチプロセスでは，トレンチの幅，深さ，側壁の角度（テーパ角）など

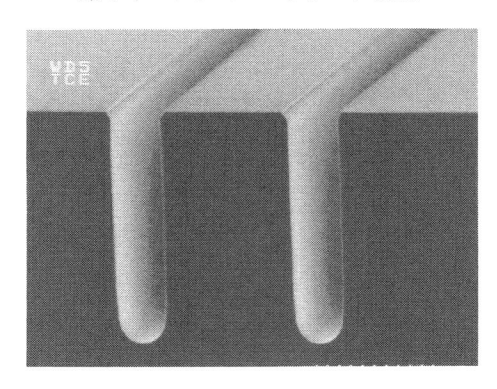

図 6.10 トレンチの SEM イメージの例(富士電機半導体基盤技術開発部提供).

の断面形状の制御性,再現性が要求される.トレンチ深さだけを考えてみても,エッチングストップ層(下地層)が存在しないために,ウェーハ面内のエッチレートの差がそのままトレンチ深さの不均一性につながる.また,深さの絶対値を規定するのはエッチング時間だけとなり,エッチレートの再現性が高度に要求される.

さらに,こうしたアスペクト比(形状の縦横化)の高いトレンチの形状を精密に制御しようとすると,単純なイオンアシストエッチングだけでは難しく,次のような技術を併用する必要がある.トレンチエッチングに用いられる装置は RIE や HDP であるが,形状制御性の点ではバイアス電圧を独立に制御できる HDP の方が優れている.HBr と O_2 を含むガスをこうした装置に導入してエッチングを行うと,図 6.11 に示されるようにトレンチ側壁に**保護膜**(inhibitor)が堆積して側壁のエッチングが阻止され,深さ方向のみにエッチングが進行する.保護膜が形成される機構としては,以下の 3 つが考えられている.

(1) エッチングやスパッタによりトレンチ底部で生成された副生成物の再付着(例えば $SiBr_xH_y$ など).
(2) プラズマ中で生成されるラジカルによる堆積膜(例えば SiO_x).
(3) スパッタされたマスク酸化膜(通常は SiO_2 を用いる)の再付着.

図 6.12 にトレンチエッチング直後の SEM イメージの例を示すが,側壁に保

§6.4 エッチング機構

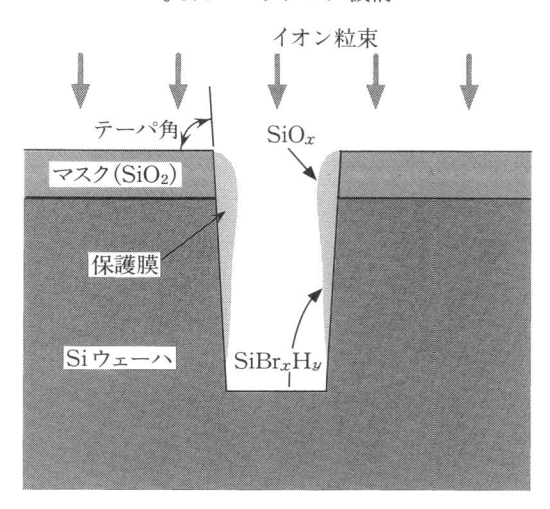

図 6.11 トレンチエッチングにおける側壁保護膜の形成.

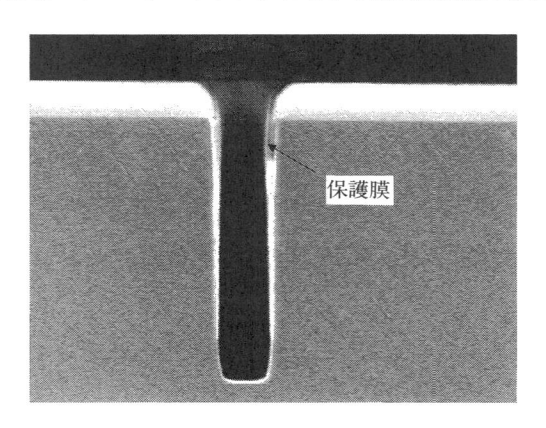

図 6.12 トレンチエッチング直後の SEM イメージ（富士電機半導体基盤技術開発部提供）.

護膜がついている様子が見える．保護膜は希釈した HF などのウェットエッチングで除去可能である．

　トレンチを形成した後は，その中に酸化膜やポリ Si を CVD により埋め込むことが多いが，この場合に重要なのは側壁のテーパ角である．テーパ角が

90°を越えると，これらの膜をトレンチの中にきれいに埋め込むことができず，間隙やボイドが中央に残ることがある．そこでテーパ角を1度単位で制御する技術も要求される．この制御は，O_2流量やバイアス電圧を調整して，保護膜の成膜速度を変化させることにより行うことになる．

トレンチプロセスは今後ますます重要な技術になってくる．しかしこれまで説明したように，トレンチの形状やエッチレートの制御は，種々の条件の微妙なバランスの上に成り立っており，再現性を確保するのが大きな課題となっている．制御性や均一性改善のための新しいプラズマ源や装置の開発が今後も大いに期待されている．

§6.5 エッチングの制御パラメータ

これまで，いくつかのエッチング装置の原理やエッチング機構について説明してきたが，それらをエッチングの制御パラメータの観点から総括してみよう．我々がエッチングを行うときに制御できる主要なパラメータは，以下の5つである．
 （1）　放電パワー
 （2）　ガス圧
 （3）　ガス組成
 （4）　ガス流量と供給方法
 （5）　自己バイアス

これらの中で最も基本的なパラメータは放電パワーとガス圧である．RIEやHDP装置における放電パワーの代表的な値は$0.1 \sim 10 \, W/cm^{-2}$である．パワーにより最も強く影響されるプラズマの特性は，密度（すなわち，電子とイオンの密度）である．第一次近似としてプラズマ密度はパワーにほぼ比例して増加すると考えてよい．ラジカルの発生率は電子密度に比例して増える（(4.2)式）ため，ラジカル密度もそれに伴って増加すると考えてよい．

ガス圧はイオンの平均自由行程とプラズマ密度に大きな影響を及ぼす．等方性エッチングでは比較的高いガス圧（$10 \sim 100 \, Pa$）が用いられるが，異方性エ

§6.5 エッチングの制御パラメータ

ッチングを主体とするRIEやHDPでは0.1〜10 Paが一般的である．ウェーハとプラズマの間に形成されるシースの厚さは数mmである．イオンはこの部分の電界で加速されるわけであるから，この中で中性分子との衝突が頻繁に起こると，散乱されて十分な指向性が得られない．これを避けるためには，平均自由行程がシースの厚さと同程度以上になるようにガス圧を選ぶ必要がある．§7.5で説明するように，イオンの平均自由行程が数mm以上になるのは，ガス圧が約10 Pa以下のときであり，これがRIEやHDPで10 Pa以下のガス圧を用いる理由である．シースの厚さに比べて平均自由行程が小さくなるとイオンの指向性が次第に低下するため，異方性エッチングが難しくなる．

一方，ガス圧を増加させると，パワーが一定でもプラズマ密度は増加する傾向を示す．これは電子による電離衝突周波数（§7.5）がガス圧と共に増加して発生量が増えるのと，荷電粒子の両極性拡散係数が圧力に反比例して小さくなり，器壁での損失が減少することに起因する．しかし，あまりガス圧を上げ過ぎると，放電を維持するのに必要なエネルギーが少なくてすむことになるため，電子温度が低下し（2.1.2参照），その結果プラズマ密度の低下が起こる．

ガス組成については前節でも述べたとおり，同じエッチングガスを用いても，その混合比によってエッチングの特性は大きく変化する．プラズマの特性（電子温度など）がガスの混合比で大きく変化する（2.1.3参照）ことに加え，ラジカルの密度比も異なってくることが原因である．現状ではごく単純なガス系を除き，残念ながらそれらを理論的にシミュレーションすることは難しい．

ガス流量や供給方法は，面内の均一性を改善したり，プラズマ発生時の過渡変動を制御するための重要な制御パラメータである．例えば，エッチングガスをウェーハの周辺から供給する場合には周辺のエッチレートが中心部より速い現象が観察されることがある．これは，エッチングガスの消費が激しく，中心部では必要なラジカルが枯渇することによる．また，同一エッチング装置に入れるウェーハの枚数を増やしたり，枚葉装置で同じ大きさのウェーハをエッチングする場合でも，開口率（エッチングパターンの面積/ウェーハ面積）が大きい場合などにはエッチレートが低下する．これは**ローディング効果**（loading effect）と呼ばれる．1枚のウェーハ上でも，大きなエッチングパターン

の近傍ではエッチレートが減少する**マイクローディング効果**（mircoloading effect）も起こる．これらもすべてエッチングに必要なラジカルの枯渇に起因している．このような現象の解析手法は，ラジカルがエッチングの主体となる化学的エッチングの場合には，その考え方は§4.1のCVDの場合とまったく同じであり，基本的にはそこでの解析をそのまま適用することができる．ただし，CVDと異なる点は，エッチングでは被加工物との反応生成物がウェーハからプラズマに供給され，それが場合によってはプラズマ特性やラジカルの密度比に大きな影響を及ぼすことである．したがって，解析においては必要に応じてこの効果を考慮する必要があることに注意しなければならない．

自己バイアスはウェーハに入射するイオンのエネルギーを変化させ，異方性エッチングにおけるイオンアシスト量やエッチング面のダメージを制御する重要な手段となる．§6.3で説明したように，RIEでは放電パワーを増加するとRF電極にかかる電圧振幅も増加し，その結果自己バイアスが増加するのでウェーハに入射するイオンエネルギーの増加は避けられない．一方，HDPではウェーハへのバイアスはプラズマ生成とはほぼ独立に制御できるため，比較的自由度の高いエッチング制御が可能となることはすでに述べたとおりである．

§6.6 プラズマによるダメージ

プラズマを用いると，ウェットエッチングでは生じない以下の2つのダメージがエッチング面で発生する可能性がある．
 （1） イオン衝突による物理的なダメージ
 （2） 電荷による電気的なダメージ[6.12]
物理的なダメージは，イオンの入射エネルギーと粒束で評価でき，第2章で説明したシース間電圧とプラズマ密度から推定が可能である．RIEでは放電パワーを上げる場合には注意を要する．一方，電気的なダメージにはMOSデバイスのゲート絶縁膜のチャージアップによる絶縁破壊などがある．以下，このダメージについて，平行平板電極CCPの場合を例に取り，簡単なモデルで検討してみよう．

§6.6 プラズマによるダメージ

　表面全体にゲート酸化膜のような絶縁膜が一様についているシリコンウェーハをエッチングする場合を考える．この様子を模式的に示したのが図 6.13 (a) である．絶縁膜の表面にはプラズマから荷電粒子が飛来し，それによりチャージアップする．一方，絶縁膜は Si ウェーハ上に形成されており，ウェーハ自体の厚さ方向の抵抗は小さく，良好な導体と考えることができる．したがって，絶縁膜は両側に電極のあるコンデンサとして機能する．そこで 2.2.3 で説明した電気的な等価回路を用いてこの系を表すと，絶縁膜によるコンデンサ C_i が追加されて図 6.13(b) のようになる．

　さて，バルクプラズマの電位 V_p は図 2.16 に示したように接地電極側のシースに加わる電圧の振幅で決まる．したがって $V_{2rf} \ll V_{1rf}$（(2.32)式，(2.33)式参照）が成り立つ場合（RIE エッチングなどではよい近似で成立）を考えれば，V_p は RF 電極側のシースにかかる自己バイアスや RF 電圧振幅に比べて十分に小さくなり，$V_p \fallingdotseq 0$ と見なすことができる．さらに単純化のために，

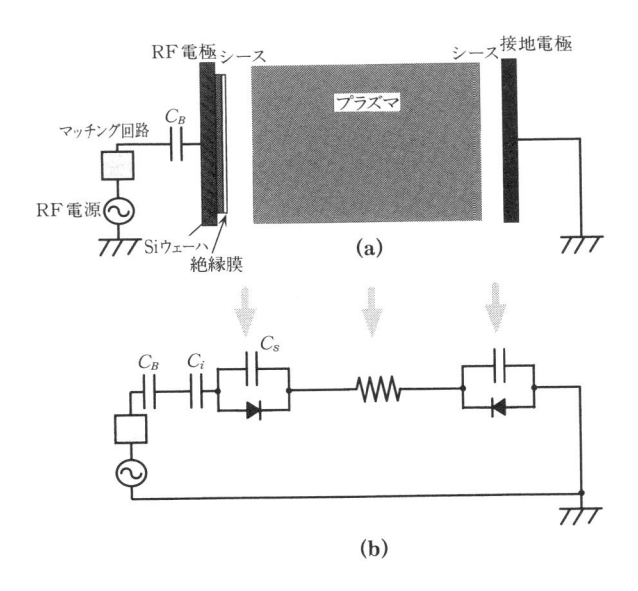

図 6.13　チャージアップダメージの解析モデル．
(a) 平行平板形 CCP 装置，(b) 等価回路．

ブロッキングコンデンサ C_B はシースや絶縁膜の容量に比べて十分に大きいとしてそのインピーダンスを無視し、また Si ウェーハやバルクプラズマ部の抵抗も無視する（2.2.3 で説明したようによい近似で成り立つ）。その結果，RF成分に対する等価回路は**図 6.14**（a）のように簡単になる。すなわち，RF 電極に印加される電圧は単純に絶縁膜のコンデンサ C_i とシースのコンデンサ C_s で分圧され，それぞれにかかる RF 電圧を V_{irf}，V_{srf} とすれば，次式で与えられる。

$$V_{irf} = \frac{C_s}{C_i + C_s} V_{rf} \sin \omega t \tag{6.12}$$

$$V_{srf} = \frac{C_i}{C_i + C_s} V_{rf} \sin \omega t \tag{6.13}$$

次に直流成分について考えると，それに対する等価回路はシースで発生する

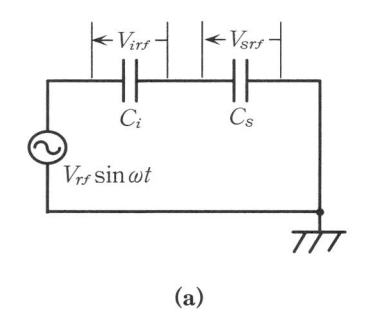

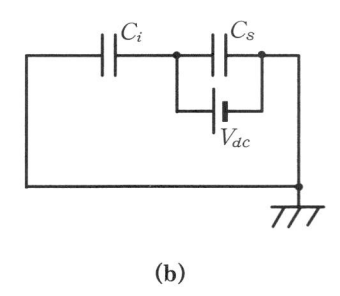

図 6.14 RF 成分と直流成分に対する等価回路．
（a）RF 成分に対する等価回路，（b）直流成分に対する等価回路．

自己バイアスを $-V_{dc}$ とすれば，図 6.14(b) のようになり，C_i には $+V_{dc}$ がかかることが分かる．したがって，RF 成分と直流成分を合成すると，絶縁膜には図 6.15 に図示される電圧が印加されることになる．すなわち，V_{dc} はシースに加わる RF 電圧 V_{srf} の振幅に等しいことを考慮すると，C_i にかかる電圧 V_i は次のようになる．

$$V_i = V_{dc} + V_{irf} \sin \omega t$$
$$= \frac{C_i}{C_i + C_s} V_{rf} + \frac{C_s}{C_i + C_s} V_{rf} \sin \omega t = \frac{V_{rf}}{C_i + C_s}(C_i + C_s \sin \omega t) \quad (6.14)$$

これから，絶縁膜には最大 V_{rf}，すなわち RF 電極に印加される電圧の振幅に等しい電圧がかかることが分かる．実際には接地電極側のシースで分圧される分もあるため，これよりは小さな値となるが，この程度の電圧をエッチング中に絶縁膜，ないしは絶縁膜と Si ウェーハ内に生成される空乏層の両方で背負う可能性がある．なお，以上の議論は絶縁膜の上に膜堆積を行うプラズマ CVD の場合にもまったく同様に成り立つことに注意すべきである．ただし，

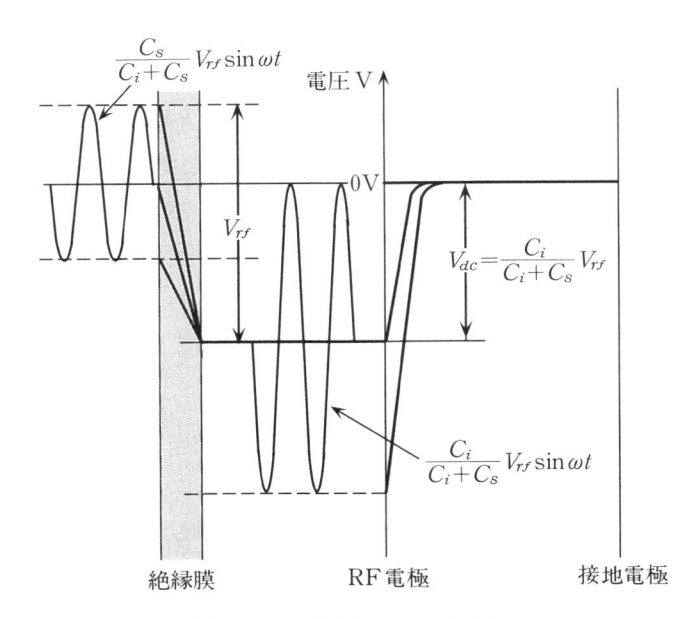

図 6.15 絶縁膜にかかる電圧．

CVD では通常は接地電極側にウェーハをおくので，印加される電圧自体は小さくなる．

§6.7　エッチング終点検出

エッチング対象材料がエッチングされずに残ると，これらの残渣はデバイスの動作不良やショート不良などを招き，良品率の低下につながる．一方，必要以上にエッチング時間を延ばすと，選択比が小さい場合にはマスクそのものの残厚が不足して，正確なパターン形成ができなくなったり，本来エッチングしたくない下地がエッチングやダメージを受けたりする．そのため，エッチング終了のタイミングを確実にモニターすることが必要になり，これは**終点検出**（end point detection）と呼ばれる．終点検出はウェットエッチングでは不可能であり，加工精度を向上させる上でのプラズマエッチングの大きな利点となっている．

その手段として最もよく用いられるのは，プラズマからの発光スペクトルをモニターする方法である．基底準位にある原子はプラズマ中で高速電子と衝突すると，図 6.16 に示すようにある準位 2 に励起される（第 1 章，第 7 章，および文献(6.13)参照）．この励起は直接的に起こることもあるし，より上の準

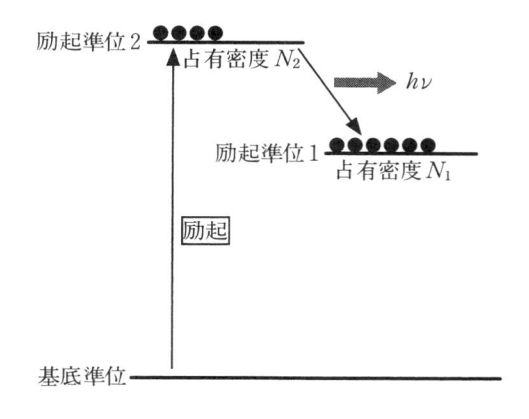

図 6.16　励起準位の説明図．

位に励起された原子がエネルギーを放出して準位2に落ちてくる**カスケード遷移**（cascade transition）によることもある．

さて，励起準位にある原子はエネルギー的に不安定であるため，通常は数nsから数十nsしかその準位に留まることができず，より下方の準位や基底準位に遷移する．その時に準位間のエネルギー差に相当する波長の光が放出されるのは(1.5)式に示したとおりである．したがって，イオンやラジカルはそのエネルギー準位図によって規定される固有の波長の光を放出する．

また，発光スペクトルの強度はそのイオンやラジカル種の数密度の関数となる．いま，励起準位1と2の間の遷移を考え，この遷移による発光スペクトルの波長をλとすると，一様なプラズマ中をx方向に進む平行光線の放射強度I_λは，次式で与えられる[(6.13)]．

$$\frac{dI_\lambda}{dx} = \frac{hc}{\lambda}\left\{\frac{A_{21}}{4\pi}N_2 - \frac{I_\lambda}{c}(B_{12}N_1 - B_{21}N_2)\right\} \tag{6.15}$$

ただし，hはPlanckの定数，cは光速，A_{21}はEinsteinのA係数，B_{21}，B_{12}はB係数と呼ばれる定数である．右辺第1項は準位2から1へ光を放出して遷移する**自然放出**（spontaneous emission）を表し，準位2に励起されている粒子数密度に比例する．第2項については，準位の縮退がない場合には$B_{12}=B_{21}$であり，また通常は$N_1 > N_2$であるため$B_{12}N_1 - B_{21}N_2 > 0$となるため，光を吸収して準位1から2へ遷移する吸収項に対応する．

吸収項を無視して考えると，放射強度は上位準位密度N_2に比例する．N_2は基底準位の密度（割合としては励起準位にいる種に比べて圧倒的に多い）が増えるとそれにほぼ比例して増えるため，近似的には発光強度の増減はその種の密度の増減に比例すると考えることができる．そこで，エッチング装置に取り付けられた窓を通してプラズマからの発光スペクトルを測定できるようにしておき，その強度の変化からエッチング反応に関係のあるラジカルや原子，イオンなどの密度変化を検知し，終点検出を行う方法がとられる．通常のエッチング装置では特定の波長の光を検出するために，その波長近傍の光のみを透過させる干渉フィルタを用いるのが一般的であり，ガス系に対応して種々の波長に対応するフィルタを交換して用いる．どの発光種からの光を用いるかは，エッ

表 6.3 終点検出に用いられる主な検出波長と発光種.

膜種	主なエッチングガス	検出波長	ラジカル種	検出
Si_3N_4	CF_4+O_2	336 nm	N^*	−
Poly-Si	CF_4+O_2	704 nm	F^*	+
SiO_2	C_2F_6+He	453 nm	CO^*	−
Al	BCl_3+Cl_2	396 nm	Al^*	−
レジスト	O_2	777 nm	O^*	+
		304 nm	CO^*	−
		453 nm	CO^*	−

（＋：立上がり，−：立下がり）

チング対象材料とガス系により異なる.

表 6.3 に主要な材料とガスに対する発光種とその検出波長を示す．表中，検出の立上がり（＋），立下がり（−）はそれぞれその発光強度があるしきい値を越えて増加する場合と，減少する場合を終点とすることに対応している．例えば，Si_3N_4 膜はデバイスのパッシベーション膜として用いられ，ウェーハ全面に付けた後，その一部に電極とのコンタクト用のパターンを開ける必要がある．この場合は抜きパターン面に Si_3N_4 膜がある間は，プラズマ中に取り込まれた N を含むエッチング生成物が，電子衝突により解離，励起され，N 原子の発光が観測される．しかし，エッチングが進行し，Si_3N_4 膜がなくなって下地（Al 電極など）が露出してくると，プラズマ中に放出されるエッチング生成物が急激に減少し始め，ついにはほぼ零になる．これに伴い，N 原子からの発光も急激に減衰するので，信号の立下がりを検出することで終点検出が可能になる．**図 6.17**(a)に N の励起原子からの発光スペクトルによる終点検出信号の一例を示すが，明確な立下がりが観測できる．

一方，多結晶 Si のエッチングでは，先に説明したように CF_4 の分解で発生する F 原子が Si 表面で反応して SiF_4 となり，エッチングが進行する．この反応が進んでいる間は，常にある一定量の F 原子の消費が起こっているが，抜きパターン部分の Si がなくなると，F の消費は減少し，プラズマ中の F 原子密度が増加する．その結果，F 原子からの発光も増加するので，発光強度の

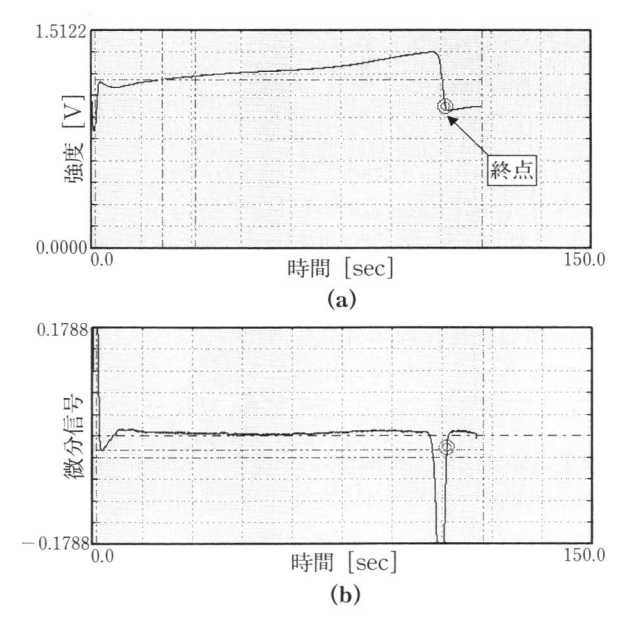

図 6.17 窒化 Si 膜エッチングにおける終点検出信号の例.
(a)発光スペクトル強度,(b)発光スペクトル強度の微分信号.

立上がりを検出することにより終点が検出できる.

どの点を終点とするかについては,例えば時間微分した信号がある値を超えた点を終点と見なすなど,再現性や感度が上がるように工夫されている(図 6.17(b)参照).終点検出されると,残渣を確実になくすために,あらかじめ設定された時間だけエッチングを継続し(オーバーエッチング),処理を終える.

参 考 文 献

6.1 S. Ogura et al., IEEE Trans. Electron Dev., ED-27, 1359 (1980).
6.2 堤井, "プラズマ基礎工学 (増補版)", 内田老鶴圃 (1997).
6.3 C. Y. Chang and S. M. Sze, "ULSI Technology", McGraw-Hill (1996).
6.4 例えば, 菅井, 大江, "プラズマエレクトロニクス", オーム社 (2000).
6.5 例えば, 6.3 の文献や J. D. Plummer and M. D. Deal, "Silicon VLSI Technology", Prentice Hall (2000).; D. M. Manos and D. L. Flamm, "Plasma Etching: An Introduction", Academic Press (1989).
6.6 C. J. Mogab, A. C. Adams and D. L. Flamm, *J. Appl. Phys.*, **49**, 3796 (1978).
6.7 L. M. Ephrath, *J. Electrochem. Soc.*, **126**, 1419 (1979).
6.8 S. A. Campbell, " The Science and Engineering of Microelectronic Fabrication", Oxford University Press (1996).
6.9 M. A. Lieberman and A. J. Lichtenberg, "Principles of Plasma Discharges and Materials Processing", John Wiley (1994).
6.10 Y. Y. Tu, T. J. Chang and H. F. Winters, *Phys. Rev.*, **B23**, 823 (1981).
6.11 R. A. Haring et al., *Appl. Phys. Lett.*, **41**, 174 (1982).
6.12 W. N. G. Hitchon, "Plasma Processes for Semiconductor Fabrication", Cambridge University Press (1999).
6.13 チャン, ホブソン, 市川, 金田, "電離気体の原子分子過程", 東京電機大学出版局 (1982).

第7章－付章
プロセシングプラズマを
理解するための基礎理論

§7.1　気体の状態方程式と分子数密度

　プラズマの振舞いを理解するためには，プラズマ中にどれだけのガス分子が存在するかを知ることが基本となる．そこでガス分子の数密度 N とガス圧や温度の関係についてここで簡単に整理しておく．これらの関係は，気体の状態方程式から導出できる．よく知られているように，体積 V [m³] の容器の中に n モルの気体を封入した場合のガス圧 p [Pa=N/m²] と温度 T [K] の関係は理想気体の状態方程式で与えられる．

$$pV = nRT \tag{7.1}$$

ここで，R は気体定数（8.31 [J/mol・K]）である．

　容器の中にある全分子数はアボガドロ数を A_0（6.02×10^{23} [mol⁻¹]）とおくと nA_0 で与えられるから，数密度 N は nA_0/V で表される．これを(7.1)式に代入し，次式を得る．

$$p = \frac{n}{V}RT = N\frac{R}{A_0}T = Nk_BT \tag{7.2}$$

ここで，k_B（$=R/A_0$）は Boltzmann 定数（1.38×10^{-23} [J/K]）である．この式から分かるように，数密度はガス圧に比例し，温度に反比例する．

　0℃（$=273.15$ K），1 atm（1.013×10^5 Pa）の数密度を計算すると，$N = 2.69 \times 10^{19}$ cm⁻³ となる．この密度のことを**ロシュミット数**（Loschmidt's number）と呼ぶ．これを N_L と表すことにすると，N_L を用いて任意のガス圧，温度における数密度 N は容易に計算できる．圧力の単位が [Pa] と [Torr] の場合の具体的な計算式を以下に示す（[Torr] については 3.1.1 参照）．

$$N[\mathrm{cm^{-3}}] = N_L \frac{273.15}{T} \frac{P[\mathrm{Pa}]}{1.013 \times 10^5} = N_L \frac{273.15}{T} \frac{P[\mathrm{Torr}]}{760} \tag{7.3}$$

これから，室温ではガス圧1 Paで約3×10^{14}個，1 Torr で約3×10^{16}個の原子，あるいは分子が1 cm³ の中に存在することが分かる．

プラズマプロセスを行う場合に，数密度はプラズマの特性に直接的な影響を及ぼす重要なパラメータである．しかし，外部から正確にモニターできる物理量はガス圧のみである．したがって，加熱ステージや雰囲気全体を昇温してプラズマを生成する機構を持つことが多いプロセス装置においては，同一ガス圧でも密度は局所的に異なる，あるいは装置によって異なるなどの現象が起こることを常に配慮する必要がある．また，減圧下でのガス温度，あるいはプラズマ中のガス温度を正しく測定するのは容易ではなく，プロセス中の正確な密度の推定は難しいことにも留意する必要がある．

§7.2　処理表面への中性粒子の入射粒束

プラズマプロセスにおいては，ウェーハなどの基板表面に入射するラジカルが反応の主要な役割を果たす．そこで，これらの粒子が基板1 cm² 当たりに1秒間に何個衝突してくるか（これを入射**粒束**（flux）と呼ぶ）を知ることが，成膜速度やエッチング速度を議論する上で基本になる．

いま，温度 T の気体を考え，気体を構成する分子が熱運動によりランダムな速度で運動している場合を考える．基板表面への入射粒束は，図7.1に示すように x 軸に垂直な1 cm² の仮想的な平面を想定し，ここを一方の面から1秒間に通過する粒子数であると考えることができる．熱平衡を仮定すると，粒子の速度分布関数（分布関数については§7.4参照）は Maxwell 分布となり，数密度を N，速度の x 成分を v_x とすると，速度が $v_x \sim v_x + dv_x$ の単位体積当たりの分子数は次式で与えられる[7.1]．

$$dN(v_x) = N \left(\frac{m}{2\pi k_B T} \right)^{1/2} \exp\left(-\frac{m v_x^2}{2 k_B T} \right) dv_x \tag{7.4}$$

この式から x の増加する方向（図の左から右）に入射する粒子数は以下の

§7.2　処理表面への中性粒子の入射粒束　　245

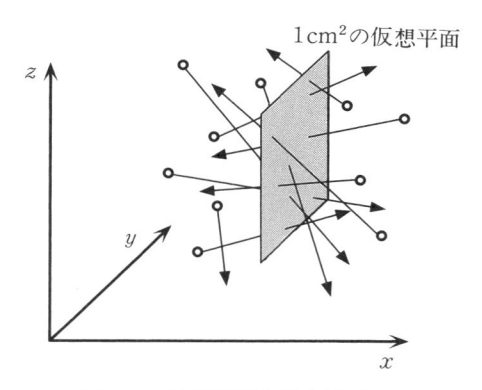

図7.1　仮想平面を貫く粒子．

ように計算できる．x 成分の速度が $v_x \sim v_x + dv_x$ の粒子を考えると，仮想平面から $-x$ 方向に v_x だけ離れた位置との間にある粒子はすべて1秒の間に仮想面に到達する（**図7.2**参照）．すなわち $1\,\mathrm{cm}^2 \times v_x$ (cm) $= v_x$ (cm³) の体積内にある速度 $v_x \sim v_x + dv_x$ の粒子数 $v_x \times dN(v_x)$ が仮想面への入射数となる．したがって，これを正の v_x に対してすべて足し合わせれば（すなわち，積分すれば）仮想平面を左から右に貫く全粒子数（粒束）が求まる．この粒束を Γ とすると(7.4)式より

$$\Gamma = \int_0^\infty v_x dN(v_x) dv_x = N\left(\frac{k_B T}{2\pi m}\right)^{1/2} \tag{7.5}$$

で表せる．

　一方，Maxwell 分布を持つ粒子の熱速度の平均を v とすると，これはよく知られているように

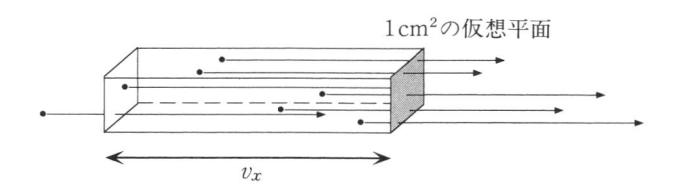

図7.2　速度 v_x の粒子の1秒間の運動．

$$v = \left(\frac{8k_B T}{\pi m}\right)^{1/2} \tag{7.6}$$

で与えられるから[7.1]，この式を(7.5)式に代入すると

$$\Gamma = \frac{1}{4} N v \tag{7.7}$$

が得られる．この結果は以下のように考えた定性的な結果と一致する[7.2]．いますべての粒子が平均速度 v を持ち x 軸に平行に運動していると仮定しよう．そうすると半分が x の増加する方向を向いているから，$\Gamma = \frac{1}{2} N v$ となる．しかし，実際には粒子は仮想平面に垂直な方向（$v_x = v$）から平行な方向（$v_x = 0$）まで分布するため，平均的には x 方向の速度は $v/2$ 程度であると考えれば

$$\Gamma = \frac{1}{2} N \times \frac{1}{2} v = \frac{1}{4} N v \tag{7.8}$$

となり，(7.7)式と一致する．厳密ではないが，こうした解釈も現象を把握する上では役立つであろう．

(7.7)式は，基本的には原子や分子だけでなく，中性ラジカルやイオン，電子に対しても適用できる．ただし，密度勾配がある場合には厳密には成り立たない．また，電界がある場合には電子やイオンの運動はそれにより支配されることが多いので，適用には注意が必要である．

§7.3　ポテンシャル曲線とFranck-Condonの原理

　分子には，電子・振動・回転の3つの内部エネルギー状態が存在するため，電子的な励起状態しかない原子に比べて衝突反応は複雑である．電子衝突による分子ガスの解離や電離反応を理解するためには，Franck-Condonの原理（Franck-Condon principle）を理解する必要がある．最も単純な2原子分子の場合を例に取り説明しよう．分子のエネルギー構造は，原子核と電子の間に働く電気的なポテンシャルエネルギー（原子における電子励起準位に対応）に加えて，図7.3に示すような原子核の振動と回転のエネルギーからなってい

§7.3 ポテンシャル曲線とFranck-Condonの原理　　　247

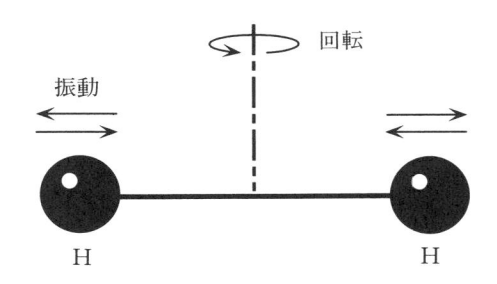

図7.3 水素分子の原子核の振動と回転運動．

る．これらのエネルギーはすべて量子化され，離散的な値しか取ることができない．詳しくは参考書を参照していただくこととし[(7.3)]，ここではFranck-Condonの原理を理解するのに必要な電子励起と振動励起について簡単に説明する．

　水素分子を例に取り，分子を構成する2つのH原子（共に電子的には基底準位にあるとする）をゆっくりと近づけていく場合を考えよう．このとき，これらの原子間には力が働き，原子（核）間距離に対するポテンシャルエネルギーが定義できる．図7.4は横軸に核間距離 R，縦軸にポテンシャルエネルギー E をとり，プロットした結果を示す．これらをポテンシャル曲線と呼ぶが，図に示されるようにポテンシャル曲線は途中から $X^1\Sigma_g$ と $b^3\Sigma_u$ と呼ばれる2

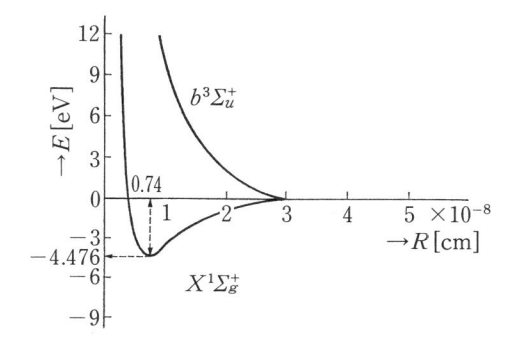

図7.4 H_2 分子のポテンシャル曲線．

つの曲線に分かれていく．記号についての詳細な説明は避けるが，X は基底状態を表す．X 曲線に沿って近づく場合にはポテンシャルの極小点が存在するため，この近辺に核は留まり，安定な分子状態が存在する．一方，b 曲線に沿って核が近づく場合には，上り坂に向かって転がっていくボールのように，初めに H 原子が持っていた運動エネルギーがポテンシャルエネルギーに等しくなる点までは到達することができるが，その後再び遠ざかることになる．したがって，安定な分子状態を取ることはできない．

なぜこのような 2 つの状態ができるのかを簡単に説明しよう．各 H 原子の電子の波動関数を ψ_A, ψ_B で表すとき，よく知られているように基底準位の波動関数は原子核からの距離に対して減衰する図 7.5(a) のような形で表される．2 つの原子が近づいたときの波動関数 ψ をこれらの線形結合で近似する

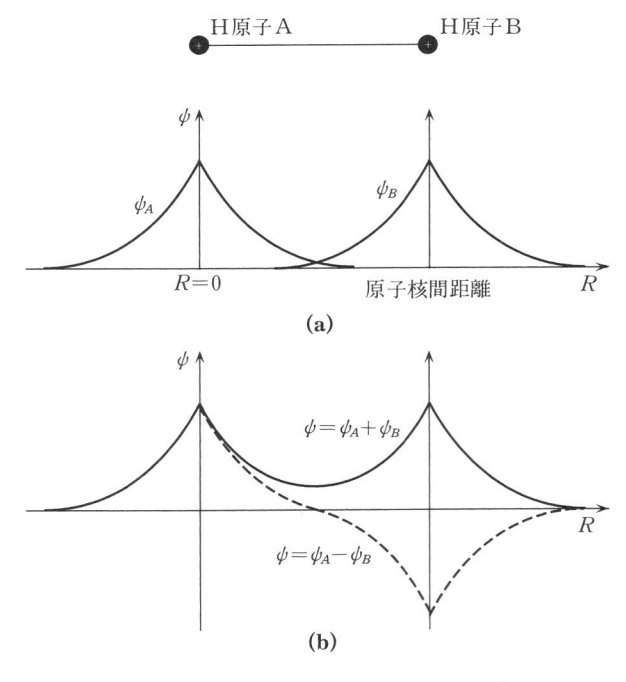

図 7.5 H$_2$ 分子の波動関数の LCAO 近似．
(a) 各 H 原子の電子の波動関数 ψ_A と ψ_B，(b) 波動関数 ψ_A と ψ_B の和と差．

§7.3 ポテンシャル曲線と Franck-Condon の原理

（LCAO 近似）と，それらの和と差の2種類の組合せができる．よく知られているように電子の存在確率は $|\psi\psi^*|$ で表される．図から分かるように差の線形結合では2つの原子核の間に存在する電子の確率は小さく，正の電荷を帯びた2つの原子核の間の反発力を打消すことができない．これが b のポテンシャル曲線の場合に対応する．一方，和の線形結合で表される状態では電子が原子核間に存在するため，原子核同士の反発力が緩和される．その結果，ある間隔までは原子核は引合い，それ以上近づくと反発力が勝るために反発して，井戸形のポテンシャル曲線を取る．

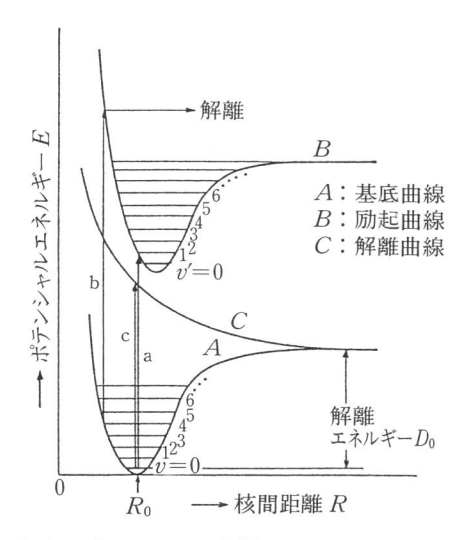

図 7.6 分子のポテンシャル曲線と Franck-Condon の原理．

分子が井戸形ポテンシャルを持つ状態にあるときは，図 7.6 に示すように原子核間距離 R_0 の点が最もエネルギーが低い安定な点であり，その点からどちらに移動しても元に引戻そうとする力が働くため，振動運動が起こる．量子力学の教えるところでは振動エネルギーも量子化されており，それらは図中に示されるように，エネルギーの低い方から順番に振動量子数 $v = 0, 1, 2, \cdots$ と表される．

いま，基底状態（$v = 0$）にある分子を解離させる場合を考えよう．グロー

放電中の大多数の分子はこの状態にあると考えてよい．エネルギー収支の点からは，解離エネルギー D_0 に等しいかそれ以上のエネルギーを分子に与えると，原子核はポテンシャル井戸を乗り越えて互いに離れ，解離に至ると考えられる．この考え方はガス分子を加熱し，熱的にエネルギーを与える場合は正しい．各振動準位の占有確率は熱平衡状態のもとでは Boltzmann 分布（(7.46)式参照）で表されるから，温度が上がれば D_0 以上のエネルギーを持つ分子の存在確率は大きくなり，解離反応が進行する．高温炉を用いる熱 CVD はこの原理を利用したものである．

一方，電子との衝突により解離反応が起こる場合には事情がまったく異なる．電子が衝突時に分子と相互作用している時間は，分子の振動周期（$\geq 10^{-14}$ 秒）に比べるとはるかに短い．例えば，10 eV に加速された電子が 1 nm の大きさの分子を通過するのに要する時間は 10^{-16} 秒以下であり，衝突によるエネルギー状態の変化が起こっても，その時間内では核間距離はほとんど変化しない．すなわち，分子が電子衝突で励起されるときは，R を変えずに起こる遷移だけが可能になる．図 7.6 に図示すると，電子衝突の場合には(a)，(b)のような垂直な遷移のみが可能となる．これを Franck-Condon の原理と呼ぶ．

さて，遷移(c)が起こると，励起された先の準位 C は極小値を持たない反結合ポテンシャル曲線となっているため，核間に反発力が働く．すなわち，この曲線に沿ってエネルギーの低い（核間距離の大きな）方に移動し，ついには解離する．一方，遷移(a)が起こると電子的に高いエネルギーを持つ別のポテンシャル曲線 B に遷移するが，この場合には井戸形ポテンシャルを持つため，解離には至らない．しばらくこの準位に留まった後，電磁波（光）を出して，より低い準位に遷移していく．ただし，同じポテンシャル曲線 B への励起でも，もし $v=4$ に振動励起された状態の分子に電子が衝突して起こる遷移(b)では，励起される点は曲線 B の解離エネルギーを超えているため，解離が起こりうる．

このように，電子衝突による解離は熱的な励起による解離とは機構が異なるため，解離に必要な電子エネルギーも通常の解離エネルギーとは異なり，分子

§7.3 ポテンシャル曲線と Franck-Condon の原理

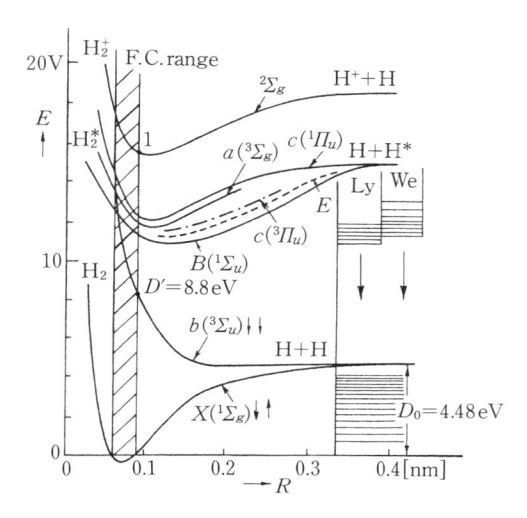

図 7.7 H_2 のエネルギー準位図.

のエネルギー構造に大きく依存する．

具体的な例をプラズマプロセスでよく使われる H_2 分子について見てみよう．図 7.7 にそのエネルギー準位図を示す．分子がある振動準位にあるときに取りうる核間距離の確率分布は振動子モデルから計算でき，それを考慮すると，例えば基底準位（$v=0$）の H_2 分子に対しては図中の斜線で示される領域（Franck-Condon 領域と呼ばれる）に含まれる準位への遷移が可能になる．この図から分かるように，H_2 の解離エネルギー D_0 は 4.48 eV であるが，電子衝突では少なくとも 8.8 eV のエネルギーを持った電子が衝突しないと解離しない．

SiH_4 のような多原子分子ではポテンシャル曲線の代わりに多次元ポテンシャル曲面を考えなくてはならないが，電子衝突解離過程の原理的な考え方は 2 原子分子の場合とまったく同じである．以上述べたように，Franck-Condon の原理は分子と電子の間の衝突反応を考える上で最も基本となる重要な概念である．

§7.4 Boltzmann 輸送方程式

プラズマの性質を明らかにするためには，電子やイオン，中性粒子の密度分布や平均速度などの諸量を調べなければならない．その理論的な基礎を与えてくれるのが Boltzmann 方程式である．Boltzmann の輸送理論そのものの詳細な説明はここでは省略するが，そこから得られる重要な基本式については本書の中でも頻繁に引用されている．そこでまず 7.4.1 と 7.4.2 では，理論の概要とそれから得られる結果のみを紹介し，最終的に得られる粒子，運動量，エネルギーの保存式がどのような過程を経て出てくるのかを説明する．7.4.3 ではそれらの保存式から得られる重要な基礎方程式を説明する．これらの基礎方程式がどのような前提条件（仮定）のもとに導出されるのかを理解していただきたい．

7.4.1 Boltzmann 方程式

Boltzmann 方程式は**分布関数**（distribution function）に関する基本方程式である．分布関数の定義は以下のようである．プラズマ中には電子やイオンなどの種々の粒子が存在するが，いまその中のある 1 種類の粒子に着目しよう．x, y, z からなる直交座標系を用いると，その粒子に関し，ある時刻 t において位置が $x \sim x+dx,\ y \sim y+dy,\ z \sim z+dz$ の微少体積 $dxdydz$ の中にあり，かつ速度の各軸方向成分が $v_x \sim v_x+dv_x,\ v_y \sim v_y+dv_y,\ v_z \sim v_z+dv_z$ の範囲に入る粒子の数 $dN(\boldsymbol{r}, \boldsymbol{v}, t)$ は $d\boldsymbol{r}=dxdydz$ と $d\boldsymbol{v}=dv_xdv_ydv_z$ の積に比例するはずである．そこで，その比例係数を分布関数 $f(\boldsymbol{r}, \boldsymbol{v}, t)$ と名付ける．すなわち，

$$\begin{aligned} dN(\boldsymbol{r}, \boldsymbol{v}, t) &= f(x, y, z, v_x, v_y, v_z, t)dxdydz \cdot dv_xdv_ydv_z \\ &= f(\boldsymbol{r}, \boldsymbol{v}, t)d\boldsymbol{r}d\boldsymbol{v} \end{aligned} \quad (7.9)$$

ただし，$\boldsymbol{r}$ は位置ベクトル (x, y, z)，$\boldsymbol{v}$ は速度ベクトル (v_x, v_y, v_z) を表す．なお，位置や速度などを独立変数として記述する多次元空間のことを**位相空間**（phase space）と呼ぶ．

§7.4 Boltzmann 輸送方程式

さて，この分布関数が満足すべき関係式を求めてみよう．ある時刻 t に位相空間上で $(\boldsymbol{r}, \boldsymbol{v})$ にあった dN 個の粒子を含む微小体積要素 $d\boldsymbol{r}d\boldsymbol{v}$ は，微小時間 dt 後には $(\boldsymbol{r}+\boldsymbol{v}dt, \boldsymbol{v}+(d\boldsymbol{v}/dt)dt)$ の位置に流れていき，微小体積要素 $d\boldsymbol{r}d\boldsymbol{v}$ も $d\boldsymbol{r}'d\boldsymbol{v}'$ に形を変えていく．その結果，その中に含まれる粒子数を dN' とすれば，

$$dN' = f\left(\boldsymbol{r}+\boldsymbol{v}dt, \boldsymbol{v}+\frac{d\boldsymbol{v}}{dt}dt, t+dt\right)d\boldsymbol{r}'d\boldsymbol{v}' \tag{7.10}$$

ここで，積分変数に対応する $d\boldsymbol{r}'d\boldsymbol{v}'$ を $d\boldsymbol{r}d\boldsymbol{v}$ で表すために，$\boldsymbol{r}'=\boldsymbol{r}+\boldsymbol{v}dt$, $\boldsymbol{v}'=\boldsymbol{v}+(d\boldsymbol{v}/dt)dt$ の関係を用いて変数変換すると，Jacobian 行列式が 1 となるため，結果的には

$$d\boldsymbol{r}'d\boldsymbol{v}' = d\boldsymbol{r}d\boldsymbol{v} \tag{7.11}$$

となることが示される．そこでこの関係を用いて(7.9)式と(7.10)式の差を求めると，多変数の Taylor 展開を用いて

$$\begin{aligned}dN'-dN &= \left\{f\left(\boldsymbol{r}+\boldsymbol{v}dt, \boldsymbol{v}+\frac{d\boldsymbol{v}}{dt}dt, t+dt\right) - f(\boldsymbol{r}, \boldsymbol{v}, t)\right\}d\boldsymbol{r}d\boldsymbol{v} \\ &= \left(\frac{\partial f}{\partial t} + \boldsymbol{v}\cdot\nabla_r f + \frac{d\boldsymbol{v}}{dt}\cdot\nabla_v f\right)dt d\boldsymbol{r}d\boldsymbol{v}\end{aligned} \tag{7.12}$$

が得られる．ここで，∇_r, ∇_v はそれぞれ位置空間と速度空間における gradient 演算子である．衝突により dt 間に微小体積要素 $d\boldsymbol{r}d\boldsymbol{v}$ に入ってくる粒子の数は $dtd\boldsymbol{r}d\boldsymbol{v}$ に比例するはずであるから，その比例係数を $\left(\frac{\partial f}{\partial t}\right)_c$ と書くことにすれば，

$$dN'-dN = \left(\frac{\partial f}{\partial t}\right)_c dt d\boldsymbol{r}d\boldsymbol{v} \tag{7.13}$$

となる．したがって(7.12)，(7.13)式より次式が得られる．

$$\frac{\partial f}{\partial t} + \boldsymbol{v}\cdot\nabla_r f + \boldsymbol{a}\cdot\nabla_v f = \left(\frac{\partial f}{\partial t}\right)_c \tag{7.14}$$

ここで，$\boldsymbol{a}=d\boldsymbol{v}/dt$ は外力による加速度である．

(7.14)式は分布関数が満足すべき基本方程式と見なされ，Boltzmann 方程式と呼ばれる．$\left(\frac{\partial f}{\partial t}\right)_c$ は**衝突項**（collision term）と呼ばれ，分布関数を計算

する場合には，考慮する衝突反応に応じた具体的な表式を与える必要がある．本書では分布関数の解法には触れないので，他の文献，例えば(7.4)，(7.5)を参照していただきたい．ここでは(7.14)式から得られる輸送方程式に話を進めよう．

7.4.2　Boltzmann 輸送方程式

プロセス用プラズマの性質を理解する上でまず知らなければならないのは，分布関数のような微視的な情報ではなく，数密度や温度などの巨視的な物理量の値やその空間的な分布である．こうした物理量は以下に説明する輸送理論により解析が可能になる．

分布関数からある位置における数密度を求めるには f を全速度領域にわたって積分すればよい．こうするとすべての速度の粒子を考慮することになり，分布関数の定義から明らかなように，ある時刻 t における $\boldsymbol{r}$ の点での単位体積当たりの粒子の数，すなわち数密度 $N(\boldsymbol{r}, t)$ が求まる．

$$N(\boldsymbol{r}, t) = \int_{-\infty}^{\infty} f(\boldsymbol{r}, \boldsymbol{v}, t) d\boldsymbol{v} \tag{7.15}$$

また，エネルギーや運動量などの物理量を $Q(\boldsymbol{r}, \boldsymbol{v}, t)$ で表すとき，この物理量の平均値 $\bar{Q}(\boldsymbol{r}, t)$（位置と時間の関数として測定可能な物理量）を求めたい場合には，次式のように分布関数を掛けて速度で積分すればよい．

$$\bar{Q}(\boldsymbol{r}, t) = \frac{1}{N(\boldsymbol{r}, t)} \int_{-\infty}^{\infty} Q(\boldsymbol{r}, \boldsymbol{v}, t) f(\boldsymbol{r}, \boldsymbol{v}, t) d\boldsymbol{v} \tag{7.16}$$

なお，分布関数に関しては，次式のように密度で規格化された分布関数もしばしば用いられる．

$$f_n(\boldsymbol{r}, \boldsymbol{v}, t) = \frac{f(\boldsymbol{r}, \boldsymbol{v}, t)}{N(\boldsymbol{r}, t)} \tag{7.17}$$

この f_n を用いると，(7.16)式は

$$\bar{Q}(\boldsymbol{r}, t) = \int_{-\infty}^{\infty} Q(\boldsymbol{r}, \boldsymbol{v}, t) f_n(\boldsymbol{r}, \boldsymbol{v}, t) d\boldsymbol{v} \tag{7.18}$$

と表される．

さて，このような分布関数の性質は次のような例で考えると分かりやすい．

§7.4 Boltzmann 輸送方程式

ある学校のあるクラスのテストの平均点を算出する問題を考えよう．そのクラスに属する生徒数を N 人（これが密度に相当）とする．そしてテストの点数（0点～100点）を Q（これが物理量に対応）で表すことにし，Q 点を取った生徒の人数を $f(Q)$ とすれば，これはテストの点数の分布関数を表すことになる．このクラスの生徒は必ず0点から100点までの間のある点数を取っているはずであるから，クラスの生徒数（密度）N は，各点数を取った生徒の人数をすべて足し合わせることで求まる．すなわち，

$$N = \sum_{Q=0}^{100} f(Q) \tag{7.19}$$

これが(7.15)式に対応する式である．

次にテストの平均点 $\bar{Q}$ を求めるためには，（点数×その点数を取った生徒数）を0点から100点まで足し合わせ，それをクラスの生徒数で割ればよいから，

$$\bar{Q} = \frac{1}{N} \sum_{Q=0}^{100} Q \cdot f(Q) \tag{7.20}$$

で与えられる．これが(7.16)式に対応すると考えればよい．

以上のことから，分布関数が分かっていれば，例えば平均速度 $\boldsymbol{u}(\boldsymbol{r}, t)$ や平均運動エネルギー $\frac{1}{2} m \overline{v^2(\boldsymbol{r}, t)}$ は(7.16)式から次のように求めることができる．

$$\boldsymbol{u}(\boldsymbol{r}, t) = \frac{1}{N(\boldsymbol{r}, t)} \int_{-\infty}^{\infty} \boldsymbol{v} f(\boldsymbol{r}, \boldsymbol{v}, t) d\boldsymbol{v} \tag{7.21}$$

$$\frac{1}{2} m \overline{v^2(\boldsymbol{r}, t)} = \frac{1}{2} \frac{m}{N(\boldsymbol{r}, t)} \int_{-\infty}^{\infty} v^2 f(\boldsymbol{r}, \boldsymbol{v}, t) d\boldsymbol{v} \tag{7.22}$$

ここで，m は粒子の質量である．しかし，初めに述べたように Boltzmann 方程式を解いて分布関数を求めることは非常に難しい．また我々がプロセシングプラズマを理解するために必要なプラズマ内の密度分布や電子温度を調べるためには，必ずしも Boltzmann 方程式を解く必要はない．以下に述べる輸送方程式（粒子連続式，運動量保存式，エネルギー保存式）とそれらから得られる基礎方程式で事足りることが多い．

Boltzmann 輸送方程式は Boltzmann 方程式（(7.14)式）の両辺に $\boldsymbol{v}^0$, $\boldsymbol{v}^1$, $\boldsymbol{v}^2$ をかけて全速度空間に渡って積分する（モーメントを取るという）ことによって得られる．数学的な演繹は省略するが，まず $\boldsymbol{v}^0$（＝1）に対するモーメントを取ると次式のような「粒子連続式」が得られる．

$$\frac{\partial N}{\partial t} + \nabla \cdot (N\boldsymbol{u}) = G \tag{7.23}$$

ここで，$\boldsymbol{u}$ は平均速度，G は衝突反応による単位時間，単位面積当たりの粒子の正味の発生数（生成数－消滅数）である（具体的な表式は§7.5参照）．また，これ以降に出てくる ∇ はすべて通常の位置空間における gradient 演算子（すなわち ∇_r）である．この式は「単位時間，単位体積当たりの粒子の変化は，その空間に流れ込んでくる粒子数とそこで生成あるいは消滅する粒子数の合計に等しくなる」ことを表している．

次に $\boldsymbol{v}^1$（＝$\boldsymbol{v}$）に対してモーメントを取ると，運動量が $m\boldsymbol{v}$ で与えられることから推定されるように，次のような「運動量保存式」が得られる．

$$mN\frac{d\boldsymbol{u}}{dt} + m\boldsymbol{u}G - mN\boldsymbol{a} + mN(\boldsymbol{u}\cdot\nabla)\boldsymbol{u} + \nabla p = \int_{-\infty}^{\infty} m\boldsymbol{v}\left(\frac{\partial f}{\partial t}\right)_c d\boldsymbol{v} \tag{7.24}$$

ここで，p はガス圧である．加速度 $\boldsymbol{a}$ は，外力が電界と磁界の場合には Lorentz の式より，次式で与えられる．

$$\boldsymbol{a} = \frac{q}{m}(\boldsymbol{E} + \boldsymbol{u}\times\boldsymbol{B}) \tag{7.25}$$

ここで，q は粒子の電荷，$\boldsymbol{E}$ は電界強度，$\boldsymbol{B}$ は磁束密度である．また，(7.24)式の右辺の衝突項は，単位時間，単位体積当たりの運動量の利得を表す．同一粒子しか存在しない場合は衝突によって粒子間の運動量交換があるだけなので，正味の運動量の利得はなく，零になる．一方，弱電離プラズマでは荷電粒子と中性ガス分子との衝突が支配的であるが，それらの大半は弾性衝突である．この場合には平均速度 $\boldsymbol{u}$ の荷電粒子が平均速度零の中性分子と衝突し，等方的に散乱されれば平均的には速度は零になり，1回の衝突で $m\boldsymbol{u}$ の運動量を失うことになる．したがって，1つの荷電粒子が毎秒中性粒子と弾性衝突する回数を ν_m とおくと，衝突項は近似的に次式で表される．

$$\int_{-\infty}^{\infty} m\boldsymbol{v}\left(\frac{\partial f}{\partial t}\right)_c d\boldsymbol{v} = -m\boldsymbol{u}N\nu_m \qquad (7.26)$$

ここで，ν_m は**運動量伝達衝突周波数**（momentum transfer collision frequency）と呼ばれる．具体的な算出方法は 7.5.4 を参照していただきたい．(7.25)，(7.26)式を考慮して(7.24)式を書き換えると，

$$mN\frac{d\boldsymbol{u}}{dt} + m\boldsymbol{u}G - Nq(\boldsymbol{E} + \boldsymbol{u}\times\boldsymbol{B}) + mN(\boldsymbol{u}\cdot\nabla)\boldsymbol{u} + \nabla p = -m\boldsymbol{u}N\nu_m \qquad (7.27)$$

が得られる．これが弱電離プラズマにおける荷電粒子の一般的な運動量保存式となる．

「エネルギー保存式」は $\boldsymbol{v}^2$ のモーメントから得られるが，結果は次のような非常に複雑な式となる．

$$mN\boldsymbol{u}\frac{\partial \boldsymbol{u}}{\partial t} + \frac{3}{2}\frac{\partial p}{\partial t} - \frac{5}{2}\frac{p}{N}\frac{\partial N}{\partial t} + N\boldsymbol{u}\cdot\nabla\left(\frac{1}{2}m\boldsymbol{u}^2 + \frac{5}{2}\frac{p}{N}\right) + G\left(\frac{1}{2}m\boldsymbol{u}^2 + \frac{5}{2}\frac{p}{N}\right)$$
$$+ \nabla\cdot\left(\frac{1}{2}Nm\overline{\boldsymbol{v}_r v_r^2}\right) - qN\boldsymbol{u}\cdot\boldsymbol{E} = \int_{-\infty}^{\infty}\frac{1}{2}mv^2\left(\frac{\partial f}{\partial t}\right)_c d\boldsymbol{v} \qquad (7.28)$$

この式は，荷電粒子の速度を $\boldsymbol{v}=\boldsymbol{u}+\boldsymbol{v}_r$（$\boldsymbol{v}_r$ は等方性の熱速度）と分離することにより導出される．この式を解くことによりプラズマの解析に重要な結果がいくつか得られるが，本書の範囲を越えるので，この式についてはこれ以上立ち入らない．文献(7.3)に具体的な適用例を示している．

7.4.3　輸送方程式から導出される基礎方程式

プラズマの巨視的な振舞いを記述するための基本式は，以上述べてきたBoltzmann 輸送方程式（粒子連続式，運動量保存式，エネルギー保存式）とMaxwell の電磁方程式である．原理的にはこれらの式を適当な境界条件の下で連立して解くことにより，各粒子の温度，密度などの空間的，時間的変化を求めることができる．計算機シミュレーション技術の発達により，単純な系ではこれらの式を厳密に解くことも可能になりつつある．しかし，プロセシングプラズマでは原料ガスから衝突反応で生成されるイオンやラジカルの種類は膨大な数にのぼり，よく用いられる SiH_4 や CF_4 などのガスに対してすら，それらの粒子に対する境界条件や各種の反応衝突断面積について不明な点が多い．

また,比較的単純な直流放電においてすら,陰極から陽極までの放電形態を統一的に説明できるシミュレーションを構築することは現在でも難しい.ましてやプロセスに用いられる高周波放電プラズマは,そこに時間項が入るため,さらにそのシミュレーションは複雑になる.そのため,シミュレーションは常に多くの仮定の下で行われ,結果もそれらにより大きく異なることがある.

そこで,放電プラズマの本質的な振舞いの把握を目的とする場合には,計算機シミュレーションに頼るよりは,解析モデルの単純化を適切に行い,解のイメージがつかみやすい簡単な方程式を導出することが重要になる.これにより,場合によっては解析解を得ることも可能になる.以下に,本書でもしばしば引用されるこうした基礎方程式が輸送方程式からどのように導出されるのかを説明しよう.

1 粒束の式

運動量保存式から,よく知られたドリフトと拡散の式を導出しよう.以下の前提条件を設け,(7.27)式を単純化する.

(a) 定常状態 $\left(\frac{\partial}{\partial t}=0\right)$

(b) 磁場はない($B=0$)

(c) ガス圧が比較的高い(ν_m は大きく,$\boldsymbol{u}$ は小さい)

特に,(c)の条件はガス圧とともに ν_m は増加し,$\boldsymbol{u}$ は減少するので左辺の第2,4項は右辺に比べて無視できるような圧力領域を考えることを意味する.その結果,(7.27)式は

$$mN\nu_m\boldsymbol{u} = Nq\boldsymbol{E} - \nabla p \tag{7.29}$$

ここで,$p=Nk_BT$((7.2)式)であることを考慮し,温度 T は場所によらず一定である場合を考えると,(7.29)式を整理して次式を得る.

$$N\boldsymbol{u} = \boldsymbol{\Gamma} = \frac{q}{m\nu_m}N\boldsymbol{E} - \frac{k_BT}{m\nu_m}\nabla N = \mu N\boldsymbol{E} - D\nabla N \tag{7.30}$$

ただし,

$$\mu = \frac{q}{m\nu_m} \tag{7.31}$$

$$D = \frac{k_B T}{m \nu_m} \tag{7.32}$$

とおいた．電子あるいは1価のイオンを考える場合には，上式において電荷 q を電気素量 e（$=1.602\times10^{-19}$ C）とおけばよい．

(7.30)式の左辺 $N\boldsymbol{u}=\boldsymbol{\Gamma}$ は**粒束**（particle flux）と呼ばれ，速度に垂直な単位面積を単位時間に通過する粒子数を表す．この式は，粒束が電界に比例する項と密度勾配に比例する項の和で表されることを意味し，μ を**移動度**（mobility），D を**拡散係数**（diffusion coefficient）と考えると，それぞれがドリフト項と拡散項を表すよく知られた式となっている．これを粒束の式と呼ぶ．移動度と拡散係数はそれぞれ(7.31)式，(7.32)式で与えられることも分かる．

拡散係数と移動度の比を取ると，これらの式から，

$$\frac{D}{\mu} = \frac{k_B T}{q} \tag{7.33}$$

となり，温度だけの関数となる．これはEinsteinの関係式として知られるものである．また，当然ながら中性粒子に対しては $q=0$ であるから，よく知られた拡散の式

$$\boldsymbol{\Gamma} = -D\nabla N \tag{7.34}$$

が得られる．

2 Langevin（ランジュバン）方程式

運動量保存式で空間的に一様なプラズマを考え，(7.27)式において ∇ のつく項を零とおくと

$$mN\frac{d\boldsymbol{u}}{dt} + m\boldsymbol{u}G - Nq(\boldsymbol{E}+\boldsymbol{u}\times\boldsymbol{B}) = -mN\nu_m\boldsymbol{u} \tag{7.35}$$

が得られる．さらに粒子の発生がない（$G=0$）場合を考えると，(7.35)式は

$$m\frac{d\boldsymbol{u}}{dt} = q(\boldsymbol{E}+\boldsymbol{u}\times\boldsymbol{B}) - m\nu_m\boldsymbol{u} \tag{7.36}$$

となる．右辺第1項は粒子に作用する力の項であり，ちょうどニュートンの運動方程式に衝突による摩擦項（右辺第2項）を付加した方程式となっている．これをLangevin方程式と呼び，衝突がある場合の荷電粒子の運動方程式とし

て用いられる．

3 拡散方程式

粒子連続式の $\nabla\cdot(N\boldsymbol{u})$ の項に粒束の式（(7.30)式）を代入すると

$$\frac{\partial N}{\partial t}+\nabla\cdot(\mu\boldsymbol{E}-D\nabla N)=G \tag{7.37}$$

を得る．特に電界がない場合，あるいは中性粒子の場合には

$$\frac{\partial N}{\partial t}=D\nabla^2 N+G \tag{7.38}$$

となる．この式は密度に対する時間と空間の微分方程式になっているから，これを解くことにより，拡散による密度の時間的，空間的変化が得られることになり，**拡散方程式**（diffusion equation）と呼ばれる．この式は，G が N に比例する場合には線形偏微分方程式となるので，変数分離法により解析解が簡単に求まり，プラズマや中性粒子の解析に頻繁に使われる．

定常状態での密度方程式は時間微分の項を零とすることで得られ，

$$D\nabla^2 N+G=0 \tag{7.39}$$

となる．

4 レート方程式

密度が空間的に均一なら，拡散方程式（(7.38)式）の ∇^2 の項が零となり，

$$\frac{dN}{dt}=G \tag{7.40}$$

となる．これは化学反応の解析によく使われる**レート（反応速度）方程式**（rate equation）である．プラズマでは一般に容器や電極などの境界の近傍とプラズマ内部とでは密度が大きく異なるため，密度勾配を無視することができない．したがって，プラズマ中の化学反応を解析するときには(7.40)式は不十分であり，(7.38)式を使わなければならないことが多い．しかし，中性ガス分子の反応であればレート方程式を解くことによりガス組成などの時間変化を解析することができる．また，定常状態での密度は，

$$G=0 \tag{7.41}$$

を解けばよい．

一般に衝突反応には複数種の粒子が関与するので，実際の解析ではそれらの各粒子に対して(7.40)式をたて，これらを連立して解くことになる．

5　Boltzmann 分布

電位が変化する空間の中で，熱平衡状態にある荷電粒子の密度がそれに対してどのように変化するかを求めてみよう．(7.29)式で粒子の流れがない（$u=0$）場合に対応する式は次式となる．

$$Nq\bm{E} - \nabla p = 0 \tag{7.42}$$

電位を V で与えると，電界 $\bm{E}$ は $-\nabla V$ で与えられるから，上式は

$$-Nq\nabla V - \nabla p = -Nq\nabla V - k_B T \nabla N = 0 \tag{7.43}$$

となる．ここで，$\frac{1}{N}\nabla N = \nabla \ln N$ であることを考慮すると(7.43)式は

$$\nabla(qV - k_B T \ln N) = 0 \tag{7.44}$$

に等しい．この解は

$$qV - kT \ln N = C \quad (C は積分定数) \tag{7.45}$$

であるから，電位が V_1 の点での密度を N_1，V_2 での密度を N_2 とすると，密度の比は電位差に対し以下のような関係で表される．

$$\frac{N_2}{N_1} = e^{-q(V_2-V_1)/k_B T} \tag{7.46}$$

この式は Boltzmann の関係式，あるいは Boltzmann 分布と呼ばれる有名な式である．プラズマ中で電位分布が分かっているときの荷電粒子の密度分布の計算などに利用される．

電子を対象にする場合には q として電気素量 e を取り，電子温度を T_e とすると，この式のようにプラズマの解析では $k_B T_e/e$ という物理量が頻繁に現れる．電子温度 T_e [K] に Boltzmann 定数 k_B（1.38×10^{-23} [J/K]）をかけると，統計物理学でよく知られているように電子の平均エネルギーに相当した物理量である．これを e で割ることは，1 電子ボルト [eV] が e [J] であることを考慮すると，kT_e を eV 単位で表すことに対応する．そこで $E_e = kT_e/e$ を

eV単位で表した電子温度と呼ぶ．プラズマを取り扱う場合には電子温度はeV単位で表す方が便利なことが多いため，本書でもE_eを用いて議論することが多い．両者の間の換算は

$$T_e[\mathrm{K}] = 11{,}600 E_e[\mathrm{eV}] \tag{7.47}$$

となる．イオンや中性粒子の温度をeVで表す場合にも，上の換算式はそのまま用いることができる．1 eVは約1万度，室温（～300 K）は0.025 eVであることを覚えておくと便利である．

電子に対するBoltzmannの関係式（(7.46)式）をeVで表すと，

$$\frac{N_2}{N_1} = e^{-(V_2 - V_1)/E_e} \tag{7.48}$$

となり，指数関数の肩が無次元量になるため，温度により分布がどのように変わるかを把握しやすくなる．

§7.5　衝突断面積と平均自由行程，衝突周波数，反応速度定数

衝突現象を理解するための基礎についてここでは説明する．電子や分子の衝突を直感的に説明するためには，これらを古典的な球と見なす剛体球モデルを用いるのが便利である．半径r_aの球Aがr_bの球Bに衝突するのは，図7.8

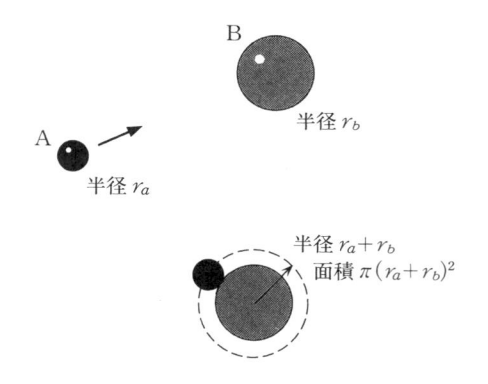

図7.8　球AとBが衝突するときの衝突断面積．

§7.5 衝突断面積と平均自由行程，衝突周波数，反応速度定数　　263

に示すように球 A の中心が球 B の中心から半径 (r_a+r_b) の円内を通過しようとする場合である．そこで，この円の面積は衝突の起こりやすさを表す指標と考え，これを**衝突断面積**（collision cross-section）σ と名付ける．代表的な分子や原子の半径はオングストローム（10^{-8} cm）程度であるから，衝突断面積は 10^{-15} から 10^{-16} cm² 程度になる．この衝突断面積を用いると，プラズマの特性を論ずる上で重要な物理量である平均自由行程や衝突周波数が以下のように求められる．

7.5.1　平均自由行程

いま，粒子 B が単位体積当たりに N_b 個存在する空間を考え，そこに 1 つの粒子 A を速度 v で撃ち込む場合を考えよう．**図 7.9** に示されるように，粒子 A はまず粒子 B の 1 つと衝突して散乱された後，またある距離を走り別の粒子 B の 1 つと衝突して散乱される．こうした過程を次々と繰り返す場合，ある衝突から次の衝突を起こすまでに走る距離を**自由行程**（free path），その平均値を**平均自由行程**（mean free path）と呼び λ で表す．距離 λ を走る間に 1 回衝突するということは，σ の定義から明らかなように断面積が σ で長さが λ の円筒空間の中に必ず粒子 B が 1 つ存在することを意味する．すなわち，$N_b\sigma\lambda=1$ の関係を満足する．したがって，平均自由行程は次式で表される．

$$\lambda=\frac{1}{N_b\sigma} \tag{7.49}$$

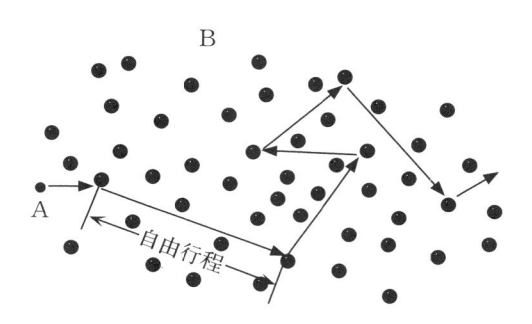

図 7.9　衝突と自由行程．

平均自由行程がどの程度の値になるかを知るため，窒素分子を例に取り計算してみよう．窒素分子の古典的な分子半径は 1.9×10^{-8} cm である．これから窒素分子に電子が衝突する場合の衝突断面積 σ は 1.1×10^{-15} cm^2 となり，ガス温度 300 K，ガス圧 1 Torr の場合の λ を計算すると，$N_b=3\times10^{16}$ cm^{-3} ((7.3)式参照) を(7.49)式に代入して 0.03 cm となる．λ はガス圧に反比例するので，1 mTorr では 30 cm となる．空気の λ も窒素が主成分であるためほぼ同程度であり，1 mTorr の主なガスに対する電子の平均自由行程は 10 cm オーダと覚えておくと，真空装置を扱うときに役立つことが多い．

7.5.2　衝突周波数

1個の粒子 A が粒子 B と1秒間に衝突する回数を**衝突周波数**（collision frequency）と呼ぶ．粒子 A の熱速度を v とすれば，平均自由行程 λ だけ進むごとに平均して1回衝突を起こしながら1秒間に総計 v だけ移動する．したがって，衝突周波数を ν で表すと

$$\nu=\frac{v}{\lambda}=vN_b\sigma \tag{7.50}$$

で与えられる．衝突周波数が求まると，粒子 A と粒子 B の単位時間，単位体積当たりの衝突回数は，粒子 A の密度を N_a とすると，νN_a で与えられる．

プラズマにおいては電子-ガス分子間の衝突反応が特に重要である．そこでガス分子密度を N_g，衝突断面積を σ，電子の熱速度を v_e とすると，電子の衝突周波数は(7.50)式より

$$\nu=N_g\sigma v_e \tag{7.51}$$

と表される．さて，この衝突のうち，何回かに1回は電離が起こるとしよう．この割合を η とおき，**電離断面積**（ionization cross-section）σ_i を次式で定義する．

$$\sigma_i=\eta\sigma \tag{7.52}$$

すると1つの電子が1秒間に電離衝突を起こす回数 ν_i は(7.51)，(7.52)式より

$$\nu_i=\eta\nu=N_g\sigma_i v_e \tag{7.53}$$

で表され，これを**電離周波数**（ionization frequency）と呼ぶ．

　電子衝突による解離反応や励起反応についても各々の反応断面積が同様に定義され，これらが与えられると解離周波数や励起周波数も計算することができる．

7.5.3　電子衝突による電離周波数の計算

　これまでの議論は各種の衝突断面積や電子の速度が一定である場合を考えてきた．しかし現実にプラズマ中で起こっている電子衝突ではこうした前提が成立していない．図 7.10 に He の電離断面積の例を示す．直接電離（1.2.2 参照）の断面積 σ_{di} を衝突電子のエネルギー E（単位 [eV]）に対してプロットしたものである．基底状態の原子を電離させるためには少なくともその電離電圧以上の運動エネルギーを持った電子との衝突が必要になる．He の σ_{di} は電離電圧に対応する 24.6 eV から立上がり 100 数十 eV でピークを経た後減少する．なお，電子の速度に対する断面積の関係を求めたい場合には，

$$eE = \frac{1}{2} m_e v_e^2 \tag{7.54}$$

の関係を用いれば図 7.10 は容易に v_e に対するグラフに直すことができる．

　電子の速度もプラズマ中では一定ではない．§7.4 で説明したように電子の

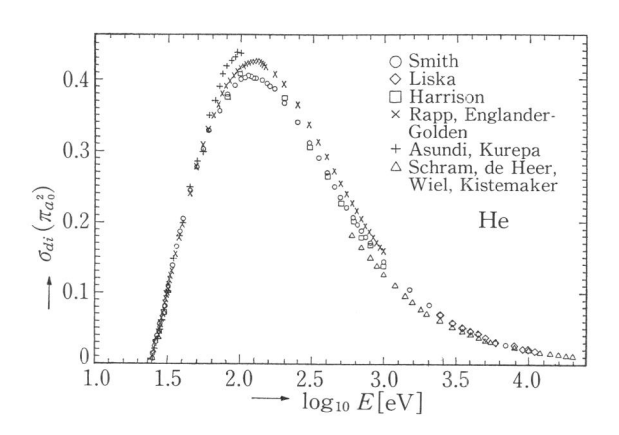

図 7.10　He の全電離断面積．

規格化された速度分布関数（(7.17)式）を $f_n(v_e)$ とすれば，速度が v_e から v_e+dv_e の電子数の全電子数に対する割合は $f_n(v_e)dv_e$ で与えられる．そこでこれらの電子による電離周波数を $d\nu_i(v_e)$ と表すと，(7.53)式より

$$d\nu_i(v_e) = N_g \sigma_{di}(v_e) v_e f_n(v_e) dv_e \tag{7.55}$$

で与えられる．したがって，電離周波数 ν_i はそれらを速度に対して積分すれば求まるので，

$$\nu_i(v_e) = N_g \int_0^\infty \sigma_{di}(v_e) v_e f_n(v_e) dv_e \tag{7.56}$$

あるいは電子ボルトの単位で表したエネルギー E に対して書き直すと，(7.54)式，および $dv_e = \sqrt{\dfrac{e}{2mE}} dE$ を用いて変数変換し，

$$\nu_i(E) = N_g \int_0^\infty \sigma_{di}(E) \sqrt{\frac{2eE}{m}} f_n(E) \sqrt{\frac{e}{2mE}} dE \tag{7.57}$$

が得られる．

(7.56)や(7.57)式から ν_i を求めるためには一般に数値積分が必要になる．しかし電子の速度分布関数，あるいはエネルギー分布関数が電子温度 T_e を持つ Maxwell 分布で近似でき，その温度が数 eV の場合には以下のようにして近似式を解析的に得ることができる．

図 7.10 に示したように，電離断面積は電子のエネルギーに対し電離電圧のところからほぼ直線的に立上がる．そこで**図 7.11** に示すように断面積を $C(E-E_i)$（E_i は電離電圧）で直線近似し，(7.57)式に代入する．電子エネルギー

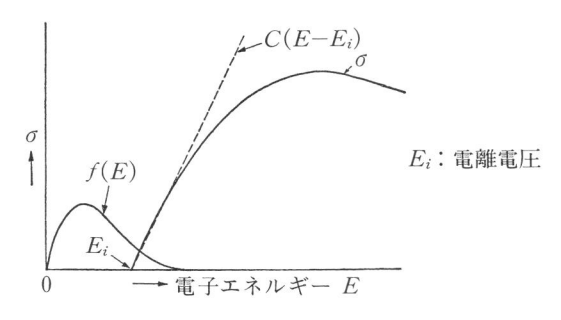

図 7.11 電離断面積の直線近似．

§7.5 衝突断面積と平均自由行程, 衝突周波数, 反応速度定数

分布として温度が数 eV の Maxwell 分布を仮定すると, 電離電圧以上のエネルギーを持つ電子の数は指数関数的に減少するため, (7.57)式の積分はほとんど E_i 近傍の σ だけで決定される. したがって, 直線近似を用いても大きな誤差は生じない. 以上の仮定に従って ν_i を具体的に計算してみよう. まず, Maxwell 速度分布関数 $f_n(v_e)$ を書き下すと,

$$f_n(v_e) = \frac{4}{\sqrt{\pi}} v_e^2 \left(\frac{m_e}{2k_B T_e}\right)^{3/2} \exp\left(-\frac{m_e v_e^2}{2k_B T_e}\right) \tag{7.58}$$

そこで, (7.54)式の関係を用いてこの式を E の関数に変換し, (7.57)式に代入すると, 次式のような解が得られる.

$$\nu_i(E) = N_g \int_0^\infty \sigma_{di}(E) \sqrt{\frac{2eE}{m_e}} \frac{2}{\sqrt{\pi}} \left(\frac{e}{k_B T_e}\right)^{3/2} E^{1/2} \exp\left(-\frac{eE}{k_B T_e}\right) dE$$

$$= N_g \int_{E_i}^\infty C(E-E_i) \sqrt{\frac{2eE}{m_e}} \frac{2}{\sqrt{\pi}} \left(\frac{e}{k_B T_e}\right)^{3/2} E^{1/2} \exp\left(-\frac{eE}{k_B T_e}\right) dE$$

$$= N_g C \left(\frac{8e}{\pi m_e}\right)^{1/2} E_i^{3/2} \left(\frac{k_B T_e}{eE_i}\right)^{1/2} \left(1 + \frac{2k_B T_e}{eE_i}\right) \exp\left(-\frac{eE_i}{k_B T_e}\right) \tag{7.59}$$

N_g は(7.3)式を用いるとガス圧 p とガス温度 T_g の関数となるから, $N_g C = a_0(273/T_g)p$ と表すことにすれば, (7.59)式は次の具体的な式で表される.

$$\nu_i = a_0\left(\frac{273}{T_g}\right)p\left(\frac{8e}{\pi m_e}\right)^{1/2} E_i^{3/2} \left(\frac{k_B T_e}{eE_i}\right)^{1/2} \left(1 + \frac{2k_B T_e}{eE_i}\right) \exp\left(-\frac{eE_i}{k_B T_e}\right)$$

$$= 6.69 \times 10^7 a_0\left(\frac{273}{T_g}\right) p E_i^{3/2} \left(\frac{k_B T_e}{eE_i}\right)^{1/2} \left(1 + \frac{2k_B T_e}{eE_i}\right) \exp\left(-\frac{eE_i}{k_B T_e}\right)$$

$$= 6.69 \times 10^7 a_0\left(\frac{273}{T_g}\right) p E_i^{3/2} \left(\frac{E_e}{E_i}\right)^{1/2} \left(1 + \frac{2E_e}{E_i}\right) \exp\left(-\frac{E_i}{E_e}\right) \tag{7.60}$$

ここで, E_e は電子ボルトで表した電子温度 ((7.47)式参照) であり, p は [Torr], T_g は[K], a_0 は [cm^{-1}V^{-1}Torr^{-1}] で与えるものとする. 1 Torr, 273 K でのガス密度 N_g は(7.3)式より 3.54×10^{16} cm^{-3} で与えられるから, a_0 と C の関係は次式のようになる.

$$a_0[\text{cm}^{-1}\text{V}^{-1}\text{Torr}^{-1}] = 3.54 \times 10^{16} C[\text{cm}^2\text{V}^{-1}] \tag{7.61}$$

表 2.1 にいくつかのガスの a_0 と電離電圧 E_i の値を示しているので, 参照いただきたい.

計算例を示そう. 以下のような電子と SiH$_4$ の衝突で発生する直接電離反応

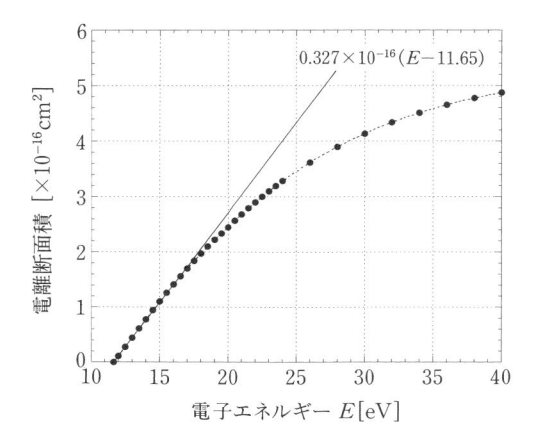

268   第7章 プロセシングプラズマを理解するための基礎理論

図 7.12 SiH_4 の全電離断面積.

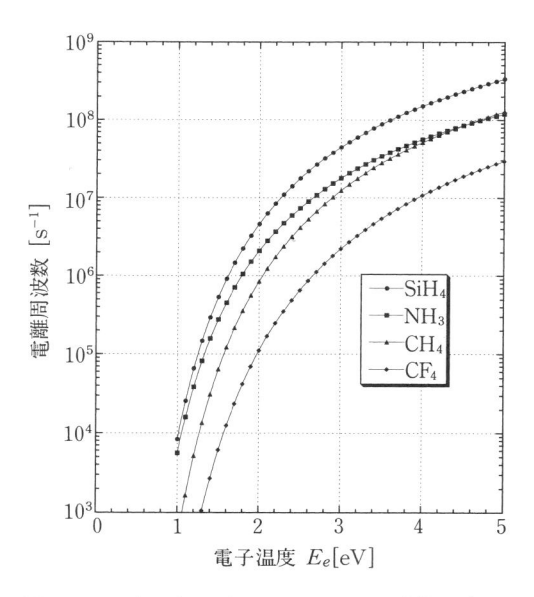

図 7.13 プラズマプロセス用ガスの電離周波数.

の電離周波数を求める．

$$SiH_4 + e \longrightarrow SiH_n^+ + (4-n)H + e \tag{7.62}$$

§7.5 衝突断面積と平均自由行程, 衝突周波数, 反応速度定数

この場合は解離性電離が起こるため, SiH_4^+, SiH_3^+, SiH_2^+, SiH^+, Si^+ などの種々の正イオンが生成されるが, ここでは生成されるイオンの種類にはこだわらず, どれかのイオンが生成される電離衝突 (このときの電離断面積を**全電離断面積** (total ionization cross-section) と呼ぶ) の回数を問題とする. この反応の電離断面積を図 **7.12** に示す. これから断面積の傾き C を求めると 0.327×10^{-16} cm^2/V となり, $a_0 = 1.16$ cm^{-1}V^{-1}Torr^{-1} が得られる. これから (7.60)式により ν_i を電子温度の関数として計算すると, 例えば $p = 1$ Torr, ガス温度 $T_g = 300$ K, 電子温度 $E_e = 2$ eV とすると, $\nu_i = 4.6 \times 10^6$ s^{-1} になる. したがって, 電子密度 $N_e = 10^{10}$ cm^{-3} とすれば, 単位体積, 単位時間当たり, 10^{16} 回以上の電離反応が起こることになる.

プラズマプロセスによく用いられるガスに関し同様にして求めた電離周波数と電子温度の関係を図 **7.13** に示す.

7.5.4 反応速度定数と衝突周波数

A と B の 2 種類の粒子があり, それぞれの数密度を N_a, N_b としよう. これらの粒子が衝突してある反応を起こす場合を考える.

$$A + B \longrightarrow 反応生成物 \tag{7.63}$$

この反応の単位時間, 単位体積当たりの反応回数 (生成率) を G とすると, これは次のようにして求めることができる. 粒子 A の 1 つが粒子 B と衝突する回数は, 粒子 B の密度 N_b に比例する. 一方, 粒子 A は単位体積当たりに N_a 個あるため, 単位体積当たりの A と B の衝突回数はその N_a 倍となる. したがって, A と B が衝突反応を起こす回数は N_a と N_b の積に比例し, その比例係数を k とおくと,

$$G = k N_a N_b \tag{7.64}$$

と表される. この比例係数のことを**反応速度定数** (reaction rate constant), あるいは**反応速度係数** (reaction rate coefficient) と呼ぶ. 体積の単位として [cm^3] を取ることにすれば, G が [cm^{-3}s^{-1}] であることを考慮して k の単位は [cm^{3}s^{-1}] で与えられる.

k の具体的な表式は考えている反応により異なる. 例えば, 電子-分子間の

直接電離衝突を考える場合，その反応速度定数を k_i，電子密度を N_e，ガス分子密度を N_g とすれば，単位体積，単位時間当たりの電離回数 G は次式となる．

$$G = k_i N_g N_e \tag{7.65}$$

一方，電離周波数 ν_i を用いると，これは1個の電子が単位時間に電離反応を起こす回数を意味するから，G を求める場合には，これに電子密度 N_e をかければよい．したがって，(7.56)式を用いると次式が得られる．

$$G = \nu_i N_e = \int_0^\infty \sigma_{di}(v_e) v_e f_n(v_e) dv_e \cdot N_g N_e \tag{7.66}$$

(7.65)式と(7.66)式とを比較すると，反応速度定数は次式のように電子の電離断面積と速度の積を速度に対して平均すれば求まることが分かる．

$$k_i = \frac{\nu_i}{N_g} = \int_0^\infty \sigma_{di}(v_e) v_e f_n(v_e) dv_e = \overline{\sigma_{di} v_e} \tag{7.67}$$

解離や励起などの反応速度定数を求める場合も，まったく同様にそれらの衝突反応断面積と電子速度の積の平均値により計算できる．また，(7.67)式から分かるように反応速度定数にガス密度 N_g をかければそれらの衝突周波数が求まる．実際のガスにおいてこれらの衝突反応断面積が電子エネルギーに対してどのように変化するのかを SiH_4 について示したのが図 **7.14** である．このように各種衝突断面積は電子エネルギーに対して複雑に変化するため，f_n として仮に Maxwell 分布を仮定しても，一般的には数値積分により衝突周波数や反応速度定数を求めることになる．なお，この図からも分かるように，古典力学的には弾性衝突に対応する**運動量伝達断面積**（momentum transfer cross-section）σ_m は，剛体球モデルのように定数とはならず，電子エネルギーの関数となる．したがって運動量保存式（(7.27)式）や移動度，拡散係数（(7.31)式，(7.32)式）の計算に必要となる運動量伝達衝突周波数 ν_m は，やはり(7.67)式のような平均値から求めなければならない．

反応速度定数の具体的な計算例を示そう．プラズマプロセスにおけるラジカルの主要な発生機構は電子衝突による材料ガス分子の解離反応である．電子の速度分布関数を Maxwell 分布として，プラズマ CVD でよく用いられるガス

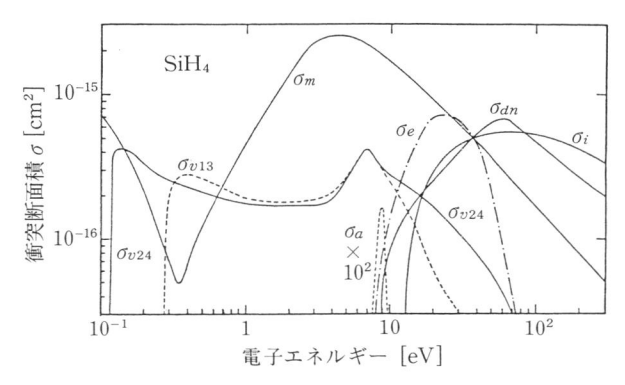

§7.5 衝突断面積と平均自由行程，衝突周波数，反応速度定数　271

図7.14 SiH₄ の電子衝突断面積[7.6].

σ_m：運動量伝達断面積　　　　σ_i：電離断面積
σ_{dn}：解離断面積　　　　　　σ_a：電子付着断面積
σ_e：励起断面積　　　　　$\sigma_{v13}, \sigma_{v24}$：振動励起断面積

の解離反応速度定数 k_r を計算した例を **図7.15** に示す．電離の場合とまったく同様に反応速度定数は電子温度の関数となり，電子温度の増加とともに急激に大きくなることが分かる．

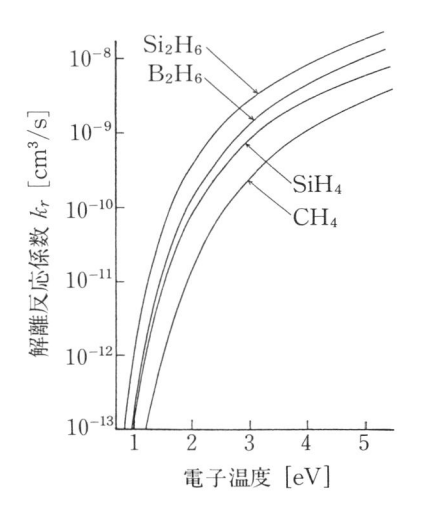

図7.15 種々のガスの解離反応係数 k_r と電子温度の関係．

電子と正イオンが衝突して中性な分子に戻る反応は**再結合**（recombination）と呼ばれるが，この場合の反応速度定数は特に**再結合係数**（recombination coefficient）と名付けられている．再結合の中でも，電子と分子イオンの間の**解離再結合**（dissociative recombination）はその反応係数が大きいため，プラズマ中で重要な反応過程になる（詳細は文献(7.3)参照）．例えば H_2O^+ と電子の間には次のような解離再結合反応が起こる．

$$H_2O^+ + e \longrightarrow H + OH \tag{7.68}$$

この反応では，イオンと電子の再結合で生ずる余剰エネルギーを，解離エネルギーと解離したラジカルの運動エネルギーに転化できる．そのため，解離せずに単純に H_2O 分子を生成する反応（余剰エネルギーのはけ口が発光しかない）に比べてはるかに起こりやすい．この再結合の単位時間，単位体積当たりの反応回数は，電子，H_2O^+ の数密度をそれぞれ N_e, N_+，解離再結合係数を ρ とおけば，$\rho N_e N_+$ で与えられる．したがって，電子や正イオンの生成率 G は負になり，次式で与えられる．

$$G = -\rho N_e N_+ \tag{7.69}$$

種々の生成反応や消滅反応が同時に起こる場合には，考慮すべき各反応の生成率を求め，それらを加え合わせれば正味の生成率が求まる．例えば，電離と再結合が同時に起こっている場合の電子の生成率 G は(7.65)式や(7.66)式と(7.69)式から，次式で表される．

$$G = \nu_i N_e - \rho N_e N_+ = k_i N_e N_+ - \rho N_e N_+ = (k_i - \rho) N_e N_+ \tag{7.70}$$

§7.6　両極性拡散

磁界がないプラズマ中での電子や正イオンの密度分布や平均速度を求めることを考えよう．単純化した基礎方程式である粒束の式（(7.30)式）と粒子連続式（(7.23)式）を用いて，電子とイオンの密度 N_e, N_+ と平均速度 $\boldsymbol{u}_e, \boldsymbol{u}_+$ を計算する場合でも，これらの式に加えて電界と密度を結び付けるポアソンの方程式

§7.6　両極性拡散

$$\nabla \cdot \boldsymbol{E} = \frac{e}{\varepsilon_0}(N_+ - N_e) \tag{7.71}$$

の合計5つの方程式を連立させて解かなければならない。これでは，解析解が得られないだけでなく，数値解析で解こうとしても，計算は非常に煩雑である。そこで，多少荒い近似でも構わないから本質を見失うことのない解析法がほしいという要望から生まれたのが，以下に説明する**両極性拡散**（ambipolar diffusion）という概念である。

電子と正イオンに対するそれぞれの粒束の式を書き下す。

$$\varGamma_e = -\mu_e N_e \boldsymbol{E} - D_e \nabla N_e \tag{7.72}$$

$$\varGamma_+ = \mu_+ N_+ \boldsymbol{E} - D_+ \nabla N_+ \tag{7.73}$$

ここで，以下の仮定を行う。

① プラズマ中では電気的にほぼ中性であり，電子と正イオンの密度は等しい（$N_e = N_+ = N$）。

② 電離あるいは再結合で電子とイオンが同じ数だけ生成あるいは消滅することを考えれば，電子，イオンに対する粒子連続の式で正味の生成率 G も等しい。すなわち，

$$\nabla \cdot \varGamma_+ = \nabla \cdot \varGamma_e = G - \frac{\partial N}{\partial t} \tag{7.74}$$

(7.72)，(7.73)式で $N_e = N_+ = N$ とおき，電界 E を消去すると

$$\varGamma_+ + \frac{\mu_+}{\mu_e}\varGamma_e = -\left(D_+ + \frac{\mu_+}{\mu_e}D_e\right)\nabla N \tag{7.75}$$

上式の両辺に $\nabla \cdot$ を作用させれば，

$$\nabla \cdot \varGamma_+ + \frac{\mu_+}{\mu_e}\nabla \cdot \varGamma_e = -\left(D_+ + \frac{\mu_+}{\mu_e}D_e\right)\nabla^2 N \tag{7.76}$$

となり，これに(7.74)式の関係を代入して整理すると次式が得られる。

$$\frac{\partial N}{\partial t} = D_a \nabla^2 N + G \tag{7.77}$$

ただし，

$$D_a = \frac{D_+ \mu_e + D_e \mu_+}{\mu_e + \mu_+} \tag{7.78}$$

(7.77)式は(7.38)式に示した拡散方程式と同じ形をしている。先の2つの仮定

をおいたことにより，この式を解くだけで密度分布を求めることが可能になる．

(7.77)式や(7.78)式から分かるように D_a は拡散係数の次元を持つ物理量であり，**両極性拡散係数**（ambipolar Diffusion Coefficient）と呼ばれる．一般に電子とイオンの質量の差から $\mu_e \gg \mu_+$ が成り立つ（(7.31)式参照）．また実際のプロセシングプラズマでは電子温度 T_e がイオン温度 T_+ に比べてはるかに高いので，アインシュタインの関係式（(7.33)式）から $D_e/\mu_e \gg D_+/\mu_+$ となる．これらを考慮して(7.78)式を単純化すると

$$D_a \cong \frac{D_+ \mu_e + D_e \mu_+}{\mu_e} = D_+ + \frac{D_e}{\mu_e}\mu_+ \cong D_e \frac{\mu_+}{\mu_e} = \frac{kT_e}{e}\mu_+ = E_e \mu_+ \tag{7.79}$$

と近似され，D_a はイオン移動度と電子ボルトで表した電子温度の積で表される．

絶縁物の容器内にプラズマが生成される場合などは，壁に流れ込む正味の電流が零であることから，$\Gamma_e = \Gamma_+ = \Gamma$ が仮定できる．この場合には(7.75)式から

$$\Gamma = -D_a \nabla N \tag{7.80}$$

が得られ，電子も正イオンも平均的には同じ速さで同じ方向に拡散（両極性拡散）することが分かる．これが D_a を両極性拡散係数と名付けた理由である．また，この仮定の下では電界 $\boldsymbol{E}$ は(7.72)，(7.72)式において Γ を消去し，

$$\boldsymbol{E} = \frac{D_+ - D_e}{\mu_+ + \mu_e}\frac{\nabla N}{N} \cong -\frac{D_e}{\mu_e}\frac{\nabla N}{N} = -\frac{kT_e}{e}\frac{\nabla N}{N} = -E_e \frac{\nabla N}{N} \tag{7.81}$$

と求まる．これは**両極性電界**（ambipolar electric field）と呼ばれる．

§7.7　デバイ長とプラズマ周波数

7.7.1　デ バ イ 長

第4の物質状態であるプラズマは，ほぼ同数の正イオンと負電子がランダムな運動を行いながら，全体としては常に電気的中性を保っていることを特徴としている．したがって，プラズマとして扱えるためには，ある一定の空間的な**長さ**が必要である．この長さを一般には**デバイ長**（Debye length）またはデバ

§7.7 デバイ長とプラズマ周波数

イのシールド半径（Debye's shielding radius）と呼んでいる．デバイ長よりも短い（小さい）空間では電気的中性が保てないので，正イオンと負電子は，電界中におかれた個々の粒子としての振舞いをするようになる．

デバイ長 λ_D はその定義から，異符号の荷電粒子群が電気的に中性と見なせる最小の空間的距離であるので，プラズマを構成する正イオンと負電子のエネルギーおよび密度に関係する．プラズマ中では，電子とイオンはそれぞれある運動速度を持って飛びまわっている．クーロン力によって正負の電荷が引きあう力と，熱運動によって離れようとする力がちょうど釣合ったときの，正負の2つの電荷の持つ相対的距離の平均値がほぼデバイ長に相当すると考えればよい．したがって，デバイ長 λ_D の値は，電子の運動エネルギー，すなわち電子温度 T_e が大になるほど大きい．またクーロン力を示す電子密度 N_e が大になるほど小さくなることが予想される．

具体的にはデバイ長 λ_D は，プラズマ中の荷電粒子群の**ゆらぎ**によって生ずる電界と電位が，ある一定の値に減衰するまでの距離として求められるが，詳細は文献[7.1]にゆずるとし，ここでは結果のみを以下に記述する．すなわち，

$$\lambda_D = \left(\frac{\varepsilon_0 k_B T_e}{N_e e^2}\right)^{1/2} \tag{7.82}$$

ここではそれぞれ，ε_0 は真空中の誘電率，k_B はボルツマン定数，e は電子の電荷である．予想通り，T_e が大になるほど，また N_e が小になるほど，λ_D は大となる．計算の便宜上，数値を代入して書き改めると

$$\lambda_D \, [\text{cm}] = 6.9 \left\{\frac{T_e \, [\text{K}]}{N_e \, [\text{cm}^{-3}]}\right\}^{1/2} \tag{7.83}$$

となる．用いる単位はそれぞれ [ ] 内に示してある．λ_D は N_e と T_e のみで決まり，ガスの種類によらない．これは電荷のゆらぎがもっぱら電子の運動によって生じ，イオンの質量とは無関係であることから理解できる．

通常のグロー放電プラズマでは，$N_e = 10^8 \sim 10^{11} \, \text{cm}^{-3}$，$T_e = 10^4 \sim 10^5 \, \text{K}$ の範囲にあるので $\lambda_D = 0.028 \sim 2.28 \, \text{mm}$ となり，半径数 cm の放電管内では十分にプラズマ状態になっていると見なせる．電離層プラズマは $N_e = 10^4 \sim 10^6 \, \text{cm}^{-3}$ と非常に密度が小さいので $T_e = 10^3 \, \text{K}$ とすれば，λ_D は数 cm にもなる．

デバイ長は，扱う対象がプラズマの条件を満たしているかどうかを判断するのに用いられるが，また，実験データの処理や理論計算などでは規格値の基準としてよく用いられ，プラズマの重要な基礎量の1つである．

7.7.2 プラズマ周波数

電界中におかれた荷電粒子は電界加速によって移動するが，その速度は粒子の質量が小さいため一般には非常に大きい．しかし，多数の荷電粒子の集まりであるプラズマに電界を印加すると，粒子間のクーロン力と質量との関係から，全体としての運動は，ある一定の速さにしかならない．人間にたとえれば，一人一人の場合，命令に従って結構速く動けても，集団となるとどうしても動きが鈍くなる．**プラズマ周波数**（plasma frequency）とは，荷電粒子群であるプラズマの全体としての動きの速さ，反応の速さを示すものであり，やはり重要なプラズマ基礎量の1つでもある．

プラズマ中でランダムに運動する荷電粒子は，全体で見れば電気的中性を保っているが，局所的には常に熱運動によって**荷電分離**（charge separation）が生ずる．正負の荷電分離が生ずるとクーロン力が働き，元の状態に戻ろうとする．戻る粒子は衝突をしない限り行き過ぎるので，再び復元力が働き，結局粒子群は振子のように行ったり来たりの振動を行うようになる．このような荷電粒子群の周期的な振動を**プラズマ振動**（plasma oscillation）と呼び，その振動数がすなわち前述の**プラズマ周波数**でもある．

したがって，プラズマ周波数は，電荷のずれによって発生するクーロン力と加速度の関係から得られる運動方程式を解くことによって，具体的に求めることができる．計算の詳細は文献[7.1]にゆずるとし，ここでは結果のみを以下に記す．すなわち

$$\omega_{pe} = \left(\frac{e^2 N_e}{m_e \varepsilon_0}\right)^{1/2} \tag{7.84}$$

ここで，m_e は電子の質量，ω_{pe} は**電子のプラズマ角周波数**（electron plasma angular frequency）と呼ばれる．また $\omega_{pe}=2\pi f_{pe}$ の関係から，**電子のプラズマ周波数**（electron plasma frequency）f_{pe} が求まる．

§7.7 デバイ長とプラズマ周波数

イオンのプラズマ角周波数 ω_{pi} は，上式で電子の質量 m_e をイオンの質量 m_i でおきかえることによって簡単に得られる．一般には $m_i \gg m_e$ であるので $\omega_{pe} \gg \omega_{pi}$ となる．イオンのプラズマ角周波数 ω_{pi} は電子のプラズマ角周波数 ω_{pe} に比べて断然小さいので，普通の実験ではあまり問題にならないが，**イオン鞘**など，イオンだけの電荷層内部を扱う場合には重要となり，無視できなくなる．(7.84)式から，質量が一定である場合，プラズマ周波数は電子密度 N_e に依存し，N_e が大きいほど周波数は高くなる．

すでに述べてあるように，プラズマ周波数は振動の速さ，すなわちプラズマ中における荷電粒子群の応答の速さ，人間でいえば身軽さの目安となるので，プラズマを測定する際には重要なパラメータとなる．原理上，プラズマ周波数より速い測定は不可能である．

また，電磁波をプラズマに当てると，電磁波の角周数 ω が $\omega > \omega_{pe}$ の場合，電磁波はプラズマ中を伝播することができるが，$\omega \leq \omega_{pe}$ の場合，電磁波は遮断または反射される．これは，電磁波の電界変化に対して，より速い電子群が追随して，結果的には電磁波の電界を遮蔽してしまうからである．電磁波がプラズマを通過できない状態を**カットオフ**（cut off）と称し，そのときの周波数を遮断周波数（cut off frequency）と呼んでいる．カットオフは $\omega = \omega_{pe}$ の状態で起こるので，遮断周波数はプラズマ周波数に等しい．逆にある一定の波長 λ の電磁波を反射するプラズマ密度の最小値を**遮断密度**（cut off density）と呼んでいる．

(7.84)式にそれぞれ数値を代入して書き直すと，電子のプラズマ周波数 f_{pe} は，N_e の単位を cm^{-3} として

$$f_{pe} = \frac{\omega_{pe}}{2\pi} = 0.897 \times 10^4 \sqrt{N_e} \tag{7.85}$$

となる．グロー放電の例として，$N_e = 10^{10}$ cm^{-3} の場合，$f_{pe} = 0.897$ GHz で，真空中で波長約 30 cm の高周波となる．$f = c/\lambda$（ただし c は光速）の関係を用いて(7.85)式を書き直すと，波長 λ に対する遮断密度 N_{ec} は

$$N_{ec} = \frac{1.11 \times 10^{13}}{\lambda^2 \, [\text{cm}]} \, [\text{cm}^{-3}] \tag{7.86}$$

となる．一例として $\lambda=3$ mm（100 GHz）のマイクロ波では，$N_{ec}\cong 1.2\times 10^{14}$ cm^{-3}，波長 10.6 μm の炭酸ガスレーザでは $N_{ec}\cong 9.8\times 10^{18}$ cm^{-3} にそれぞれ相当する．

§7.8　プラズマ電位と浮動電位

前節で説明したように，デバイ長より十分に大きな対象を考えるとき，プラズマは中性と見なせ，ある一定の電位を持つことになる．そのプラズマの電位のことを**プラズマ電位**（plasma potential）あるいは**空間電位**（space potential）と呼ぶ．いまプラズマ中に導体を置き，その電位が導体周辺のプラズマ電位に等しいとすると，プラズマは電気的な擾乱を受けず，その近傍でも電子密度 N_e と正イオン密度 N_+ は等しい．すなわち，電子やイオンからはその導体の存在が認識できず，導体表面にはそれぞれ単位面積当たり $\frac{1}{4}Nv_e$，および $\frac{1}{4}Nv_+$ の電子，イオンが毎秒飛び込んでくる（N はプラズマ密度（$N=N_e=N_+$），v_e, v_+ は電子，正イオンの平均熱速度である）．Maxwell 速度分布を仮定すると，そのときの電子，イオンにより導体に流れる電流密度 i_e, i_+（電流の向きはプラズマに向かって流れ出す方向を正に取った）は，(7.7)式を参照して

$$i_e = e\frac{1}{4}Nv_e = e\frac{1}{4}N\sqrt{\frac{8k_B T_e}{\pi m_e}}, \quad i_+ = -e\frac{1}{4}Nv_+ = -e\frac{1}{4}N\sqrt{\frac{8k_B T_+}{\pi m_+}} \quad (7.87)$$

ここで，e は電荷素量，k_B はボルツマン定数，m_e, m_+ はそれぞれ電子と正イオンの質量，T_e, T_+ はそれぞれ K 単位の電子温度とイオン温度である．プラズマ中では $v_e \gg v_+$ であることを考慮すると，プラズマ電位にある導体には大きな電子電流が流れることが分かる．

次に導体がどこにも接続されず，電気的に浮いた状態にある場合を考えよう．このときは導体に電流を流すことができないので，$i_e+i_+=0$ を満足しなければならない．このときの導体の電位は**浮動電位**（floating potential）と呼ばれる．この電位は以下のようにして求められる．導体の電位をプラズマ電位

§7.8 プラズマ電位と浮動電位

より低くしていくと，正イオンは引きよせられる代わりに電子は減速，あるいは追い返される．その結果，導体の周辺には正イオンで構成される空間電荷層が生じ，その部分が導体の周りを包む**鞘**(sheath)のように見えることからこれを**イオンシース**(ion sheath)と呼ぶ．さて，こうしたシースが形成された状態での i_e と i_+ は，導体の電位に対して次式で与えられる（詳細は文献(7.1)参照）．

$$i_e(-V) = e\frac{N}{4}v_e \exp\left(-\frac{eV}{k_B T_e}\right) = e\frac{N}{4}\sqrt{\frac{8k_B T_e}{\pi m_e}} \exp\left(-\frac{eV}{k_B T_e}\right) \tag{7.88}$$

$$i_+ = -0.61 eN \sqrt{\frac{k_B T_e}{m_+}} \tag{7.89}$$

ただし，導体の電位はプラズマ電位を基準(零)にして $-V$ で表している．浮動電位を $-V_f$ と置くと，そこでは $i_e + i_+ = 0$ であるから，(7.88)，(7.89)式より V_f は次式のように求まる．

$$V_f = \frac{k_B T_e}{e} \ln\left(0.654\sqrt{\frac{m_+}{m_e}}\right) = E_e \ln\left(0.654\sqrt{\frac{m_+}{m_e}}\right) = E_e(3.33 + 1.15 \log_{10} M_+) \tag{7.90}$$

ここで，E_e は電子ボルト単位で示した電子温度，M_+ はイオンの分子量である．これから，V_f の値は He の場合で電子温度の 4 倍，SiH_4 でも 5 倍程度であることが分かり，ガスによる差は大きくない．また，以上の議論はガラスのような絶縁物を置いても同じであり，絶縁物はプラズマ電位より V_f だけ低い電位になる．

(7.88)式は，導体の電位に対して電子電流が指数関数的に増加することを表している．そこでプラズマに擾乱を与えないような微少な導体に流れる電子電流を電圧に対して測定すると，片対数プロットの傾きは電子温度だけの関数となり，これから電子温度が求められる．この原理に基づいた電子温度測定法は**ラングミュアプローブ**(Langmuir probe)法と呼ばれており，プラズマ診断の重要な手法の1つである．

参 考 文 献

7.1 堤井, "プラズマ基礎工学（増補版）", 内田老鶴圃（1997）.
7.2 八田, "気体放電（第2版）", 近代科学社（1997）.
7.3 チャン, ホブソン, 市川, 金田, "電離気体の原子分子過程", 東京電機大学出版局（1982）.
7.4 奥田, "気体プラズマ現象" 第3章, コロナ社（1964）.
7.5 奥田, "プラズマ工学" 第2章, コロナ社（1975）.
7.6 M. Hayashi, "Electron collision cross-sections for molecules determined from beam and swarm data" in "Swam Studies and Inelastic Electron-Molecule Collisions" ed. L. C. Pitchford et al., Springer-Verlag（1984）.

索 引
(五十音順)

あ
アースシールド ……………………… 78
アーバックエネルギー ……………… 197
アセトン …………………………… 119
圧力 ………………………………… 55
圧力調整器 ………………………… 57
油回転ポンプ ……………………… 61
油拡散ポンプ ……………………… 62
アモルファスシリコン ……… 116, 133, 147
　　　──ゲルマニウム ……… 135, 179
　　　──合金 ………… 116, 133, 147
粗引きポンプ ……………………… 59
アルカリ …………………………… 119
暗導電率 …………………………… 165

い
イオンアシストエッチング …………… 228
イオンゲージ ……………………… 65
イオンシース ……………………… 279
異常グロー ………………………… 14
位相空間 …………………………… 252
一定光電流法 ……………………… 194
移動度 ……………………………… 259
異方性エッチング ………………… 211
陰極降下部 ………………………… 14
インピーダンス整合 ………………… 41

う
ウェットエッチング ………………… 209
運動量伝達衝突周波数 …………… 257
運動量伝達断面積 ………………… 270
運動量保存式 ……………………… 256

え
エッチング ………………………… 117
　　　イオンアシスト── ………… 228
　　　異方性── …………………… 211
　　　ウェット── ………………… 209
　　　──ガス …………………… 221
　　　ケミカルドライ── ………… 215
　　　等方性── …………………… 210
　　　ドライ── …………………… 210
　　　反応性イオン── …………… 218
　　　プラズマ── ………………… 210
エネルギー準位 …………………… 7
エネルギー保存式 ………………… 257
エリプソメトリ …………………… 155

お
オイルミストトラップ ……………… 61
オーバーエッチ …………………… 214
オームの法則 ……………………… 47
音響的縦振動モード ……………… 175
音響的横振動モード ……………… 175

か
灰化 ………………………………… 216
解離 ……………………………… 6, 9
　　　──エネルギー …………… 250
　　　──再結合 ……………… 6, 272
　　　──性電荷転移 …………… 6, 10
　　　──性電離 ………………… 6, 10
　　　──性ペニング電離 ………… 10
　　　──性励起転移 …………… 10
　　　──反応速度定数 ………… 271
核間距離 …………………………… 247
拡散係数 …………………………… 259
　　　両極性── …………………… 274
拡散方程式 ………………………… 260
隔壁真空計 ………………………… 65
カスケード遷移 …………………… 239
活性化エネルギー ………………… 165
活性種 ……………………………… 5
荷電欠陥 …………………………… 197
価電子帯 …………………………… 160
荷電分離 …………………………… 276

可燃性ガス …………………………91
乾燥 ………………………………118

き

気相中で発生する粉 ……………123
気体ため込み式ポンプ ……………63
基底準位 ……………………………7
キャパシタンスマノメータ………65
キャリア……………………………82
吸収係数 …………………………159
強電離プラズマ ……………………2
局在準位 …………………………161
禁制帯 ……………………………160
　　──幅 …………………………160

く

空間電位 …………………………278
屈折率 ……………………………158
クヌードセン数……………………69
クライオポンプ……………………63
グロー放電…………………………14

け

ゲートバルブ………………………82
欠陥 ………………………………188
　　──準位 ……………………161
　　──密度 …………………136,188
結合水素密度 ……………………167
結晶シリコン ……………………127
結晶体積分率 ……………………176
結晶粒径 …………………………186
ケミカルドライエッチング ……215
ゲルマン …………………………141

こ

光学ギャップ ……………………161
光学的縦振動モード ……………175
光学的横振動モード ……………175
高周波放電…………………………25
高真空ポンプ………………………59
光熱偏光分光法 …………………198

高密度プラズマ …………………220
コールドカソードゲージ…………66
擦り洗浄 …………………………116
コプラナー形電極 ………………163
混合ガス陽光柱……………………21
コンダクタンス……………………66

さ

サーモラベル………………………86
再結合係数 ………………………272
サセプタ……………………………82
サブギャップ吸収 ………………190
サンドイッチ形電極 ………………63

し

シース ………………………27,36,279
シェラーの式 ………………………86
自己バイアス………………………36
自然放出 …………………………239
実効電界 ……………………………28
質量流量……………………………57
　　──制御器 …………………58,89
支燃性ガス…………………………91
弱電離プラズマ ……………………2
遮断密度 …………………………277
自由行程 …………………………263
　　平均── ……………………263
終点検出 …………………………238
準安定準位 …………………………8
常温常圧……………………………58
消光法 ……………………………156
硝酸 ………………………………119
状態方程式 ………………………243
状態密度 …………………………160
衝突項 ……………………………253
衝突周波数 …………………264,269
衝突損失係数 ………………………3
衝突断面積 ………………………263
除害装置 …………………………89
触針段差計 ………………………150
恕限量……………………………93

し

シラン ……………………………… 141
真空計 ………………………………55, 63
真空系統 ……………………………… 55
真空搬送 ……………………………… 81
真性応力 ……………………………… 125

す

水素化アモルファスシリコン ……… 190

せ

正規グロー ……………………………… 14
整合器 ………………………………… 41
静電気力 ……………………………… 124
成膜 …………………………………… 121
　　　──前駆体 …………………… 98
　　　──速度 ……………………… 111
石英 …………………………………… 127
絶対温度 ……………………………… 57
セル …………………………………… 127
遷移 ……………………………………… 8
全電離断面積 ………………………… 269

そ

ソーダ石灰ガラス …………………… 127
測光法 ………………………………… 157

た

ターボ分子ポンプ …………………… 62
ダイアフラムゲージ ………………… 65
体積流量 ……………………………… 57
タウスギャップ ……………………… 162
タウスプロット ……………………… 162
多結晶 ………………………………… 149
脱脂 …………………………………… 117
短距離秩序 …………………………… 188
単結晶 ………………………………… 149
短時間被爆限界値 …………………… 93

ち

中間真空ポンプ ……………………… 59
中間流 ………………………………… 69

中性欠陥 ……………………………… 191
超音波洗浄 …………………………… 117
長距離秩序 …………………………… 188
直接電離 ………………………………… 9

て

低真空ポンプ ………………………… 59
デシケータ …………………………… 118
デバイスグレード …………………… 133
デバイ長 ……………………………… 274
デポアップ …………………………… 78
デポダウン …………………………… 77
電荷転移 ………………………………… 6
電子温度 ………………………………… 5
電子スピン共鳴 ……………………… 191
電子ボルト …………………………… 58
伝導帯 ………………………………… 160
電離周波数 …………………………… 265
電離真空計 …………………………… 65
　　　熱陰極── …………………… 65
電離断面積 …………………………… 264
　　　全── ……………………… 269
電離電圧 ………………………………… 8

と

透過スペクトル ……………………… 151
統計的加熱 …………………………… 28
到達圧力 ……………………………… 59
等方性エッチング …………………… 210
ドーピング効果 ……………………… 228
毒性ガス ……………………………… 93
ドライエッチング …………………… 210
ドライポンプ ………………………… 61
ドラフト ……………………………… 119
トレンチ ……………………………… 229

に

二次電子 ……………………………… 30
入射粒束 ……………………………… 244

ね

熱陰極電離真空計 ……………………65
熱泳動 …………………………………125
熱応力 …………………………………125
熱電対 …………………………………86
粘性流 …………………………………68
粘性力 …………………………………125

は

背圧 ……………………………………61
配位欠陥 ………………………………189
配位数 …………………………………188
排気時間 ………………………………73
排気速度 ………………………………68
配向性 …………………………………186
薄膜太陽電池 …………………………127
薄膜トランジスタ ……………………127
剝離する粉 ……………………………123
パスカル ………………………………55
発光スペクトル ………………………239
パッシェンの法則 ……………………79
波動関数 ………………………………248
バラトロン ……………………………65
バリウムホウケイ酸ガラス …………127
反射スペクトル ………………………151
バンドギャップ ………………135,160
バンド端 ………………………………161
反応室 …………………………………75
反応性イオンエッチング ……………218
反応速度係数 …………………………269
反応速度定数 …………………………269
　　　解離── ……………………………271

ひ

光感度 …………………………136,166
光導電率 ………………………………163
微結晶シリコン ………………116,133,147
非平衡プラズマ ………………………3
標準状態 ………………………………58
表皮厚さ ………………………………46,49
表皮効果 ………………………………46

ピラニーゲージ ………………………63
ピンホール ……………………………123

ふ

ファラディの逆起電力 ………………50
フーリエ変換赤外吸収分光法 ………166
不活性ガス ……………………………93
複素屈折率 ……………………………155
負グロー ………………………………14
不対電子 ………………………………191
フッ酸 …………………………………119
フッ硝酸 ………………………………119
浮動電位 ………………………………278
プラズマエッチング …………………210
プラズマ周波数 ………………………276
プラズマ振動 …………………………276
プラズマ電位 …………………………278
プラズマによるダメージ ……………234
ブラッグの式 …………………………184
プランの法則 …………………………23
フリーラジカル ………………………6
ブルドン管 ……………………………63
プレデポジション ……………………120
ブロッキングコンデンサ ……………34
分散関係 ………………………………48
分子流 …………………………………68
分布関数 ………………………………252

へ

平均自由行程 …………………………263
偏光子 …………………………………157

ほ

ボイル-シャルルの法則 ……………57
ホウケイ酸ガラス ……………………127
　　　バリウム── ……………………127
放射強度 ………………………………239
保護膜 …………………………………230
補助ポンプ ……………………………61
ポテンシャル曲線 ……………………247
ポリビニルアセテート ………………116

索　引

ホルダ……………………………………82
ポワズイユの法則………………………69

ま
マイクロローディング効果 ……………234
マイケルソン干渉計 ……………………167
膜応力 ……………………………………187
マスク酸化膜 ……………………………230
マスフローコントローラ ………………89

み
ミー散乱 …………………………………124
未結合手 …………………………………189

め
メカニカルブースターポンプ…………61

も
モレキュラードラッグポンプ…………62

ゆ
誘導結合形プラズマ ………………25, 45

よ
陽光柱……………………………………14
　　　　混合ガス――…………………21
　　　　――プラズマ………………17
揺動洗浄 …………………………………117

容量結合形プラズマ……………………25

ら
ラマン散乱 ………………………………172
ラマンシフト ……………………………172

り
リークレート……………………………58
粒子連続式 ………………………………256
粒束の式 …………………………………258
流量………………………………………57
両極性拡散 ………………………………273
　　　――係数 …………………………274

る
累積電離 …………………………………9
ルーツポンプ……………………………61

れ
励起状態 …………………………………8
レート方程式 ……………………………260
レギュレータ ………………………57, 89

ろ
ローディング効果 ………………………233
ロードロック室 …………………………80
ロシュミット数 …………………………243

索　引
（アルファベット順）

A 係数 ……………………………239

Blanc の法則…………………………23
Boltzmann の関係式……………………261
Boltzmann 分布…………………………261
Boltzmann 方程式………………………252
Boltzmann 輸送方程式……………254, 256
Boyle-Charles の法則…………………57
Bragg の式 ……………………………184
B 係数 ……………………………239

CCP ……………………………………25
CDE ……………………………………216
CPM ……………………………………194

Einstein の関係式……………………259
ESR ……………………………………191

Franck-Condon の原理 ………………246
FTIR …………………………………166

Ganguly の式 …………………………197
g 値 …………………………………191

HDP ……………………………………220

ICP ………………………………25, 45

Jackson の式 …………………………203

Knudsen 数 ……………………………69
Knudsen の近似式 ……………………70

Langevin 方程式 ……………………259
LA モード ……………………………175
LCAO 近似 ……………………………249
Loschmidt 数 …………………………243
LO モード ……………………………175
L 形整合回路 …………………………42
L 形整合器 ……………………………42

Maxwell の方程式 ……………………47
Maxwell 分布…………………………244

Pa ………………………………………55
Paschen の法則 ………………………79
PDS ……………………………………198
Poiseuille の法則……………………69
p 偏光 ………………………………155
π 形整合回路……………………42

RF 放電 ………………………………25
RIE ……………………………………218

Schottky 理論 ………………………18
Smith の式 ……………………………197
s 偏光 ………………………………155

TA モード ……………………………175
TFT ……………………………………127
TO モード ……………………………175

X 線回折 ………………………………183

本書で用いた主な記号一覧

a	直径，加速度	f	衝突損失係数，電源周波数，原料ガス希釈率，ガスの割合
a_0	電離断面積傾き		
A	面積	f_{pe}	電子のプラズマ周波数
A_0	アボガドロ数 $(6.02\times10^{23}\,\mathrm{mol}^{-1})$	f_{pi}	イオンのプラズマ周波数
		F	単位面積当たりの入射光子数，力
B	磁束密度，タウスプロットの傾き		
		FR	流量
c	光速度 $(3.00\times10^8\,\mathrm{m/s})$	g	ESR の g 値
C	静電容量，コンダクタンス，解離断面積の傾き，アレニウスプロットの傾き	G	単位時間・単位体積当たりの電子の発生数，電気コンダクタンス
C_H	アトミックパーセント単位の結合水素密度	h	Planck 定数 $(6.63\times10^{-34}\,\mathrm{Js})$，ガウス関数のピーク高さ
d	電極間隔，膜厚，距離，シース平均厚さ	i	電流密度
		I	電流
d_{hkl}	(hkl)結晶面の面間隔	I_{520}/I_{480}	結晶 Si 成分とアモルファス Si 成分のラマン散乱ピーク強度比
D	陰極暗部長，配管内径，分子直径，拡散係数，膜厚		
		j	虚数単位
D_a	両極性拡散係数	k	伝播定数，消衰係数，熱拡散長の逆数，反応速度定数
e	電荷素量 $(1.602\times10^{-19}\,\mathrm{C})$，電子		
		k_B	Boltzmann 定数 $(1.38\times10^{-23}\,\mathrm{J/K})$
E	電界強度，光エネルギー，eV 単位のエネルギー，ヤング率		
		k_r	分子の解離反応定数
E_0	RF 電界の振幅	K	クヌードセン数，熱流束に関する定数
E_a	活性化エネルギー		
E_c	伝導帯のバンド端のエネルギー	L	長さ，コイル，自己インダクタンス
E_e	電子ボルト単位の電子温度		
E_F	フェルミエネルギー	m	質量
E_g	光学ギャップ	m_e	電子の質量 $(9.109\times10^{-31}\,\mathrm{kg})$
E_i	電離電圧	m_+	正イオンの質量
E_u	アーバックエネルギー	M	分子量，相互インダクタンス
E_v	価電子帯のバンド端のエネルギー	n	コイルの巻き数，屈折率，モル数

N	数密度，プラズマ密度，状態密度	v_{th}	平均熱速度
N_d	欠陥密度	V	体積，電圧
N_e	電子密度	V_{DC}	RF電極の平均電圧（自己バイアス電圧）
N_+	正イオン密度	V_p	プラズマ電位（空間電位），プラズマの体積
N_g	ガス密度		
N_L	ロシュミット数 $(2.69\times10^{19} \text{ cm}^{-3})$	V_{rf}	RF電圧の振幅
		α	電離係数（α係数），吸収係数
p	圧力	α_0	吸収係数を片対数プロットしたときの直線部分
$\bar{p}$	配管の平均圧力		
P	パワー（1秒当たりのエネルギー）	β	ラジカル消滅の反応速度定数
		γ	二次電子放出係数（γ係数），気体の比熱比
P_w	RFパワー		
q	粉の電荷量，粒子の電荷	Γ	粒束
Q	質量流量，ガス供給流量，排気流量，熱流束，物理量	δ	表皮深さ，ラジカル消失率，位相差
r	円柱座標の半径の値	ε	誘電率
r_p	表皮層までの半径	ε_0	真空中の誘電率（8.854×10^{-12} F/m）
R	気体定数（$8.314 \text{ JK}^{-1}\text{mol}^{-1}$），反射率，半径，曲率半径，エッチレート，核間距離，抵抗		
		η	粘性係数，量子効率，1回の衝突で電離する割合
R_d	成膜速度	κ	熱伝導率
R_p	p偏光の反射率	λ	光の波長，平均自由行程
R_s	s偏光の反射率	λ_D	デバイ長
S	排気速度，PDS信号の偏向の大きさ	λ_e	電子の平均自由行程
		μ	移動度，キャリア移動度，透磁率
t	時間		
T	絶対温度，周期，透過率	μ_0	真空中の透磁率（$4\pi\times10^{-7}$ H/m $=1.257\times10^{-6}$ H/m）
T_e	電子温度（K単位）		
T_g	ガス温度（K単位）	ν	衝突周波数，電磁波・光の周波数，ポアソン比
T_+	正イオン温度（K単位）		
T_s	基板温度	ν_i	電離周波数
u	平均速度，ガス流速	ν_m	運動量伝達衝突周波数
u_0	平均速度の振幅	ρ	電荷密度，p偏光反射率/s偏光反射率，抵抗率，解離再結合係数
v	速度		
v_e	電子の熱速度		

σ	導電率，ガウス関数のピーク幅，衝突断面積	σ_{ph}	光導電率
		τ	キャリア寿命
σ_d	暗導電率	ϕ_p	コイルと鎖交する磁束
σ_f	膜応力	ω	角周波数
σ_i	電離断面積	ω_p	ガウス関数のピーク波数
σ_m	運動量伝達断面積	ω_{pe}	電子のプラズマ角周波数

著者略歴

市川　幸美（いちかわ　ゆきみ）
1980 年　武蔵工業大学大学院電気工学専攻博士課程修了　工学博士

佐々木敏明（ささき　としあき）
1990 年　東京大学大学院工学系研究科電気工学専攻修士課程修了　工学修士
2001 年　学位取得（東京大学）工学博士

堤井　信力（ていい　しんりき）
1965 年　東京大学大学院電気工学博士課程修了　工学博士
　　　　東京都市大学名誉教授

2003 年 7 月 25 日　第 1 版発行
2021 年 10 月 25 日　第 1 版 2 刷発行

著者の了解により検印を省略いたします

プラズマ半導体プロセス工学
―成膜とエッチング入門―

著　者　市　川　幸　美
　　　　佐々木　敏　明
　　　　堤　井　信　力
発行者　内　田　　　学
印刷者　山　岡　影　光

発行所　株式会社　内田老鶴圃　〒112-0012 東京都文京区大塚3丁目34番3号
　　　　電話 03(3945)6781(代)・FAX 03(3945)6782
　　　　印刷・製本/三美印刷 K.K.

Published by UCHIDA ROKAKUHO PUBLISHING CO., LTD.
3-34-3 Otsuka, Bunkyo-ku, Tokyo, 112-0012 Japan

U. R. No. 527-2

ISBN 978-4-7536-5048-4 C3055

初等電気磁気学

堤井 信力 著　A5・216頁・定価 2750 円（本体 2500 円＋税 10%）　ISBN 978-4-7536-5046-0

第1章　静電気現象　電気とは？／電荷の性質とクーロンの法則／電界と電気力線／電位と電位差／静電気エネルギー
第2章　誘電体と導体　物質中における静電気現象／導体と静電誘導現象／物質間に蓄えられる電気エネルギー／物質間に働く静電気力
第3章　電　流　電流とは？／オームの法則とその一般化／電流の働き
第4章　電流による磁界　アンペアの回路定理と磁界の単位／ビオ‐サバールの法則／磁界が電流に働く力
第5章　磁気現象と磁性体　静磁気現象／磁化と磁性体／電気と磁気の対称性および磁気回路
第6章　電磁誘導現象　ファラディーの電磁誘導法則／マクスウェルの方程式／インダクタンスと磁気エネルギー
第7章　電磁波　マクスウェルの方程式と波動方程式／自由空間における電磁波の基本的性質／境界における電磁波の振舞い／電磁波の発生
付録 A　ベクトル解析／付録 B　CGS 系と MKSA 系の単位比較／付録 C　電磁気に関係する基礎定数／付録 D　数学基礎公式

電磁波の基礎

堤井 信力 著　A5・196頁・定価 2200 円（本体 2000 円＋税 10%）　ISBN 978-4-7536-5041-5

第1章　序論‐マクスウエルの方程式と電磁気現象　マクスウエルの方程式／静電気と静磁気現象／電磁誘導現象／波動方程式と電磁波
第2章　自由空間における電磁波の基本性質　真空中における平面波の電磁界／偏波と平面波の合成／電磁波のエネルギーとポインティングベクトル／一般媒質中における電磁波の伝播および表皮効果／プラズマ中における電磁波
第3章　境界における電磁波の振舞　電磁波の境界条件／境界における電磁波の反射と屈折／定在波／伝送線理論／プラズマ境界における電磁波
第4章　導波管および空胴共振器　導波管内における電磁波の伝播／導波管内における電磁波のエネルギーと減衰／空胴共振器の原理と Q 値の計算
第5章　電磁輻射とアンテナ　スカラーポテンシャルとベクトルポテンシャル／振動双極子からの輻射／エネルギーの放出とアンテナ／半波長アンテナ／アンテナの配列／マイクロ波用アンテナ
第6章　電磁波の発生　電磁波の分類と発生法／磁電管の原理／速度変調管／遅波回路と進行波管／メーザとレーザ
第7章　光導波路と光共振器　光の伝送／光導波路／光共振器
第8章　付録‐ベクトル解析　ベクトルとスカラー／ベクトルの演算／ベクトルの場とスカラーの場／各座標系列のベクトル表示／ベクトルの基礎公式

物質・材料テキストシリーズ　藤原 毅夫・藤森 淳・勝藤 拓郎 監修　（A5判ソフトカバー）

共鳴型磁気測定の基礎と応用
高温超伝導物質からスピントロニクス，MRI へ
北岡 良雄 著 280頁・定価 4730 円（本体 4300 円＋税 10%）

固体電子構造論
密度汎関数理論から電子相関まで
藤原 毅夫 著 248頁・定価 4620 円（本体 4200 円＋税 10%）

シリコン半導体　その物性とデバイスの基礎
白木 靖寛 著 264頁・定価 4290 円（本体 3900 円＋税 10%）

固体の電子輸送現象
半導体から高温超伝導体まで そして光学的性質
内田 慎一 著 176頁・定価 3850 円（本体 3500 円＋税 10%）

強誘電体　基礎原理および実験技術と応用
上江洲 由晃 著 312頁・定価 5060 円（本体 4600 円＋税 10%）

先端機能材料の光学
光学薄膜とナノフォトニクスの基礎を理解する
梶川 浩太郎 著 236頁・定価 4620 円（本体 4200 円＋税 10%）

結晶学と構造物性　入門から応用，実践まで
野田 幸男 著 320頁・定価 5280 円（本体 4800 円＋税 10%）

遷移金属酸化物・化合物の超伝導と磁性
佐藤 正俊 著 268頁・定価 4950 円（本体 4500 円＋税 10%）

酸化物薄膜・接合・超格子
界面物性と電子デバイス応用
澤 彰仁 著 336頁・定価 5060 円（本体 4600 円＋税 10%）

基礎から学ぶ強相関電子系
量子力学から固体物理，場の量子論まで
勝藤 拓郎 著 264頁・定価 4400 円（本体 4000 円＋税 10%）

熱電材料の物質科学
熱力学・物性物理学・ナノ科学
寺崎 一郎 著 256頁・定価 4620 円（本体 4200 円＋税 10%）

酸化物の無機化学　結晶構造と相平衡
室町 英治 著 320頁・定価 5060 円（本体 4600 円＋税 10%）

計算分子生物学　物質科学からのアプローチ
田中 成典 著 184頁・定価 3850 円（本体 3500 円＋税 10%）

スピントロニクスの物理
場の理論の立場から
多々良 源 著 244頁・定価 4620 円（本体 4200 円＋税 10%）

太陽光発電　基礎から電力系への導入まで
堀越 佳治 著 228頁・定価 4620 円（本体 4200 円＋税 10%）

磁性物理の基礎概念
強相関電子系の磁性
上田 和夫 著 220頁・定価 4400 円（本体 4000 円＋税 10%）

分子磁性　有機分子および金属錯体の磁性
小島 憲道 著 256頁・定価 5170 円（本体 4700 円＋税 10%）

http://www.rokakuho.co.jp/

半導体材料工学 材料とデバイスをつなぐ
大貫 仁 著　A5・280 頁
定価 4180 円（本体 3800 円 + 税 10%）

半導体デバイスにおける界面制御技術
固体界面物性と計算機実験の基礎と応用
大貫 仁・篠嶋 妥・永野 隆敏・稲見 隆 著
A5・256 頁 定価 4620 円（本体 4200 円 + 税 10%）

半導体材料・デバイス工学
松尾 直人 著　A5・184 頁
定価 3300 円（本体 3000 円 + 税 10%）

薄膜物性入門
L. Eckertová 著／井上 泰宣・鎌田 喜一郎・濱崎 勝義 訳
A5・400 頁 定価 6600 円（本体 6000 円 + 税 10%）

人工格子入門 新材料創製のための
新庄 輝也 著　A5・160 頁
定価 3080 円（本体 2800 円 + 税 10%）

クラスター・ナノ粒子・薄膜の基礎
形成過程，構造，電気・磁気物性
隅山 兼治 著　A5・320 頁
定価 4730 円（本体 4300 円 + 税 10%）

スピントロニクス入門
物理現象からデバイスまで
猪俣 浩一郎 著　A5・216 頁
定価 4180 円（本体 3800 円 + 税 10%）

材料電子論入門
第一原理計算の材料科学への応用
田中 功・松永 克志・大場 史康・世古 敦人 著
A5・200 頁 定価 3190 円（本体 2900 円 + 税 10%）

結晶と電子
河村 力 著　A5・280 頁
定価 3520 円（本体 3200 円 + 税 10%）

セラミストのための電気物性入門
内野 研二 編著訳／湯田 昌子 訳　A5・156 頁
定価 2750 円（本体 2500 円 + 税 10%）

金属酸化物のノンストイキオメトリーと電気伝導
齋藤 安俊・齋藤 一弥 編訳　A5・168 頁
定価 3080 円（本体 2800 円 + 税 10%）

燃 料 電 池
熱力学から学ぶ基礎と開発の実際技術
工藤 徹一・山本 治・岩原 弘育 著
A5・256 頁 定価 4180 円（本体 3800 円 + 税 10%）

リチウムイオン電池の科学
ホスト・ゲスト系電極の物理化学からナノテク材料まで
工藤 徹一・日比野 光宏・本間 格 著
A5・252 頁 定価 4730 円（本体 4300 円 + 税 10%）

イオンビーム工学
イオン・固体相互作用編
藤本 文範・小牧 研一郎 編　A5・376 頁
定価 7150 円（本体 6500 円 + 税 10%）

イオンビームによる物質分析・物質改質
藤本 文範・小牧 研一郎 編　A5・360 頁
定価 7480 円（本体 6800 円 + 税 10%）

X 線回折分析
加藤 誠軌 著　A5・356 頁
定価 3300 円（本体 3000 円 + 税 10%）

X 線構造解析 原子の配列を決める
早稲田 嘉夫・松原 英一郎 著　A5・308 頁
定価 4180 円（本体 3800 円 + 税 10%）

結晶電子顕微鏡学 材料研究者のための
坂 公恭 著　A5・300 頁
定価 4840 円（本体 4400 円 + 税 10%）

固体表面の濡れ制御
中島 章 著　A5・240 頁
定価 4620 円（本体 4200 円 + 税 10%）

入門 表面分析 固体表面を理解するための
吉原 一紘 著　A5・224 頁
定価 3960 円（本体 3600 円 + 税 10%）

材料科学者のための固体物理学入門
志賀 正幸 著　A5・180 頁
定価 3080 円（本体 2800 円 + 税 10%）

材料科学者のための固体電子論入門
エネルギーバンドと固体の物性
志賀 正幸 著　A5・200 頁
定価 3520 円（本体 3200 円 + 税 10%）

磁 性 入 門 スピンから磁石まで
志賀 正幸 著　A5・236 頁
定価 4180 円（本体 3800 円 + 税 10%）

固体の磁性 はじめて学ぶ磁性物理
Stephen Blundell 著／中村 裕之 訳　A5・336 頁
定価 5060 円（本体 4600 円 + 税 10%）

電子線ナノイメージング
高分解能 TEM と STEM による可視化
田中 信夫 著　A5・264 頁
定価 4400 円（本体 4000 円 + 税 10%）

新訂 初級金属学
北田 正弘 著　A5・292 頁
定価 4180 円（本体 3800 円 + 税 10%）

金属物性学の基礎 はじめて学ぶ人のために
沖 憲典・江口 鐵男 著　A5・144 頁
定価 2750 円（本体 2500 円 + 税 10%）

プラズマ基礎工学

堤井 信力 著　A5・296頁・定価 4180 円（本体 3800 円＋税 10％）　ISBN 978-4-7536-5042-2

本書はプラズマ実験の入門書である．プラズマ諸量の定義，生成法，診断法などのプラズマの実験に最低必要な基礎的事項を豊富な図と実例でわかりやすくまとめている．プローブ法について詳述している点は本書の特徴のひとつである．

第1章　序論－プラズマの基礎量　プラズマ研究の歴史／プラズマの定義と種類／プラズマの温度と密度／デバイ長とプラズマ角周波数／イオン鞘と浮動電位

第2章　プラズマの生成　序論 - 電離の方法とプラズマの生成／放電によるプラズマの生成／熱電離によるプラズマの生成／光電離によるプラズマの生成／真空技術／新しいプロセスプラズマの生成

第3章　プラズマの診断1－プローブ法　序論 - プラズマ診断の意味と診断法の分類／ラングミュアプローブ／連続媒質プラズマ中におけるプローブ測定／ダブルプローブ法／トリプルプローブ法／プローブによるプラズマ空間電位の決定／磁界中におけるプローブ法／反応性プラズマ中におけるプローブ法／その他のプローブ法／プローブ法の実際の使用時における諸問題／プロセスプラズマのプローブ計測

第4章　プラズマの診断2－マイクロ波法　序論 - プラズマ中における電磁波の伝播／自由空間透過法によるプラズマの測定／反射法によるプラズマの測定／空胴共振器法／その他の測定法

第5章　プラズマの診断3－光計測法　光学的方法によるプラズマの測定／干渉法による密度の測定／トムソン散乱による温度の測定／スペクトル線幅によるプラズマの測定／スペクトル線強度比による温度の測定／吸収法によるプラズマの測定／線反転法によるプラズマ温度の測定／自己吸収法による準安定粒子密度の測定／プロセス用プラズマのラジカル計測

第6章　実用プラズマの諸特性　プラズマの応用 - 気体レーザとプラズマプロセッシング／炭酸ガスレーザのための CO_2 混合ガスプラズマ／PCVD のためのシラン混合ガスプラズマ

プラズマ気相反応工学

堤井 信力・小野 茂 著
A5・256頁・定価 4180 円（本体 3800 円＋税 10％）　ISBN 978-4-7536-5047-7

本書はプラズマの応用研究に携わる方を対象に，実験研究に必要となる知識を平易に解説．プラズマの応用をわかりやすくするため，内容を粒子間衝突を主とする気相空間での反応に関する部分と，固体表面での相互作用を主とする固相反応に関する部分とに分けて記述している．

第1章　序論　プラズマの反応基礎過程　プラズマ気相反応とは？／プラズマ粒子の弾性衝突過程／プラズマ粒子の非弾性衝突過程

第2章　プラズマの生成と制御1　理論と実際　放電中におけるエネルギーの伝達過程とプラズマ諸量の形成／定常状態におけるプラズマパラメータの制御／非定常状態におけるプラズマパラメータの制御

第3章　プラズマの生成と制御2　新しいプラズマの発生法　放電によるプラズマの生成／低圧高密度プラズマの生成と大口径化／大気圧非平衡プラズマの生成と効率化／熱プラズマ応用装置

第4章　プラズマの診断1　分光法の原理と方法　プラズマ分光法の基礎的事項／発光励起種の測定／非発光励起種の測定

第5章　プラズマの診断2　非発光ラジカル種の新しい計測法　レーザの進歩と計測法の発展／レーザ吸収法／レーザ誘起蛍光法(LIF)／その他の測定法

第6章　プラズマの診断3　分光器の原理と実際　分光器の原理と基本構成／分光器使用の実際／分光計測のトラブル対策

第7章　プラズマ気相反応を用いた各種応用　広がるプラズマ応用／環境技術におけるプラズマ応用